고객의 위치에서 생각하고 행동하는 마케팅

관광마케팅

안대희·김 윤·이낙귀·구경원·문상기·유동수 공저

머리말

오늘날 관광기업들이 자사의 강점을 시장에서의 경쟁우위로 전환시켜야 할 필요성은 그 어느 때보다도 커졌다. 그것은 많은 관광기업들이 나라 안팎에서 국제화, 소비자 욕구의 다양화, 성장의 둔화, 공급과잉, 비슷해지는 품질수준 등의 문제에 부딪치고 있기 때문이다. 이에 국내 관광기업들은 첨단 경영기법을 갖춘 선진 관광기업들과의 경쟁에서 이기기 위한 모든 노력을 강구하고 있다.

이러한 노력은 관광기업의 생존과 성장을 위해 행하는 가치창출을 위한 것이며, 효과적이고 효율적인 가치창출은 핵심역량에서의 경쟁우위의 확보에 의해 실현된다. 그중에서 시장성공을 위해 요구되는 가장 중요한 역량이 바로 마케팅으로 여겨지고 있다. 이는 고객과 가까이한 관광기업들의 많은 성공적인 사례를 통하여 쉽게 살펴볼 수 있다.

사실 많은 관광기업들이 1980년대 후반부터 마케팅의 개념을 도입하려는 노력을 경주하여 왔으나 여전히 그 수준은 미흡한 것이 사실이다. 많은 관광기업의 실무자들이 마케팅을 잘 알고 있다고 생각하면서도 이를 적용하는 데 있어서의 어려움을 토로하고 있다. 이에 따라 본서는 독자들에게 관광기업의 마케팅기능을 단순히 전달하는 것이 아니라 고객의 입장에서 사고하고 행동하는 마케팅지향적인 관점을 심어주는 것을 그 목적으로 하고 있다. 또한 국내 관광기업들의 마케팅수준을 조금이라도 향상시키고 관광분야의 마케팅을 배우는 학생들에게 마케팅의 기본적인 사고의 틀을 심어주려는 목표를 달성하기 위해 최선을 다하였다.

본서의 특징은 다음과 같이 요약할 수 있다.

첫째, 본서는 관광기업의 구성요소가 수행해야 할 역할과 이들 간의 논리적 연결관계를 강조함으로써 관광기업의 마케팅에 대한 전반적인 감을 잡을 수 있도록 하였다.

둘째, 본서는 마케팅을 처음 접하는 학생을 위한 관광마케팅의 기본적인 개념을 쉽게 설명하고자 하였으며, 현업에 있는 기업실무자의 관광마케팅의 사결정에 구체적인 도움을 주기 위해 관리론적 내용을 깊게 다루었다. 이를 위해 실제 사례를 소개함으로써 독자들이 관광기업의 실제 마케팅활동을 실감나게 느끼도록 하였다. 또한 본문에서 다루고 있는 내용들 가운데서 최근 들어 그 중요성이 부각되는 주제들을 깊이 있게 다루고자 노력하였다.

셋째, 본서는 관광마케팅콘셉트가 지향하는 바를 받아들여 고객중심적으로 서술하기 위해 최선의 노력을 다하였다. 이를 위해 독자들이 쉽게 이해할 수 있도록 가능한 쉬운 예를 들고자 노력하였다.

그러나 이러한 목적이 얼마나 달성되었는가는 전적으로 독자들이 판단할 문제이므로, 저자는 독자들의 어떠한 비판과 논평도 더 좋은 책을 만들라는 격려의 채찍으로 알고 겸허히 받아들일 것이다.

보잘것없는 책이지만 많은 분들의 도움을 받아 완성되었다. 그중에서도 지금 이 시간까지 이 책이 나올 수 있도록 격려와 사랑을 아끼지 않은 은사님이신 세종대학교의 김성혁 교수님께 감사드린다. 수개월 동안 밤늦게까지 수정된 원고를 정리하느라 고생한 아내 김희영에게도 고마움을 표한다. 마지막으로 저자의 요구를 기꺼이 수락하고 출판에 지원을 아끼지 않으신 진욱상 사장님과 편집부 성인숙 과장님을 비롯한 편집부 임직원 여러분들께 진심으로 감사드린다.

저자 씀

차 례

제1장 관광마케팅의 이해

제1절 관광마케팅의 본질

1. 관광마케팅의 중요성

관광산업은 급속한 변화를 겪고 있으나 계속적인 변화는 불가피하다. 마케팅은 이러한 변화를 극복하는 유일한 대안으로 받아들여지고 있다.

새로운 호텔, 레스토랑, 여행사, 항공사, 테마파크, 렌터카, 크루즈사 등은 발빠르게 시장에 출현하고, 기존의 관광기업들은 체인, 프랜차이즈, 컨소시엄 등의 조직으로 공급측면의 시장확대를 꾀하고 있다. 이러한 집단은 관광산업의 모든 부문에 출현을 도모하며 존재하고 있다. 세계적인 유명 프랜차이즈들도 국내 진출을 꾀하고 있다.

한편으로는 기존의 제조업이나 다른 산업의 기업들이 발빠르게 기존의 환대 및 여행산업을 인수하는 경향이 두드러지고 있다. 나아가 이들 기업들은 새로운 호텔을 짓거나 레스토랑, 여행사 등의 설립을 꾀하고 있다. 이들 기업들은 전국적인 프로그램으로 자원을 공동출자함으로써 그들 자신들의 마케팅 '영향력'과 함께 경쟁력을 증대시키고 있다. 보다 소규모 조직은 자신보다 큰 마케팅력을 갖는 기업들과 합병 및 인수를 끝없이 진행하고 있다.

그림 1-1 세계적인 호텔 프랜차이즈의 상표마크(brand mark)

시장이 더욱 빠르게 분열되고 복잡해지고 있다. 예컨대 상용여행자는 매 여행 시 Holiday Inn에 숙박을 하고 뉴욕의 스트립 스테이크와 프렌치 프라이드를 먹는 40대 남자였다. 이러한 정형화된 세계가 그 후로 완전히 바뀌었다. 1946~1965년 사이에 출생한 '베이비붐세대'의 도래는 모든 규칙을 변화시켰다. 베이비붐세대는 또한 우리 사회의 많은 변화를 부추겼다. 여성은 이제 상용여행 시장의 주 고객층으로 성장하였다. 사람들은 육류를 덜 먹는다. 기존의 가족 여행시장은 부부 및 독신자 여행시장에게 자리를 내주고 있다. 전체적으로 시장은 보다 세분화되었는데 여기에는 경제, 과학기술, 사회, 문화, 라이프스타일의 변화가 전반적으로 영향을 미쳤다. 환대산업 및 여행산업은 시장을 더욱 세분화하면서 새로운 서비스와 제품으로 대응하고 있다. 이는 마케팅 관리자로 하여금 고객집단에 관해 보다 많은 정보를 가지고 그들의 표적을 선택하는 데 있어 더욱 구체적이어야만 한다는 것이다.

오늘날 시장에는 복잡한 여행객들과 외식자들이 보다 많아졌다. 그들은 이전 세대보다 더욱 빈번한 여행과 외식을 통해 자신들의 복잡한 취향을 충족시킨다. 그들은 환대 및 여행조직을 평가하는 데 있어 훨씬 더 많은 경험을 갖고 있다. 이들은 매일 집과 사무실과 길에서 멋진 판매촉진과 광고를 접한다. 이들에게 이것이 통하기 위해서는 보다 나은 품질과 서비스 및 제품, 고도의 마케팅이 필요하다.

이러한 모든 요인들은 환대 및 여행산업에서 마케팅의 중요성이 증대되고 있음을 의미한다. 이제 기업의 성공은 특정 고객집단의 욕구를 충족시키고 그 임무를 훌륭히 수행하는 능역에서만 가능할 것이다.

2. 관광마케팅의 개념과 정의

1) 마케팅의 개념

사람들은 각자 시장을 통해 자신이 원하는 것을 만족시키려 하고, 기업은 경쟁회사를 이겨서 최대의 이익을 달성하고자 한다. 이를 위해 기업이 벌이는 모든 행동을 '마케팅'이라고 한다. 마케팅이 과연 무엇을 뜻하는가에 대한 생각들은 시간의 흐름과 함께 변해 왔다. 하지만 마케팅을 어떻게 정의하느냐에 따라 기업 내에서의 마케팅부서의 위치와 사업 결과가 달라졌으므로, 그 시대적 의미와 변천을 살펴보는 것이 의미 있을 것이다.

① 1935년 NAMT(National Association of Marketing Teachers)의 정의

마케팅은 생산으로부터 소비에 이르는 재화와 서비스의 흐름과 관련되는 여러 가지 기업활동을 포함하는 것이다.

② 1948년 및 60년 AMA(American Marketing Association)의 정의

마케팅은 생산자로부터 소비자 또는 사용자에게로 재화나 서비스의 흐름이 원활히 이루어지도록 관리하는 기업활동의 수행이다.

③ 1985년 AMA의 재정의

마케팅이란 개인 및 조직의 목표를 충족시키기 위한 교환을 창출하기 위해 아이디어, 상품, 서비스를 정립하는 활동과 가격을 설정하는 활동 및 촉진활동과 유통활동을 계획 · 집행하는 과정이다.

④ 1985년 필립 코틀러

마케팅이란 교환과정을 통하여 소비자의 필요와 욕구를 충족시키도록 유도하는 데 관련된 모든 인간 행동이다.

위의 학자들의 견해를 살펴보면 초기의 마케팅개념은 생산자로부터 소비자나 사용자에게로의 소유권 변동을 초래하는 활동으로 보았으며, 제품의 형태변화활동을 제외한 생산된 제품의 판매촉진 활동에 주안점을 두었고, 생산완료에서 판매완료까지를 마케팅으로 보고 있다.

그러나 1985년 AMA의 정의 이후 현대적 개념의 마케팅은 전통적 마케팅과는 달리 생산 이전의 소비자의 욕구에 대한 본질적 이해뿐만 아니라 소비자지향(consumer orientation)에 바탕한 소비자의 장기적 복리증진에 따른 기업의 성장을 포함하고 있다.

마케팅의 정의는 시대에 따라 많은 변화를 보이고 있지만, 현재 보편적으로 인정하는 마케팅이란 결국 '교환과정을 통하여 인간의 필요와 욕구를 만족시키는 데 목표를 둔 인간의 활동(광의의 마케팅개념)'이라고 정의할 수 있을 것이다.

2) 관광마케팅의 정의

1971년 크리펜도프(J. Krippendorf)에 의하면, 관광마케팅은 세분시장의 요구를 최대한 만족시키고 적절한 이윤을 성취하기 위하여 공 · 사기업은 지방, 지역, 국가 및 국제적 각 기준에 따라서 기업정책을 체계적 · 조정적으로 수행함을 의미한다고 하였다. 그는 관광마케팅 단일조직 내의 정책집행이 아닌 몇 개의 관광관련 조직의 연합에 의한 정책으로 세분시장의 욕구와 관련된 것으로 보고 있다.

또한 세계관광기구는 "관광마케팅이란 관광수요의 관점에서 조사와 예측 그리고 선택으로 인해 기업이 최대의 이윤을 낳을 수 있도록 시장에 관광상품을 내놓는 것과 관련된 경영원리"라고 정의하였다. WTO의 정의는 다음과 같은 특징을 내포하고 있다 : 관광마케팅은 관광객의 욕구와 관광기업 및 관광목적지 각자의 욕구를 만족시켜 균형을 이루게 하는 상황에 대한 사고방식이고, 관광객의 수용과 선택을 극대화하기 위해 관광시장 조사를 강조하고 있다. 또한 관광상품이 관광시장에 보다 잘 소구되려면 좋은 포지셔닝을 하여야 하고, 그렇게 하기 위해서는 체계적인 기업정책이 수반되어야 한다.

한편 국제관광전문가협회(AIEST)는 "세분시장 고객의 욕구와 시장변동에 따른 제품정책을 체계적 · 조정적으로 수행하는 것"이라고 정의하였다. 이를 참조하여 와합(Wahab)은 관광마케팅이란 "국내관광전문가와 관광사업체들이 관광잠재시장과 그 욕구를 파악 · 확인하고 관광객과 커뮤니케이션을 유지하는 관리과정이다"라고 정의하고 있다.

위의 정의를 종합해 보면 관광마케팅은 기본적으로 6가지 사항의 틀 위에 형성되어 있음을 알 수 있다.

첫째, 고객의 필요와 욕구 충족 : 마케팅의 기본적인 초점은 고객의 필요(want)와 욕구(needs)를 충족시켜야 한다.

둘째, 마케팅의 지속성 : 마케팅은 한번의 의사결정이 아니라 계속적인 관리활동으로 실행되어야 한다.

셋째, 마케팅의 연속성 : 훌륭한 마케팅은 연이은 많은 연속적인 단계의 과정으로 이루어진다.

넷째, 마케팅 조사의 주요한 역할 : 고객의 필요와 욕구를 파악하기 위해서는 마케팅 조사를 하는 것이 효율적인 마케팅을 위해 필수적이다.

다섯째, 환대 및 여행산업의 상호의존성 : 환대 및 여행산업의 조직들에게는 마케팅의 협력기회가 매우 많다.

여섯째, 조직 전체 및 여러 부서의 노력 : 마케팅은 한 부서만의 책임이 아니라 모든 부서의 노력을 필요로 한다.

이러한 6가지가 마케팅의 기초를 형성하고 있음을 파악하고 본서에서는 다음과 같이 마케팅의 정의를 도출하고자 한다.

마케팅은 환대 및 여행산업에서의 관리를 통해 고객의 필요와 욕구 및 조직의 목표 양자를 충족시키기 위해 고안된 활동들을 계획, 조사, 실행, 통제, 평가하는 계속적이고 연속적인 과정이다. 효과를 극대화하기 위해서 마케팅은 조직의 모든 구성원의 노력이 필요하며, 보완적인 조직의 활동에 의해서도 그 효율성이 커질 수도 있고 작아질 수도 있다.

이 책에서는 이러한 정의를 바탕으로 관광분야를 대상으로 한 마케팅을 생각하려 한다. 단지 마케팅의 대상을 사람들이 흔히 생각하는 영업의 일환으로서가 아닌, 보다 포괄적이며 전략적인 개념에서의 마케팅을 살펴보고 이를 실생활에 적용시켜 보려는 데 그 의도가 있다.

3. 마케팅의 요소

1) 욕구(Needs/Wants)

인간의 욕구는 크게 근본적 욕구(fundamental needs)와 구체적 욕구(specific wants)로 나눌 수 있다.

근본적 욕구는 의식주에 대한 욕구를 포함하여 인간의 생리적 · 본능적 욕구에서 나오는 본원적인 욕구를 말한다. 즉 배가 고플 때 음식에 대해 느끼는 의 · 식 · 주 등에 대한 욕구가 이에 해당된다. 반면, 구체적 욕구는 근본적 욕구를 해결하기 위하여 인간에게서 부가적으로 나타나는 추가적인 욕구이다. 구체적 욕구는 결국 부수적으로 생겨난 것이기 때문에 개인의 취향, 가치관, 사회문화, 환경 등에 따라 다르게 나타날 수 있다. 우리 관광객들이 중국 여행

중에 점심 메뉴를 선택할 때 완전히 다른 욕구를 가질 수 있다. 어떤 관광객은 한국 요리를 선호하여 선택하고, 어떤 관광객은 중국 요리를 선호하여 선택하는 것은 욕구의 대상이 일반적으로 다르기 때문으로 보아야 할 것이다.

이와 관련된 개념으로 수요(demand)의 개념이 있다. 수요는 욕구에 구매력이 결합된 것으로서 갖고 싶은 것을 살 수 있는 것을 말한다. 즉 욕구가 반드시 수요를 창출한다고 볼 수는 없지만, 소비자의 욕구는 살 수 있는 능력과 구매하고자 하는 의지를 통해 구체적인 선호와 연계하여 수요로 이어진다. 그러므로 기업은 소비자의 욕구를 자사제품에 대한 수요로 이끌어내는 마케팅 노력에 의해 제품을 판매하게 된다.

2) 제품(Product)

욕구는 제품의 소비를 통해 충족된다. 따라서 인간의 욕구를 충족시킬 수 있는 것은 무엇이든 간에 넓은 의미에서의 제품이라고 볼 수 있다. 이러한 제품에는 구체적인 형태를 갖는 유형의 재화뿐만이 아니라 무형의 서비스도 포함된다.

또한 마케팅의 범위를 기업만이 아닌 비영리 기관까지 확장시키게 되면 인기 연예인이 출연하는 TV프로그램이나 제주도나 하와이 같은 관광지, 학교의 강의 또한 마케팅의 대상이 되는 제품이라고 볼 수 있다. 특히 '서비스'라는 제품이 폭발적인 증가 추세를 보이고 있음에 주목해야 할 것 같다. 핵심효익(corebenefit)에서도 설명하듯이, 결국 소비자는 물리적 제품이 보장하는 이점을 구매하는 것일 수도 있기 때문이다. 따라서 고객이 원하는 어떤 것, 즉 고객의 욕구가 아닌 물리적 제품에만 집중한다면 '마케팅 근시안(marketing myopia)'에 빠지기 쉽다.

제품의 개념에 대해서는 뒤에 가서 더 자세히 알아보기로 하겠다.

3) 교환(Exchange)

교환은 한쪽이 다른 한쪽에게 무엇인가를 제공하고 자신이 원하는 무엇인가를 획득하는 행위라고 할 수 있다.

소비자는 자신의 욕구를 충족시켜 줄 수 있는 제품을 소비하려 하고, 기업은 소비자의 욕구를 충족시켜 줄 수 있는 제품을 개발하여 소비자가 지불할 수 있는 가격에 판매함으로써 기업목표인 이윤을 추구하게 된다. 이러한 의미에서 마케팅의 본질은 교환이라고 볼 수 있는데, 교환활동은 다음과 같은 네 가지의 선행조건이 필요하다.

첫째, 교환의 당사자(양자)가 존재해야 한다.

둘째, 각 당사자는 상대방에게 가치 있는 제품이나 화폐 등의 자원을 갖고 있어야 한다.

셋째, 각 당사자는 커뮤니케이션과 소유권 이전의 능력을 갖추어야 한다.

넷째, 각 당사자는 상대방의 교환제의를 자유로이 수락하거나 거부할 수 있어야 한다. 선택의 자유가 보장되어 있는 경제체제하에서 교환은 그것이 자신의 상태를 개선시켜 준다고 믿는 당사자들 사이에서나 성취될 수 있다.

이러한 교환의 네 가지 선행조건으로부터 당사자들은 교환이 있기 전보다 교환이 이루어진 후에 보다 만족한 상태(적어도 현상유지)에 이르게 될 텐데, 이 점에서 마케팅(교환)은 가치를 창출하는 과정(value-creating process)인 셈이다.

4) 시장(Market)

시장이란 욕구 충족을 위해 교환하려 하거나 교환에 관여하는 사람들로 욕구와 필요를 공유한 잠재고객들의 집합이라 할 수 있다. 시장이란 마케팅활동의 대상으로서, 마케팅활동의 본질이라고 할 수 있는 교환이 이루어지는 곳이다. 이러한 시장은 유사한 욕구를 충족시켜 줄 수 있는 제품들의 집합체로도 볼 수 있으며, 제품 거래를 광범위하게 수행하는 사람들과 조직체의 집합으로 해석할 수도 있다.

마케팅에서 이 두 가지 개념을 모두 포함하여 시장이라고 통칭한다. 예를 들어 남대문 시장은 일정한 장소를 나타내지만 사람들이 모여 거래하는 장소를 의미하며, 의류나 식료품 등의 제품을 공급받을 수 있는 곳을 뜻하기도 한다.

4. 관광마케팅 관리의 철학

초기의 마케팅 관리는 생산지향적 사고에서 출발하였다. 따라서 제품 및 서비스의 생산과 유통을 강조하여, 그 효율성을 개선시키는 것을 목표로 하였다. 그 결과 기업들은 소비자가 값싸고 손쉽게 구할 수 있는 제품을 좋아한다고 생각하고, 생산과 유통을 개선하여 생산능률을 높임으로써 가격을 낮추는 것이 고객 확보의 주요 수단이라고 여겼다. 그러나 이런 생각은 가격 외에 소비자가 진정으로 원하는 요인들을 무시하는 잘못을 저지르고 말았다.

뒤이어 나타난 것은 제품 중심의 개념으로서 소비자가 가장 우수한 품질의 제품을 구매한다고 가정하여 기술 개발에 따른 품질 개선과 타사 제품과의 경쟁에서의 승리를 고객 유치의 수단으로 삼았다.

이어 1930년에서 50년대에 나온 마케팅개념은 판매지향적 사고이다. 이 사고의 초점은 판매량의 증가를 위한 판매기술의 개선에 있다. 즉 여러 가지 자극으로 보다 많은 구매를 유도할 수 있다고 보고 고객 확보와 유지를 위한 강력한 판매조직을 형성하고자 하였다. 그러나 이 단계에서도 여전히 소비자의 욕구와 선호에 대해서는 별로 관심을 기울이지 않았다.

제2절 마케팅 관리 철학

마케팅 관리를 표적고객과의 호혜적인 교환관계를 창조하기 위해서 과업을 수행하는 것으로 정의하였다. 따라서 이러한 과업을 수행하기 위해서는 마케팅활동의 지침이 되는 어떠한 철학 혹은 이념이 필요하다. 일반적으로 기업이 수행하는 마케팅활동의 결과에 영향을 받는 부분은 기업, 고객 그리고 사회의 3가지이다. 다시 말하면 마케팅 관리자는 마케팅활동을 성공적으로 수행함으로써 고객의 욕구충족을 통하여 기업목적을 달성하고, 그 결과 기업이 속한 사회의 발전에 공헌하게 된다. 따라서 마케팅 관리자가 마케팅을 수행하는 과정에서 이들 3가지 부분 중에서 어느 부분에 더 많은 관심을 기울이느냐에 따라 지향하는 철학이 달라진다.

표 1-1 마케팅개념의 변천

구 분	시대구분(미국)	소비자의 구매 특성과 마케팅 과제
생산개념	1900~30년	• 소비자는 제품 이용 가능성과 저가격에만 관심이 있다. • 소비자는 경쟁제품의 가격을 잘 알고 있다. • 비가격 요인은 거의 중시하지 않는다. • 생산과 유통을 개선하여 능률을 높임으로써 비용을 낮추는 것이 고객 확보의 주요 수단이다.
제품개념	1930년대	• 소비자는 최고 품질의 제품을 구매한다. • 경쟁제품의 품질이나 성능을 잘 알고 있다. • 품질 개선이 고객 확보의 주요 수단이다.
판매개념	1930~50년	• 소비자는 대다수의 상품에 대해 구매 저항을 하는 경향이 있다. • 여러 가지 자극으로 보다 많은 구매를 요구할 수 있다. • 고객의 유지 · 확보를 위해 강력한 판매조직이 필요하다.
마케팅 개념	1950~60년	• 소비자는 각기 다른 요구를 하게 되므로 세분시장을 나눌 수 있다. • 자신의 욕구를 가장 잘 충족시킬 수 있는 제품을 구매한다. • 관광기업은 목표시장을 잘 선정하고 욕구 충족도가 높은 효과적인 제품을 개발하고 마케팅 계획을 세워야 고객의 유지나 확보가 가능하다.
사회지향 개념	1970년대 이후	• 소비자는 건강 · 환경문제 등에 민감하며, 호텔의 윤리적 측면 등을 고려하여 구매하게 된다. • 관광기업은 좋은 생활을 제공하고 인간지향적인 사고와 함께 사회적 책임을 지는 방향으로 마케팅활동을 전개할 수 있다.

마케팅 관리 철학은 5가지 단계를 거쳐서 발전되어 왔는데, 생산개념, 제품개념, 그리고 판매개념은 기업에, 마케팅개념은 고객에, 그리고 사회지향적 개념은 사회에 각각 더 많은 관심을 기울이는 입장이다.

5가지 단계의 마케팅 관리 철학을 보다 구체적으로 살펴보면 다음과 같다.

1. 생산개념

생산개념은 미국의 경우 1930년대 경제공황이 시작될 무렵까지의 지배적인 기업경영의 이념이었다. 이 개념은 제품의 수요에 비해서 공급이 부족하여 고객들이 제품구매에 어려움을 느끼기 때문에 고객들의 주된 관심이 지불할 수 있는 가격으로 그 제품을 구매하는 것일 때 나타나는 이념이다. 이 단계에서는 생산만 하면 쉽게 판매할 수 있기 때문에 기업의 관심은 저렴한 제품을 보다 많이 생산하는 데 주어진다. 예를 들어 1966년 금성사가 흑백 TV를 처음으로 국내시장에 시판했을 때 TV의 가격이 쌀 27가마에 해당하는 고가였는데도 수요가 공급을 초과하여 추첨을 통해 당첨된 사람에게만 판매한 적이 있었다. 보통 이러한 상황에서 소비자들은 각 제품의 장점이나 특징이 무엇인가보다는 그 제품을 획득하는 데 더 큰 관심을 가지게 된다. 따라서 기업은 무엇보다도 생산을 증가시킬 수 있는 방법을 찾는 데 주력하게 된다. 생산개념의 기본전제는 다음과 같다.

① 소비자들은 제품을 쉽게 구입할 수 있는가, 그리고 가격은 저렴한가에 주로 관심을 기울인다.
② 소비자들은 경쟁제품 또는 경쟁상표의 가격을 알고 있다.
③ 소비자들은 동일한 제품부류 내에서 가격 이외에는 제품의 차이에 대하여 중요하게 생각하지 않는다.
④ 고객을 유치하고 유지하려면 유통효율을 높이는 동시에 비용을 절약하는 것이 중요하다.

2. 제품개념

제품개념이란 소비자들이 가장 우수한 품질이자 효용을 제공하는 제품을 선호한다는 개념이다. 이러한 제품지향적인 기업은 다른 어떤 것보다도 보다 나은 양질의 제품을 생산하고 이를 개선하는 데 노력을 기울인다. 제품개념의 기본전제는 다음과 같다.

① 소비자들의 주요관심은 제품의 품질에 있다.
② 소비자들은 특정제품이나 상표가 경쟁자의 것에 비하여 어떤 특성이나 차이가 있다는 것을 알고 있다.
③ 소비자들은 여러 경쟁제품 가운데서 품질이 가장 좋은 것을 선택한다. 그것은 소비자의 소득이 제한되어 있기 때문이다.
④ 따라서 제품의 품질을 향상시키는 것만이 고객을 유치하고 유지하는 최선의 방법이다.

이처럼 제품의 품질을 중요시하는 제품개념은 자칫 잘못하면 소비자의 본원적 욕구는 파악하지 않고 구체적 욕구인 제품 그 자체에만 집착하는 마케팅근시안을 초래하기 쉽다는 결점을 지니고 있다. 마케팅근시안이란 레빗에 의해 주창된 개념으로 기업이 자사가 관장하고 있는 제품시장의 영역을 너무 좁게 규정함으로써 경쟁자의 범위를 근시안적으로 파악하여 오류를 범하는 것을 말한다. 예를 들면 햄버거를 생산하는 기업이 자사의 경쟁자로 햄버거를 생산하는 다른 기업만으로 근시안적으로 볼 것이 아니라, 경쟁범위를 배고픔이라는 본원적 욕구를 해결해 줄 수 있는 음식산업 전체로 보아야 한다는 것이다. 마케팅근시안에 빠진 기업은 소비자의 본원적 욕구와 구체적 욕구 중에서 보다 원시적으로 본원적 욕구를 보지 못하고, 눈앞에 있는 구체적 욕구와 관련된 제품만 봄으로써 실패할 가능성이 높다는 것이다. 예를 들면 오늘날 미국의 철도산업이 사양길에 접어들게 된 것은 철도 경영자들이 기차 자체의 성능개선에만 관심을 가지고 있었을 뿐 철도승객의 본원적 욕구인 안락한 여행에는 관심을 기울이지 않았기 때문에 안락한 비행기나 고속버스와 효과적으로 경쟁할 수 있는 능력을 상실하였다는 것이다.

3. 판매개념

판매개념은 미국의 경우 1930년대부터 1950년대까지 기업경영을 지배하던 이념이었다. 판매개념은 기업이 소비자로 하여금 경쟁회사 제품보다는 자사 제품을 그리고 더 많은 양을 구매하도록 설득하여야 하며 이를 위하여 이용가능한 모든 효과적인 판매활동과 촉진도구를 활용하여야 한다고 보는 개념이다. 생산개념단계에서 대량생산에 박차를 가한 결과 공급이 증가하게 되고 유사한 제품을 생산하는 경쟁기업이 증가하게 되었다. 이러한 상황하에서는 기업들이 상당한 촉진노력과 판매활동을 경주하지 않고는 원하는 양만큼 판매할 수 없게 되었다. 판매개념은 이와 같이 공급이 수요를 초과하는 상황에서 경쟁에 대처하기 위하여 광고나 판매원의 노력에 의하여 판매를 증대시켜야 된다는 사고이다.

판매개념의 기본전제는 다음과 같다.

① 소비자들은 꼭 필요한 것이 아니면 대부분 제품을 구매하지 않는 경향이 있다.
② 판매를 자극할 수 있는 여러 가지 방안을 동원함으로써 보통의 경우보다 더 많이 구매하도록 소비자들을 유인할 수 있다.
③ 따라서 고객을 유치하고 유지하려면 강력한 판매지향적인 부서를 설치하는 일이 무엇보다 중요하다.

이 단계에 있어서의 좌우명은 '우리는 어떤 것이든 팔 수 있다' '제품은 판매되는 것이지 구매되는 것이 아니다' 등이다. 예를 들면 보험회사의 경우 사람들은 보통 보험의 필요성을 느끼지 못하고 있다. 따라서 보험회사는 판매원을 고용하여 그들로 하여금 고객을 찾아가서 보험의 유용성을 설명하면서 보험가입을 적극적으로 권유하여야 한다. 이처럼 보험회사의 경우 소비자들이 보험가입을 권유하지 않고는 기업의 목적을 달성할 수 없다고 보는 관점이 판매개념이다.

4. 마케팅개념

고객중심의 관리철학인 마케팅개념은 미국의 경우 1950년대부터 1960년대까지 거의 대부분 대기업과 일부의 중소기업이 기업경영의 기본이념으로 받아들이고 실천한 개념이다. 1950년대에 들어와 치열한 경쟁에 직면한 기업들이 생존하기 위한 최선의 방법은 임의로 생산한 제품이나 서비스를 판매하는 것보다 그 기업들이 표적으로 삼고 있는 소비자의 욕구를 파악하고 이들에게 만족을 전달해 주는 활동을 경쟁자보다 얼마나 효과적이고 효율적으로 수행할 수 있느냐에 달려 있다는 사고가 널리 퍼지기 시작하였는데 이것이 마케팅개념이다. 이 단계에서 '소비자는 왕' '만들 수 있는 것을 파는 것이 아니라, 팔릴 수 있는 것을 만든다' 등의 슬로건이 유행하였다. 그러므로 마케팅개념이 표방하고 있는 것은 고객욕구충족 혹은 고객지향성이라고 할 수 있으며, 이를 고객중심적 관리철학 혹은 고객지향적 관리철학이라 부르는 이유가 여기에 있다. 고객중심적 관리철학이 기업경영의 기본이라는 사고는 오래전부터 거론되어 왔다. 1776년에 애덤 스미스는 이미 다음과 같이 고객중심적 철학을 주장한 바 있다.

"모든 생산활동의 유일하고 최종적인 목표는 소비하는 데 있다. 그리고 생산자의 이익은 소비자의 이익을 증진하기 위하여 필요한 경우에 한해서만 존중되어야 한다."

이러한 고객중심적 관리철학은 현대 마케팅학자들에 의하여 되살아났는데,

현대 마케팅의 태두라고 할 수 있는 코틀러 교수는 고객중심적 마케팅개념을 다음과 같이 정의하고 있다.

"마케팅개념은 기업경영상 추구하는 이념적 지향성으로서 기업의 중요한 과업이란 표적시장의 욕구 · 필요 · 가치 등을 확인하고 경쟁기업보다 효과적이며 효율적으로 소비자의 욕구를 충족시키기 위하여 조직이 최적 적응하여야 한다는 지침 또는 행동방향이다."

이러한 마케팅개념은 종전의 판매개념과 좋은 대조를 보이고 있다. 판매개념이 이미 생산한 제품을 현금으로 바꾸려는 생산자의 욕구에 초점을 둔 반면 마케팅개념은 제품을 생산하기 전에 고객의 욕구를 파악하고, 이에 부합되는 제품을 생산하여 고객의 욕구를 충족시키는 데 초점을 두고 있다. 다시 말하면 판매개념에 입각한 기업은 먼저 제품을 생산하고, 이를 판매하기 위하여 많은 노력을 기울이는 데 비해서 마케팅개념에 입각한 기업은 판매될 수 있는 제품을 생산하는 점에 차이가 있다고 할 수 있다. 몇 가지 기준을 이용하여 판매개념과 마케팅개념의 차이를 살펴보면 다음과 같다.

마케팅개념의 정의 및 판매개념과 마케팅개념의 차이점에서 충분히 설명하였듯이 마케팅개념은 기업의 목표를 달성하기 위한 열쇠로서 고객의 욕구충족에 목표를 둔 통합적 마케팅노력에 의해 뒷받침되는 고객욕구지향적 활동이라고 할 수 있다. 이러한 관점에서 볼 때 마케팅개념은 다음과 같은 3가지의 함축적 전제를 포함하고 있다.

① 고객지향적(customer orientation)
② 전사적 노력
③ 고객만족을 통한 이익의 실현

이러한 마케팅개념의 3가지를 보다 구체적으로 살펴보면 다음과 같다.

1) 고객지향성

고객지향성이란 기업의 목적이 고객의 욕구를 충족시켜 주는 것이라는 사고를 말한다. 예를 들어 General Electric사의 "우리는 고객이 만족할 때까지 만족하지 않습니다(We're not satisfied until you are.)"나 Sears사의 "만족을 보장합니다. 그렇지 않으면 돈을 돌려드립니다(Satisfaction guaranteed, or your money back.)" 등은 모두 고객지향성을 대표하는 슬로건이다. 기업이 이러한 고객지향성을 실천하려면 다음과 같은 사항이 전제되어야 한다.

① 소비자 욕구의 이해 : 의약품을 판매하는 것보다 소비자의 건강을 회복시킬 수 있는 것을 제공하여야 한다. 또한 화장품을 판매하는 것보다 소비자가 건강한 아름다움을 즐길 수 있는 것을 제공하려고 노력하여야 한다.

② 복표소비자의 선택과 차별화 : 소비자의 욕구는 매우 다양하다. 따라서 어느 한 기업이 다양한 소비자의 욕구를 모두 충족시킬 수는 없다. 그러므로 기업은 어떤 욕구를 가진 소비자집단을 목표로 할 것인가를 결정하여야 하고, 그 목표시장에서는 제품, 가격 그리고 메시지 등의 측면에서 경쟁기업과 차별화하여야 한다.

2) 전사적 노력

전사적 노력이란 기업의 목적인 고객의 욕구를 충족시켜 주기 위해서는 마케팅부서뿐만 아니라 연구개발, 생산, 재무, 인사 등 기업 모든 부서의 노력이 통합되어야 한다는 의미이다. 다시 말하면 기업의 연구개발부서는 제품을 개발하고, 생산부서는 원자재와 반제품을 구매하여 완제품을 생산한다. 그리고 재무부서는 기업활동에 필요한 자금을 조달하고, 인사부서는 인력자원을 충원하여 교육·배치시키는 역할을 담당한다.

이러한 기업의 제 기능들 중에서 고객과 직접 접촉하는 기능은 마케팅이

담당하고 있다. 그러나 마케팅부서만 고객지향적 사고를 가져서는 고객의 욕구를 충족시킬 수 없다. 왜냐하면 고객의 욕구를 충족시켜 주기 위하여 시장에 제공되는 제품은 기업 모든 부서의 노력이 통합된 결과이기 때문이다.

전통적 마케팅은 기업의 모든 부서가 각각 소비자의 욕구충족을 위하여 노력하고 있지만 전사적 마케팅 혹은 총체적 마케팅(total marketing)은 마케팅부서에서 기업의 모든 활동을 통합하고 조정하는 역할을 담당하고 있다.

3) 고객만족을 통한 이익실현

마케팅은 기업의 목적달성을 위해 수행되는 기능이므로 마케팅개념은 기업목적지향적이어야 한다. 기업의 목적은 유지존속, 성장, 기업가치의 극대화, 사회봉사 등의 여러 가지가 있지만 그 어느 것도 이익의 실현 없이는 달성될 수 없다. 그러나 기업이 이익 자체만을 추구할 때 이익은 실현될 수 없으며, 고객만족을 위하여 최선을 다할 때 실현될 수 있다. 다시 말하면 고객의 만족을 위하여 노력한 결과로서 자동적으로 얻어지는 것이지, 이익을 직접적으로 추구해서는 이익을 실현할 수 없다는 의미이다. 즉 마케팅활동의 초점은 고객지향성과 고객만족을 통한 이익실현이어야 하며, 이를 위하여 기업의 여타 기능들은 마케팅기능을 중심으로 통합되어야 함을 나타내고 있다.

5. 사회지향적 개념

근래에 이르러 앞에서 설명한 마케팅개념이 과연 타당한가에 대하여 여러 가지 의문이 제기되고 있다. 즉 오늘날과 같이 환경오염이 심화되고 자원이 부족하여 폭발적으로 인구가 증가하는 등의 문제가 가로놓여 있는 상황에서 고객의 욕구충족을 최우선시하는 마케팅개념이 과연 기업의 목적으로 타당한가? 다시 말하면 관광기업이 개개의 소비자 욕구를 발견하여 이를 충족시켜 주는 것이 장기적으로 볼 때 소비자는 물론 사회 전체의 이해와 반드시 일치하지 않는 경우도 발생할 수 있다는 것이다.

외국의 사례로는 사회적 마케팅개념을 성공적으로 수행하고 있는 기업의 예로써 McDonald's사를 들 수 있다. McDonald's사는 보다 작은 크기의 냅킨과 재활용이 가능한 포장을 사용함으로써 쓰레기를 줄이는 노력을 하고 있다.

최근 우리나라의 관광기업에서도 사회적 마케팅개념의 필요성에 대한 인식이 높아지고 있다.

우리나라의 경우 호텔기업을 살펴보면 웰리치조선호텔은 현재 사회적으로 대두되고 있는 헌혈수급의 어려움을 해소하고 지역사회에 이바지하고자 사랑의 헌혈운동을 전개하고 있다. 또한 헌혈증서를 모아서 백혈병으로 고생하는 우리의 이웃들을 돕고 있다.

그리고 웨스트조선호텔은 사회공헌을 통해 사회와 함께하는 기업으로서 지역사회 봉사활동과 한국 관광사업 발전에 이바지하고 있다.

밀레니엄힐튼은 크리스마스 자선열차 전시회를 열었다.

위의 사례는 단기적인 소비자의 욕구충족이 장기적으로 소비자는 물론 사회의 복지와 상충됨을 설명하고 있다. 따라서 이제 기업은 마케팅활동의 결과가 소비자는 물론 사회 전체에 어떤 영향을 미치게 될 것인가에 대한 관심을 가져야 하며 가급적 부정적 영향을 미치는 마케팅활동은 자제하여야 한다는 사고가 등장하게 되었다. 이러한 배경하에서 등장한 새로운 마케팅개념이 사회적 마케팅개념(social marketing)이다. 자연환경 문제를 고려하여 공해를 줄이는 제품생산과 기업이 공해방지시설 설치 등을 강조하는 그린마케팅(green marketing)도 사회적 마케팅개념의 한 가지 예로 볼 수 있다.

사회적 마케팅개념의 전제조건은 다음과 같다.

① 소비자의 욕구충족이 사회의 장기적인 이해관계와 반드시 일치하지는 않는다.
② 소비자들은 그들의 욕구와 장기적인 이해관계, 그리고 사회 전체의 이해관계에 관심을 가지는 기업을 선호하게 된다.
③ 따라서 소비자들을 유치하고 지속적으로 관계를 유지하려면 그들의 욕구를 만족시킬 뿐만 아니라 소비자들을 비롯한 사회 전체의 장기적인 복지를 향상시키는 것을 핵심과업으로 생각하여야 한다.

사회적 마케팅개념을 추구하는 기업은 소비자 욕구충족과 사회복지를 조화롭게 고려하면서 기업목적을 추구하여야 한다.

이상에서 살펴본 마케팅 관리철학의 발전단계를 요약해 보면 최초의 생산개념에서는 제품의 생산이 기업의 효용을 만족시키는 데 거의 국한되어 있었지만, 마케팅개념에서는 기업뿐만 아니라 소비자의 욕구충족을 함께 고려하였으며 마지막 단계인 사회적 마케팅개념에서는 기업과 소비자 양자에만 국한되지 않고 기업과 소비자가 속한 사회 전체의 복지에도 관심을 두게 되었다고 할 수 있다. 따라서 이러한 마케팅개념의 발전과정을 볼 때 현대적 의미의 마케팅은 기업의 이윤극대화만을 목표로 하는 것이 아니라 사회 전체 효용의 극대화를 지향하는 것이라 하겠다.

제3절 관광마케팅의 특성

당초 마케팅은 치약, 자동차, 철강, 기계와 같은 물리적 제품과 관련을 맺고 발전하였다. 그러나 유형재와 관광상품 간에 본질적인 차이가 존재하여 재화 마케팅과는 다른 기법이 필요하다고 여기고 있다. 이는 실제로 관광상품, 즉 서비스가 지닌 독특한 특성에 기인하고 있는데, 그것은 무형성, 불가분성, 이질성, 소멸성이다.

1. 무형성(Intangibility)

서비스의 본질인 무형성으로 인해 유형재인 옷, 자동차, 컴퓨터 등과 같이 형태를 가지고 있지 않다는 것이다. 따라서 서비스는 이들 유형재처럼 눈으로 보거나 손으로 쥐거나 혹은 냄새를 맡을 수 없다. 항공기에 탑승하기 전에 승객은 항공권과 목적지까지의 안전수송 약속 이외에는 손에 쥐는 것이 아무것도 없다. 이 때문에 소비자는 서비스 구매에 있어 기업의 광고보다 사용경험이 있는 다른 사람들의 구전에 크게 비중을 두게 된다. 또한 무형성에서 초래하는 불확실성을 줄이기 위하여 구매자는 그 서비스에 관한 정보의 확신을 제공하는 유형의 증거를 찾게 된다. 예를 들면 레스토랑을 찾는 고객은 레스토랑의 외관, 청결상태, 종사원의 용모 등의 유형요소를 통해 서비스를 평가하게 된다.

따라서 많은 관광기업들은 이러한 문제를 해결하기 위해서 유형요소의 탁월성을 알림으로써 서비스의 우수함을 알리려 하고 있다.

2. 불가분성(Inseparability)

일반적으로 서비스는 서비스 제공자와 고객의 양자가 매매의 성립을 위하여 그 장소에 함께 있어야 한다. 즉 의료서비스의 경우 의사가 진료하는 과정에는 반드시 환자가 그 장소에 함께 있어야 한다. 또한 의사가 진료하는 과정(생산)에서 바로 환자에게 전달(소비)된다.

따라서 접객직원은 제품의 매우 중요한 일부가 된다. 예를 들면 호텔레스토랑에서 어느 종사원이 훌륭한 음식을 제공했다 해도 서비스를 제공하는 종사원의 태도가 좋지 않았다면, 고객은 호텔레스토랑의 종합적 평가를 낮추게 되고, 결과적으로 고객은 만족하지 못하게 될 것이다.

또한 불가분성은 다른 고객도 제품의 일부라는 것을 의미한다. 어떤 연인이 어느 레스토랑을 조용하고 로맨틱하다는 이유로 선정했는데, 만약 큰소리로 떠들썩하게 대화하는 사람들이 같은 실내의 좌석을 차지하였다면 이 연인은 크게 실망하게 될 것이다.

지배인은 다른 고객의 불만족원인이 되지 않도록 고객을 관리해야 한다.

다른 하나의 불가분성은 고객과 직원이 서비스 제공 시스템을 잘 이해하고 있어야 한다. 어떤 호텔의 투숙객이 프런트 직원에게 호텔객실 내에 있는 금고(safety box)의 사용법을 문의하였는데 사용법을 정확히 알지 못해 손님을 분개하게 만드는 문제를 유발시킨다. 이러한 모든 것은 접객직원의 교육 부재에서 발생되는 경우가 많다. 따라서 서비스 제공에 대한 접객직원의 충분한 교육이 수반되어야 한다.

3. 이질성(Variability)

표준화되어 대량 유통되는 유형재들과는 달리 서비스는 매우 이질적이다. 서비스의 질은 그것을 누가, 언제, 어떻게 제공하는가에 달려 있다. 변동성을 가져다주는 몇 가지 요인이 있다.

서비스는 생산과 소비가 동시에 완료되기 때문에 질적 수준의 관리에는 한도가 있다. 수요의 변동은 수요의 성수기에 일정한 품질을 제공하는 데 곤란을 수반한다. 서비스의 제공자와 고객 간의 빈번한 접촉은 제품의 일관성이 교환시점에서 서비스 제공자의 기술과 성과에 달려 있다는 것을 의미한다.

고객은 어느 날은 좋은 서비스를 받고, 다음날 같은 직원으로부터 평범한 서비스를 받는 일도 있다. 평범한 서비스의 경우에는 서비스 제공자의 기분이 좋지 않다든가 또는 그가 감정적인 문제를 끌어안고 있을지도 모른다. 제품의 변동성 또는 일관성의 결여는 호텔, 관광기업에 있어서 고객불만의 주요원인이 된다.

4. 소멸성(Perishability)

서비스는 저장할 수 없다. 100실을 보유한 호텔이 어느 날 밤 50실밖에 투숙하지 못한 것을 다음 날 밤에 몰아서 150실을 투숙할 수는 없다. 나머지 50실을 투숙하지 못하여 잃어버린 수입은 영구적으로 사라지는 것이다. 반면에 성수기에 손님이 많은 경우 추가적인 생산이 어렵기 때문에 기회손실이 발생하기도 한다. 이에 따라 호텔, 관광기업에 있어서 성수기와 비수기의 타개책 마련, 즉 수요와 공급의 적절한 관리는 기업 성공의 가장 우선적인 과제로 여겨진다. 소멸성을 이유로 어느 호텔은 가령 고객이 그곳에 체크인하지 않은 경우 고객에게 보증된 예약확보요금을 징수하고 있다. 레스토랑에서도 예약을 해두고 나타나지 않은 고객에게 요금을 징수하고 있다. 즉 예약을 하고도 오지 않을 경우 그 좌석을 판매할 기회를 상실한 데 대한 보상으로 이해되고 있다.

종사원에게 다양한 직능교육을 통하여 순환 배치하거나 유휴설비의 투입을 통해 생산성을 증가하려는 방안을 모색하기도 하며 성수기에는 파트타임(part-time)으로 종사원을 고용해 비수기를 대비하기도 한다. 비수기에는 다양한 판촉활동을 통하여 시설의 활용도를 높이려는 방안을 강구하기도 한다.

표 1-2 서비스 특성에 따른 마케팅 전략

서비스의 특성	마케팅 문제	마케팅 전략
무형성	• 저장불능 • 유형적 • 특허 등에서 보호 불능 • 쉽게 진열 · 전달이 불가능 • 가격결정 곤란	• 단서 강조 • 비개인적 원천보다 개인정보원천 이용 • 구전을 통한 기업이미지 촉진 장려
소멸성	• 재고 불능	• 변동적 상황에 대처하기 위한 전략 수립 • 수요와 공급의 동시조절
이질성	• 표준화 및 품질관리 곤란	• 서비스의 산업화 및 개성화
동시성	• 소비자가 생산에 참여 • 다른 고객도 생산에 참여 • 집중적 대량생산이 불가능	• 접객원의 선발 · 훈련 강조 • 고객관리, 다점포의 이용

자료 : V. A. Zeithaml, A. Parasuraman and L. L. Berry(1995), "Problems and Strategies in Service Marketing," *Journal of Marketing*, 49(Spring), p. 35.

제4절 관광마케팅 관리와 그 과제

1. 관광마케팅 관리의 정의

관광마케팅이란 결국 "호텔 및 여행사를 비롯한 환대기업들이 고객과의 교환과정을 통하여 그들의 필요와 욕구를 만족시키는 데 목표를 둔 기업의 활동이라고 할 수 있다. 한편, 관리란 그들 기업조직의 목적을 달성하기 위해 현상을 분석하여 과업을 수행하기 위한 계획을 수립하고, 수립된 계획을 실천하며, 끝으로 실천결과를 계획과 비교하여 평가하는 일련의 과정을 말한다. 따라서 관광마케팅 관리란 마케팅개념에 기업의 관리개념을 통합하여 마케팅 차원에서 구체화시키는 과정이라고 할 수 있다. 코틀러와 암스트롱도 마케팅 개념과 관리개념을 통합하여 마케팅 관리를 '조직의 목표를 달성하기 위하여 표적시장과의 유리한 교환을 창조, 강화 그리고 유지할 목적으로 고안된 프로그램을 분석, 계획, 실천 그리고 통제하는 활동'으로 정의하고 있다. 따라서 본서에서도 코틀러가 정의한 마케팅 관리의 정의를 따르고자 한다.

위에서 언급한 마케팅 관리에 대한 정의는 다음과 같은 몇 가지 기본개념을 포함하고 있다.

첫째, 마케팅 관리란 표적시장과 기업의 목적을 달성하기 위하여 교환을 창조, 증대 그리고 유지하는 활동이라는 것이다. 여기서 마케팅 관리라는 교환의 창조는 물론 창조된 교환을 증대시키거나 유지 혹은 감소시키는 활동도 포함하고 있음을 의미하고 있다.

둘째, 교환을 창조하기 위한 마케팅수단으로 제품, 가격, 유통 그리고 촉진의 4가지가 있다는 것이다. 이러한 4가지 수단으로 교환을 창조하기 위해서는 적절한 수준에서의 믹싱(mixing)이 중요하기 때문에 이를 마케팅믹스(marketing mix)라고도 한다.

셋째, 마케팅 관리는 전체 시장을 상대로 하는 것이 아니라, 기업이 선정한 표적시장의 욕구와 필요를 충족시켜야 하기 때문에 표적시장을 선정하는 것이 중요하다.

넷째, 마케팅믹스를 결정하기 전에 마케팅믹스에 영향을 미치고 있는 시장 관련 현상, 즉 마케팅환경을 분석하고 이를 기초로 마케팅믹스를 결정하여야 한다는 것이다.

다섯째, 마케팅 관리는 마케팅믹스에 관련된 프로그램(제품, 가격, 유통 그리고 촉진 프로그램)을 계획, 실행, 통제하는 관리과정이라는 것이다.

2. 관광마케팅 관리의 과제

관광기업은 자신들의 제품 및 서비스 공급능력(또는 바람직한 제품공급능력)을 고려하면서 매출액이나 시장점유율로 규정된 목표를 달성하기 위하여 바람직한 수요의 크기를 결정할 수 있다. 그러나 실제수요의 크기는 반드시 바람직한 수요의 크기와 일치하지는 않을 것이며, 적거나 많을 수도 있다. 즉 마케팅 관리자는 바람직한 수요의 크기에 비하여 실제수요의 크기가 부족한 상태(부정적 수요 · 무수요 · 잠재적 수요 · 감퇴적 수요)와 충분한 상태(불규칙적 수요 · 완전수요) 및 지나치게 많은 상태(초과수요 · 불건전한 수요)에 당면할 수 있으며, 각 수요상태는 독특한 마케팅문제를 야기시킨다. 예를 들어 수요가 부족한 상태와 수요가 지나치게 많은 상태에서 마케팅 관리자가 해야 할 일은 당연히 다를 것이다.

물론 수요의 타이밍(불규칙적 수요)과 수요의 성격(불건전한 수요) 역시 독특한 마케팅문제를 야기시키는 요인이지만, 다음과 같은 여덟 가지의 수요상태는 근본적으로 바람직한 수요의 크기와 실제 수요의 크기 사이에서 야기되는 마케팅문제이며, 각각은 상이한 마케팅 관리 과업을 필요로 한다.

이러한 모든 과업들은 모두 계획 · 실행 · 조직 · 통제로 구성되는 관리론적 접근방법(managerial approach)을 필요로 하며, 마케팅전략을 개발하기 위한 두 가지의 기본적인 절차-표적시장의 선정과 마케팅믹스의 개발을 활용한다.

1) 수요가 부족한 상태

실제수요의 크기가 바람직한 수요의 크기에 비하여 부족한 상태는 부정적 수요, 무수요, 잠재적 수요, 감퇴적 수요 등의 네 가지가 있으며 각각 독특한 마케팅 과업을 필요로 한다.

(1) 전환적 마케팅(Conversional Marketing)

부정적 수요란 대부분의 잠재고객들이 제품 및 서비스를 싫어하며 오히려 그 제품 및 서비스를 회피하기 위하여 기꺼이 돈을 지불하려는 상태를 말한다. 이러한 부정적 수요(−)를 자사제품 및 서비스에 대한 긍정적 감정을 가져 실제수요(+)로 전환시켜야 한다. 이러한 마케팅 과업을 전환적 마케팅 과업이라 한다.

이러한 부정적 수요의 상태는 잠재고객들이 적극적으로 제품을 기피하는 상태이므로 마케팅 관리자에게는 더욱 불리하다. 보통 부정적 수요는 제품수명주기상에 있어 도입기의 전반부에 나타나는 경우가 많다.

특히 호텔객실 및 해외여행 상품 등은 비교적 고가로서 무형성 및 동시성으로 인하여 고객에게 품질을 보증하는 데 한계가 많아 전환적 마케팅 과업을 수행하는 데 어려움이 더욱 크다.

(2) 자극적 마케팅(Stimulational Marketing)

관광객의 제품 및 서비스에 대한 관심을 자극하여 무수요(0)를 (+)의 수요로 증대시키는 과업을 수행해야 하는데, 이를 자극적 마케팅이라고 부른다. 무수요란 잠재고객들이 무관심하여 제품에 대해 어떠한 부정적 또는 긍정적 느낌도 갖고 있지 않은 상태이다. 이러한 무수요 상황에서 요구되는 마케팅 관리의 과제이다. 무수요는 대체적으로 제품수명주기상에 도입기 초반에 나타나는 경우가 많다.

최근 들어 관광기업이 봇물처럼 건립되고 개업하여 많은 상품을 생산하고 있다. 이러한 상황에서 소비자는 이 많은 기업을 비롯하여 이들이 생산하는 상품을 알지 못하고 있다. 그래서 많은 레스토랑의 경우 무관심한 잠재고객을 위해 개업 이벤트와 같은 행사를 하는 것도 이러한 마케팅 과업을 달성하기 위해서이다.

(3) 개발적 마케팅(Development Marketing)

잠재수요에 대처하기 위한 마케팅 관리이다. 잠재수요란 제품에 대한 욕구가 존재하지만 실제로 시장에 존재하지 않아 제품개발의 필요성이 요구된다. 잠재수요는 제품수명주기상에 제품의 시장출시 이전에 나타난다. 이때 관광마케팅 관리자는 잠재고객들이 공통적으로 '원하는 바'를 충족시키기 위한 신제품을 개발하는 과업을 수행해야 하는데, 이를 개발적 마케팅이라고 부른다.

외식업체들은 잠재고객들이 웰빙에 관심이 높다는 판단 아래 패밀리레스토랑을 비롯하여 패스트푸드업계에서도 웰빙관련 메뉴를 선보여 소비자에게 좋은 반응을 보이고 있는 것이 좋은 사례이다.

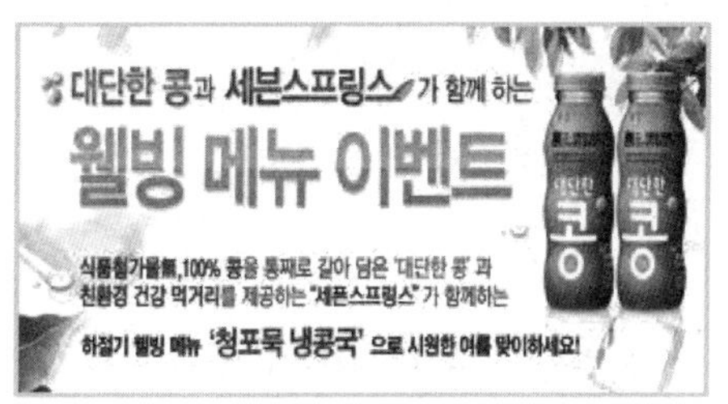

(4) 리마케팅(Remarketing)

인간의 욕구를 충족시켜 주기 위한 모든 욕구충족 수단(제품)은 처음 시장에 등장하면서 점차로 많은 사람들에게 알려져 감에 따라 매출액이 증가하다가 잠재고객들의 기호가 변하든가 경쟁자가 보다 효과적인 신제품을 개발하든가 또는 여러 가지 마케팅 환경요인들이 불리하게 변화함에 따라 실제수요가 감소하는 쇠퇴기(衰退期)를 맞이한다.

감퇴적 수요란 제품에 대한 실제수요가 이전보다 낮아지는 상태를 말하는데, 그러한 현상은 제품수명주기상에 있어 성숙기 이후에 나타나는 현상으로, 이러한 수요가 나타나게 되는 원인은 대체로 잠재고객의 기호변화, 경쟁, 마케팅 환경요인의 변화(경쟁기업의 효과적인 신제품 개발) 등이다. 감퇴적 수요는 제품이 시장에 성공적으로 진입했을 경우에는 제품수명주기상에 성숙기 중반에 나타나는 경우가 많다.

감퇴적 수요의 상태에서 마케팅 관리자는 실제수요를 부활시키기 위하여 표적시장을 변경하거나 제품특성, 가격수준, 유통경로, 촉진활동 등을 적절히 변경하는 리마케팅(remarketing)의 과업을 수행해야 한다. 특히 여행상품은 고객들의 기호변화가 빠르기 때문에 제품수명주기가 매우 짧다. 따라서 여행업체들은 이에 신속히 대응하기 위해 가격할인이나 부수적인 선택여행의 구색으로 리마케팅을 수행하고 있다.

2) 수요가 충분한 상태

실제수요의 평균적 크기가 바람직한 수요의 평균적 크기와 유사한 상태는 불규칙적 수요와 완전수요이며, 각각 독특한 마케팅 과업을 필요로 한다.

(1) 동시화 마케팅(Synchromarketing)

동시화 마케팅은 불규칙적 수요를 극복하는 마케팅과제이다. 불규칙적 수요란 비록 일정한 기간 동안의 평균적 실제수요에는 만족하지만 특정한 시점에서 볼 때 실제수요의 크기가 바람직한 수요의 크기를 초과하거나 못 미치는 여건에 놓이게 되는데, 불규칙적 수요란 실제수요의 시간적 패턴이 바람직한 수요의 시간

적 패턴과 다른 상태에 해당되는 수요를 말한다. 특히 관광상품의 특성상 계절성이 강하다는 점에서 불규칙적 수요는 마케팅 관리의 큰 문제로 여겨지고 있다.

불규칙적 수요의 상태에서 마케팅 관리자는 첫째, 공급의 수준을 실제수요의 크기에 맞도록 조정하거나 둘째, 실제수요의 크기를 공급의 수준에 맞도록 조정하거나 셋째, 공급의 수준과 실제수요의 크기를 모두 조정함으로써 양자의 시간적 패턴을 일치시킬 수 있는데, 이러한 과업을 동시화마케팅(synchromarketing)이라고 부른다.

동시화마케팅의 기본 원리는 제품의 가치를 증대시키거나 새로운 용도를 개발하는 등 실제수요의 크기를 증대시키기 위한 활동과 가격을 인상하거나 촉진활동을 축소하는 등 실제수요의 크기를 감소시키기 위한 활동을 시간적으로 조합함으로써 수요와 공급의 시간적 패턴을 조정하는 것이다.

특히 관광업계에서는 항공기, 철도, 리조트, 호텔 등의 공급능력이 매우 비탄력적이기 때문에 제조업과는 다른 마케팅 과업이라 할 수 있다. 예를 들면 많은 패밀리레스토랑도 이용객이 적은 점심때와 붐비는 저녁때의 메뉴가격을 다르게 해놓음으로써 저녁손님을 점심손님으로 유도하여 점심과 저녁의 완전수요를 유도하는 전략을 구사하고 있다. 또한 철도나 항공사들은 수요가 적은 평일의 철도요금이나 항공요금을 저렴하게 하고 수요가 많이 발생하는 주말이나 휴일 요금을 비싸게 받음으로써 완전수요를 이끌려고 하는 것이 가장 좋은 사례이다.

(2) 유지적 마케팅(Maintenance Marketing)

완전수요는 실제수요와 바람직한 수요의 평균적 크기뿐만 아니라 시간적 패턴까지도 일치하는 수요의 상태를 말한다. 이러한 완전수요의 상태는 마케팅 관리자면 누구나 원하는 것이므로 그저 뒷짐만 지고 현재의 수요를 즐기는 일에 만족하지 말고 지금의 수요상태를 유지하기 위해 최선을 다해야 한다.

완전수요의 상태를 불안정하게 만드는 수요의 잠식요인은 대체로 3가지로 요약할 수 있다.

첫째, 잠재고객들의 욕구 및 기호가 변화해서

둘째, 경쟁자들이 신규로 시장에 참여해서

셋째, 기업을 둘러싼 마케팅 환경에 따라 기존의 수요는 잠식될 수 있다.

이러한 기업 마케팅활동의 효율성과 그러한 요인들의 변화추세에 대하여 끊임없이 관심을 갖고 대처함으로써 완전수요의 상태를 유지하는 일과 관련된 유지적 마케팅을 수행해야 한다.

3) 수요가 초과하는 상태

(1) 디마케팅(Demarketing)

디마케팅은 초과수요를 극복하기 위한 마케팅 관리 과제이다. 초과수요란 실제수요의 크기가 마케팅 관리자가 공급할 수 있거나 공급하려는 바람직한 수요의 크기를 초과하는 상태인데, 실제수요의 크기가 부족한 상태에 비하여 결코 쉽지 않은 심각한 마케팅문제를 야기시킨다. 즉 초과수요의 상태에서 마케팅 관리자는 제품을 획득하려는 잠재고객들의 경쟁을 방관하기보다는 고객들의 만족수준을 보장하고 장기적인 고객관계를 유지 · 개선하기 위한 디마케팅(demarketing)의 과업을 수행해야 한다.

즉 마케팅 관리자는 전통적인 마케팅노력을 반대로 적용함으로써 수요를 감축하는 동시에 부족한 제품 및 서비스를 고객들에게 적절히 할당하기 위한 과업을 수행해야 한다. 디마케팅에서 수요를 감축하기 위하여 보편적으로 이용되는 방법은 제품 및 서비스의 품질이나 내용을 축소하거나, 가격 및 거래조건을 마케팅 관리자에게 유리하게 변경하거나, 구매에 소요되는 노력과 심리적 비용을 증대시키거나, 유통기관의 수를 축소하거나, 촉진활동을 축소하거나, 메시지의 초점을 제품 자체의 수요보다는 기업 이미지의 향상으로 바꾸는 일이다.

겨울철 주말 스키리조트는 스키관광객들로 넘쳐나고 있다. 스키리조트 자체의 객실은 차치하고 인근의 숙박시설도 객실이 없다. 이에 스키리조트 마케팅 관리자는 주말의 객실요금을 성수기 주말요금이라는 요금제도를 도입하여 비싸게 받고 있다.

(2) 카운터마케팅(Counter Marketing)

카운터마케팅은 불건전 수요에 대처하기 위한 마케팅 관리 과업이다. 상품에 대한 수요 자체가 장기적인 소비자 및 사회복지의 관점에서 불건전하거나 마케팅 관리자에게 유익하지 않은 경우가 있는데, 실제수요의 크기가 문제되는 초과수요의 상태와는 달리 수요 자체의 성격이 문제가 된다. 즉 불건전 수요의 상태에서 마케팅 관리자는 실제수요의 크기나 시간적 패턴을 조정하는 것이 아니라 약간의 수요라도 그것의 존재를 없애버리려는 카운터마케팅(counter marketing)의 과업을 수행해야 한다. 따라서 카운터마케팅의 대상은 사회적으로 바람직하지 않은 제품이나 경쟁제품 또는 생산을 중단하려는 자신의 구모델이 될 수 있다.

많은 호텔들은 투숙하고 요금을 지불하지 않은 수요, 즉 스키퍼(skipper)들로 인해 골머리를 앓고 있다. 또한 리조트의 슈퍼마켓(super market)에서는 진열된 물건들이 몰래 사라지고 있다. 이에 이들 기업들은 감시카메라의 수를 늘리는 등 여러 가지 방안을 강구하고 있다.

이상과 같이 마케팅 관리자가 당면하는 수요의 상태를 여덟 가지로 구분하고 각 수요상태에 따른 마케팅 과업은 다양하다. 그러나 각 수요의 상태가 반드시 특정한 제품과 연관되어 있는 것은 아니며 모든 제품이 다양한 수요의 상태를 맞이하고 그에 따라 마케팅 관리자의 과업이 달라진다는 데 유의해야 한다.

표 1-3 수요의 상태에 따른 마케팅 과업

수요상태	마케팅 관리 과제	마케팅 과업
1. 부정적 수요	긍정적으로 전환시킨다	전환적 마케팅
2. 무수요	수요를 자극한다	자극적 마케팅
3. 잠재적 수요	제품을 개발한다	개발적 마케팅
4. 감퇴적 수요	수요를 부활시킨다	재마케팅
5. 불규칙적 수요	수요·공급의 시기를 일치시킨다	동시화마케팅
6. 완전수요	수요를 유지시킨다	유지마케팅
7. 초과수요	수요를 감소시킨다	디마케팅
8. 불건전수요	수요를 소멸시킨다	카운터마케팅

제5절 관광마케팅의 추세들

1. 고객지향, 고객가치, 고객만족

이익을 낳게 하는 고객만족이 서비스 마케팅 제1의 목표이다. 그러나 경영자는 오로지 현재의 이익이 첫째이고, 고객만족은 그다음인 것처럼 행동하는 일이 종종 있다. 이러한 태도는 많은 구매고객을 점점 잃게 하고 점점 나쁜 구전을 유포시키므로 최종적으로 회사를 파산으로 이끌게 된다. 오늘날 성공을 거두는 관광기업의 경영자는 이익 그 자체를 유일의 목적으로 하기보다도 이익은 회사를 양호하게 운영하고 있는 결과로 이해하고 있다.

또한 경영자는 기업목적에 적합한 고객을 신중하게 선택하고 있다. 선택된 고객을 찾아 효과적인 경쟁을 해 나가기 위해서 관광기업은 표적시장에 대하여 경쟁사의 마케팅믹스보다도 가치 있는 마케팅믹스를 창조하고 있다. 관광기업에 있어 마케팅과제는 표적고객에게 참된 가치를 제공하고, 구입동기를 부여하며, 참된 소비자욕구를 충족시키는 제품과 서비스를 결합하는 것을 설계하는 일이라 확신하고 있다.

고객의 욕구가 충족되었을 때 고객은 매료되고 유지되는 것이다. 그러면 고객은 다시 서비스 기업으로 돌아올 뿐만 아니라 다른 사람에게도 자기들의 만족을 호의적으로 이야기하게 된다.

우수한 관광기업들은 자신의 모든 사업활동에 있어 고객을 출발점, 의견을 들을 수 있는 곳, 궁극적인 조정자로 간주하며 그들을 만족시키기 위한 상품이나 서비스를 개발하고 있다.

드러커(P. Drucker)는 "마케팅의 목적은 판매를 필요로 하지 않고 고객을 숙지하고 이해하는 일이다. 그러면 제품 또는 서비스는 고객의 욕구와 일치하여 자연적으로 팔리게 하는 것이다"고 하였다. 이는 판매와 촉진활동이 중요하지 않다는 것을 의미하지는 않는다. 오히려 이 두 가지 활동은 마케팅믹스(만족고객을 창조하기 위한 마케팅 수단의 집합)의 일부라는 것을 의미한다. 판매와 촉진을 효과적으로 실시하는 유일한 방법은 최초의 표적고객과 고객욕구를 설정하여 간단하게 이용할 수 있는 가치의 다발을 준비하는 것이다.

"고객 취향까지 잡아라" 기업 경영, 과학에서 예술로

표준화와 통제를 통한 틀에 박힌 업무 프로세스만으로는 고객의 다양한 욕구를 충족시키기 어렵다. 예술가처럼 고객의 취향까지 고려해 차별화된 상품과 서비스를 만들어내는 '예술적 프로세스'가 고객의 마음까지 사로잡는 경쟁 포인트로 주목받고 있다.

"엄격한 표준화론 한계라는 사실을 안다.… 리츠칼튼은 직원 재량권 강화로 고객문제에 효과적인 대응을 하고 있다."

"'마니 도와조서 대다니 감사함니다(많이 도와줘서 대단히 감사합니다).' 지난해 11월 서울 리츠칼튼호텔에 숙박했던 한 미국인 노부부는 호텔을 떠나며 서툰 한국어로 감사 편지를 남겼다. 어린 시절 미국으로 이민을 갔던 한국계 남편이 이 호텔 직원의 안내로 50년 만에 고향 동네를 돌아볼 수 있었기 때문이다. 할아버지는 어린 시절 다닌 초등학교 이름 정도만 희미하게 기억할 뿐이었다. 이 직원은 당시 학교의 위치와 동네를 알아내고 택시기사에게 보여줄 위치 설명서와 지도도 한글로 만들어 주었다. 호텔 직원의 정성으로 그는 추억 속의 고향으로 돌아갈 수 있었다."

이 노부부가 우연히 사람 좋은 직원을 만난 것일까. 절반은 맞는 얘기다. 나머지 비밀은 리츠칼튼호텔의 고객서비스 업무 프로세스(절차)에 있다. 이 직원의 행동은 정확하게 호텔 서비스 수칙 3조 '고객들에게 독창적이고 개별적이며 잊지 못할 경험을 만들어내기 위한 권한을 갖고 있다'를 실천한 사례다.

2006년 세계적인 호텔체인인 리츠칼튼은 '직원들은 고객의 짐을 들어야 한다'거나 '고객을 안내할 때는 직접 모시고 가야 한다'는 식의 엄격한 고객서비스 조항을 없앴다. 대신 '고객의 소망까지 알아차려 즉각 응대한다'와 같은 '가치진술(Value Statements)' 방식으로 바꿨다. 고객의 개인적 취향에 따라 직원들이 판단력과 임기응변을 발휘할 수 있는 길을 열어준 것이다. 조항도 20개에서 12개로 줄였다.

과학적 표준화와 통제보다 창의성으로 고객의 마음까지 사로잡는 예술가적 기질을 토대로 한 업무 프로세스가 기업 현장을 파고들고 있다. 예술과 과학의 경계가 무너지는 '크로스오버' 현상이 기업 경영에 스며드는 것이다.

미국 다트머스대 턱 경영대학원의 조지프 홀, 에릭 존슨 교수는 하버드비즈니스리뷰(HBR) 최근호(3월호)에서 "기업이 예술적 프로세스(artistic process)를 제대로 시행하고 운영한다면 쉽게 모방하거나 상품화할 수 없는 차별성을 만들 수 있다"고 조언한다. 이 글의 전문은 동아비즈니스리뷰(DBR) 30호(2009년 4월 1일자)에 실려 있다.

"이제는 과학이 아니라 예술"

연구팀에 따르면 세계 각국의 제조업체들이 도요타 생산방식(TPS)을 본뜬 제도를 통해 품질 및 효율을 엄청나게 향상시켰다. 하지만 이 같은 '과학적 프로세스(Scientific processes)'가 적합한지 따져보지 않고 남용돼 부작용을 겪는 사례도 적지 않다.

필자들은 "기업인과 컨설턴트들이 프로세스 표준화를 무분별하게 추진하고 있다"며 "과학보다는 예술적 성격이 강한 프로세스는 본질적으로 체계화한 표준화와 어울리지 않는다"고 설명한다.

이에 대한 대안이 고객의 개인 취향까지 충족시키는 '예술적 프로세스'다. 생산에 투입하는 자재가 동일하지 않아 '장인의 손길'을 거쳐야 하거나 차별화된 상품, 서비스에 가치를 두는 고객을 상대할 때 특히 필요하다고 필자들은 지적한다.

'서비스 명가(名家)'인 리츠칼튼도 다양한 고객 욕구 때문에 '예술적 프로세스'를 선택했다. 획일화된 프로세스로는 고객의 욕구를 충족시킬 수 없다고 보고 직원 재량권을 확대한 것이다. 이 호텔 직원들에게는 고객의 문제 해결에 2,000달러까지 쓸 수 있는 권한도 주어졌다.

2. 품질의 중요성 대두

서비스품질은 서비스 마케팅을 위한 기초이다. 고품질 서비스는 판매와 광고분야에 신뢰성을 주고, 호의적인 구전 커뮤니케이션을 촉진하고, 가치에 대한 고객의 지각을 높여준다. 또한 종사원에게는 사기와 충성심을 높여준다. 서비스품질은 서비스 마케팅과 분리된 과목이 아니다. 서비스품질은 서비스 마케팅의 중심적인 부분이다. 저질의 서비스를 제공하는 기업은 그들의 광고가 유혹할지라도 혹은 그들의 판매원이 많은 전화를 할지라도 마케팅에 성공할 수 없다. 광고와 판매는 많은 사람에게 저질의 서비스를 경험하게 하고 장래기업을 외면하기 위해 직접 체험하도록 간청하는 것이다.

서비스품질의 핵심은 신뢰성, 즉 약속을 지키는 것이다. 약속을 관례적으로 깨뜨리고, 믿을 수 없고, 빈번한 실수를 저지르는 기업은 고객의 신뢰를 잃게 된다. 고객의 신뢰는 서비스 기업의 가장 중요한 자산이다.

샌프란시스코(San Francisco)의 유니언 스퀘어(Union Square)에 있는 홀리데이 인(Holiday Inn)에서 한 고객이 그의 룸에 있는 라디오를 켜려 하였지만 어떤 버튼을 눌러도 그 라디오는 작동하지 않았다. 마침내 그는 라디오가 고장났다고 호텔 측에 말하자, 즉시 호텔 종사원이 곧바로 새 라디오와 초콜릿 한

상자와 꽃을 들고 그의 방에 왔다. 종사원은 룸에 있던 라디오를 아무 어려움 없이 켜주면서 작동시키는 방법이 까다롭다는 것을 알려주어 흥분한 고객의 마음을 편안하게 해주었다. 실은 고장난 것이 아니었다. 종사원은 라디오의 작동법을 친절히 가르쳐주고 새로 가져온 라디오와 초콜릿 한 상자, 꽃을 남겨두고 돌아갔다.

중년의 한 여성이 버지니아(Virginia)의 리치먼드(Richmond)에 있는 자신이 좋아하는 어크롭 슈퍼마켓(UKrop's Super Markets)의 식료품코너에 들어가 진열장에 있던 큰 파인애플을 꺼내 들고 몇 분간 서 있다가 아쉬운 듯 마지못해 그 파인애플을 제자리에 갖다 놓았다. 어크롭의 주인인 어크롭(James UKrop)은 그 광경을 목격하고 고객에게 다가가 파인애플의 반만 사기를 원한다면 우리는 기꺼이 기쁜 마음으로 그 반을 잘라서 드리겠다고 말했다. 그 여인은 그렇게 해달라고 말했고, 그 이후로 직원의 친질함과 환대에 어크롭 슈퍼마켓에 가는 것을 고대하게 되었다.

시카고 시내에 있는 메리어트 호텔(Marriott Hotel)의 지배인은 하우스키퍼(house-keeper)에게 걸려오는 전화 중 전체 고객의 3분의 2 정도가 다리미질 판을 요구한다는 사실을 알게 되었다. 그래서 지배인은 각 객실에 다리미와 다리미질 판을 놓기로 하였는데 20,000달러에 달하는 비용이 문제였다. 그 지배인은 예산서를 검토한 결과 22,000달러라는 돈이 객실 화장실에 있던 흑백 TV를 컬러 TV로 교체하는 데 책정되었다는 것을 알아냈다. 지배인은 얼마나 많은 VIP 고객들이 화장실에 컬러 TV가 있었으면 하는지를 조사하였고 지금까지 아무도 그런 요구를 한 고객이 없다는 사실을 알게 되었다. 그래서 그 지배인은 컬러 TV 구매계획을 취소하고 대신에 다리미와 다리미질 판을 준비했다. 그 결과 추가적인 예산이 필요 없게 되었고 하우스키핑의 생산성은 높아졌으며 중요하고 새로운 객실의 특징이 생겼다.

콜로라도 오로라(Colorado Aurora)의 경찰관은 매일 밤 지역 댄스홀 밖에 있는 주차장에서 빈번하게 좀도둑이 발생한다는 신고를 받았다. 한 경관이 좀도둑이 주로 지갑을 훔친다는 것을 알았고 댄스홀에 가는 여성고객들에게 알아본 결과 춤을 출 때 빈 테이블에 있는 핸드백이 없어질 것을 우려해 주차시켜 놓은 차에 핸드백을 넣어둔다는 것도 알아냈다. 그 경관은 댄스홀 주인을 설득하여 라커를 설치하게 했으며 그 결과 좀도둑 발생이 한 달에 12건에서 4달에 2건으로 줄어들었다.

앞의 이야기들은 서비스 마케팅의 본질은 서비스이며 서비스품질이 서비스 마케팅의 기초라는 것이다. 마케팅 교과서는 4Ps, 즉 제품, 가격, 유통, 촉진을 중요시한다. 그러나 관광기업에서 품질이 좋지 않다면 이러한 것들은 아무 의미가 없는 것이다.

그러므로 서비스 마케팅은 교묘하고 환상적이라는 것이 아니라 오래전부터 있어 왔던 것으로 고객을 돌보아준다거나 상식적인 것이 선행한다는 것을 보여주는 것이다.

3. 관광기업의 정보화 붐

컴퓨터는 종사원을 세속적이고 지루한 과업에서 탈피시키고, 시간을 절약하게 하며, 관료주의로부터 벗어나게 하는 많은 기능을 한다. 그러나 간혹 비인간적이고 관료적인 서비스에 대한 실패가 종종 서비스 종사원에 의해 컴퓨터의 탓으로 돌려지는 경향이 있다.

컴퓨터는 관광기업에게 명확한 전략을 지원하는 충실한 봉사자가 되고 있다. 많은 관광기업의 경영자는 내부고객의 욕구와 외부고객의 욕구를 충족시키기 위해 컴퓨터를 활용하고 있다. 또한 경영자들은 표적집단의 욕구, 선호, 라이프스타일을 파악하고 그들의 욕구에 가능한 한 신속하고 자연스럽게 응답하기 위한 컴퓨터 시스템을 설계했다. 그들은 이러한 시스템을 인적 자원을 뒷받침하기 위해, 서비스의 가치를 높이기 위해 적극적으로 활용하고 있다.

또한 서비스경영자는 많은 지식을 얻기 위해 컴퓨터를 사용하고 있다. 한편 최일선 종사원이 함께 공유할 수 있도록 하기 위해 잘 이해할 수 있고 사용할 수 있는 정보시스템의 개발에 박차를 가하고 있다. 현장 종사원의 지식의 증가는 관료화를 최소화하고 서비스에 대한 자유재량을 확대하는 효과를 가져오고 있다.

컴퓨터는 최종고객의 지식을 증가시킬 수 있다. 호텔이나 여행사가 자사의 홈페이지에 여행목적지나 여행에 관련되는 정보 및 식사예절 등의 제반정보를 정리하여 제공한다면, 필요한 고객들은 자사의 홈페이지에 접촉하여 이들 자료를 읽고 출력하고 있다.

컴퓨터는 능률적인 서비스를 제공할 수 있도록 한다. 기계와 인간의 융합은 빠른 서비스 제공과 개선된 서비스 접근을 할 수 있게 한다. 컴퓨터로 수행하는 것이 더 나은 반복적 기능의 지루한 것을 포함하여 자유로이 서비스할 수 있게 한다.

컴퓨터는 서비스 제공자에게 고객 개인에 관한 올바른 정보를 적시에 전달함으로써 고객 맞춤서비스를 제공하고, 이는 불필요한 서비스의 제공을 억제함으로써 원가를 효과적으로 절약하는 기회를 제공해 주고 있다.

4. 관광기업의 확장 붐

최근 들어 관광기업이 이전의 독립적인 형태로 자국에서 행하던 영업의 형태를 벗어나 국제기업 간의 제휴가 증가하고 있다. 실제로 기업의 제휴는 제조업체에서 빠르게 진행되어 온 것이다. 많은 제조업체들이 품질과 생산성을 개선하기 위한 수단으로 이용하여 온 것이다.

이러한 제휴가 호텔, 관광기업에서 일파만파로 퍼지고 있다. 물론 기업 내부적으로는 고객에 대해 고품질 서비스 제공에 집중하고 있다. 그러나 고객에게 고품질 서비스를 제공하기 위해 필요한 기술을 가진 기업에게도 제휴가 일어나고 있다. 그것이 동종이든 이종이든 무관하다. 많은 호텔, 관광기업들은 제휴를 시도하고 있다. 중소호텔들은 자재의 공동구매, 공동광고 등에서 적극적으로 시도하고 있다.

많은 관광기업의 제휴는 제조업자의 후원이나 동맹이 발전됨으로써 더욱 성행하고 있다. 기업의 연합을 통한 자원과 협동을 통한 과업은 고품질을 달성할 수 있으며, 원가를 절약할 수 있다. 기업 내부의 팀워크가 품질과 생산성을 촉진할 수 있는 것처럼, 기업 외부의 팀워크도 그렇게 할 수 있다. 즉 외주(outsourcing)나 외부의 전문가와 자사의 직원이 공조하여 일함으로써 품질과 생산성을 높일 수 있다.

또한 관련 관광기업 간의 합작사업이 성행하고 있다. 항공사와 호텔이 합작하여 예약 및 정보시스템의 개발을 추진하거나, 렌터카사업으로 기업을 확장시키는 사례가 그러하다.

많은 호텔, 관광기업이 동종이 아닌 이종의 호텔, 관광기업인 교육훈련이나 마케팅 조사와 관계된 업체들과 협력하기를 원하고 있다. 그들은 고품질 서비스를 제공하기 위해 고객의 욕구파악을 위한 마케팅 조사가 필요하며, 이렇게 파악된 고객 욕구에 맞는 최적의 서비스를 제공할 종사원의 훈련이 필요하다.

많은 관광기업들이 독립적인 소규모 기업으로서 가지는 한계점을 극복하기 위하여 합병을 시도하고 있다. 물론 합병 초기에는 동종 간의 합병이든 이종 간의 합병이든 기업문화의 차이로 많은 기업이 혼란을 겪을지라도 장기적으로 이익을 많이 낼 수 있다는 경영자들의 확신이 합병을 더욱더 가속화하고 있다.

실제로 기업이 제휴하고 합병하는 등의 기업확장은 매우 어렵다. 공통의 기업가치와 욕구를 가진 파트너를 찾는 것, 새로운 사업에 공동 출자하는 것, 기업 간에 계속적인 커뮤니케이션을 유지하는 것, 기업 간의 팀워크를 육성하는 구조를 창출하는 것 등 많은 어려움을 극복하여야 한다.

5. 환경친화적 기업경영의 추세

환경을 헤치지 않는 제품과 서비스를 제공하는 것은 호텔, 관광기업으로 하여금 당연한 과제로 여겨지고 있다. 개별기업들은 환경문제에 적극적으로 참여함으로써 기업의 이미지가 향상되고 사회를 위해 기여할 수 있다는 성실한 자세를 사회 혹은 소비자로부터 인정받으려 하고 있다.

호텔, 관광기업이 환경친화적인 기업경영을 하게 하는 데에는 많은 요인이 작용하고 있다. 국제적 수준에서 환경관련법이 제정되어 시행되고 있고, 환경관련단체들의 고조되는 감시활동은 기업으로 하여금 업무수행과 관련하여 큰 압력요소로 작용하고 있다.

소비자들도 바뀌고 있다. 단순히 양질의 값싸고 질 좋은 제품 및 서비스의 구매에만 한정된 관심을 기울이지 않고, 안전한 제품과 서비스, 그리고 환경보호적인 생산과 소비의 제 조건에 대한 주의 깊은 관심을 기울이고 있다.

이들 녹색소비자들은 일차적으로는 자신의 소비과정에서 환경오염으로 인한 직접적인 피해를 입을 수 있는 제품과 서비스의 구입을 꺼려하며, 나아가 자신의 소비행위를 통해 환경오염이 가중되는 제품과 서비스의 구입을 자제하고, 더 나아가 환경오염을 자행하는 기업의 제품과 서비스 구입의 불매행동까지도 기꺼이 실행하려 하고 있다.

아직은 호텔, 관광기업에 있어 환경보존 활동이 일시적인 경향이 있는 것은 사실이나 미래의 기업경영에서 가장 중요한 경영이념이 될 것이 틀림없다.

The Orchard Garden Hotel in San Francisco is one of the country's first hotels to go green, without sacrificing luxury accomodations. (Photo Disc)

"비즈니스·환경 친화적 호텔 될 것"

"한국에선 30년 만에 쉐라톤 호텔의 문을 다시 열게 됐습니다. 비즈니스와 환경 친화적인 호텔로 만들겠습니다."

다음 달 송도에 특1급 호텔인 쉐라톤인천 호텔이 문을 연다. 알레인 리고딘 총지배인은 오픈을 앞두고 1일 열린 간담회에서 아름다운 송도에 걸맞은 비즈니스 호텔이 될 것으로 자신했다.

쉐라톤인천 호텔은 소유주는 금호아시아나그룹이지만 호텔 경영 전반은 세계적인 호텔 매니지먼트 회사 '스타우드'가 맡는다('쉐라톤'은 스타우드의 여러 브랜드 가운데 하나). 우리나라의 광장동에 위치한 'W'호텔 역시 스타우드가 경영하고 있다. SK 그룹 소유의 쉐라톤워커힐 호텔은 매니지먼트 계약이 아닌 프랜차이즈 계약방식이지만 30년 전 처음 쉐라톤 브랜드를 쓴 호텔이다.

프랑스인인 리고딘 지배인은 우리나라에 오기 전 베트남과 태국, 싱가포르 등 아시아 태평양 지역에 있는 스타우드 계열 호텔에서만 20년 경력을 쌓은 베테랑이다. 그는 "20년 동안 아시아 지역 호텔에서 일하다 보니 거의 아시아인이나 다름없다"며 "다른 아시아 국가들에 비해 활기차고 여성들의 옷차림이 세련된 것이 한국에서 받은 첫인상"이라고 말했다.

스타우드는 현재 전 세계 100개국에서 900개의 호텔을 운영하고 있다. 이 중 '쉐라톤' 브랜드를 쓰는 호텔만 70여 개국의 400개 호텔이다. 쉐라톤인천은 아시아 태평양 지역 쉐라톤 호텔 가운데 최초로 전 호텔이 금연구역이다. 호텔 내 레스토랑도 모두 금연구역이라 신선한 시도가 될 전망이다.

리고딘 지배인은 "로비에서 누구나 인터넷을 공짜로 쓸 수 있는 편리한 환경도 호텔의 자랑이지만 창 밖으로 보이는 센트럴파크와 인천대교 등 훌륭한 풍광도 우리 호텔의 자랑거리"라고 말했다.

쉐라톤인천은 지하 3층, 지상 23층 규모에 총 319개의 객실을 갖췄으며 9개의 연회장과 피트니스센터, 수영장과 스파 등의 편의시설이 있다. 뷔페 레스토랑(피스트)을 비롯해 중식당, 사케바를 겸한 일식당, 이태리 식당, 로비 라운지와 바 등 각종 레스토랑이 호텔 내에 위치해 있다.

최근 주목받고 있는 마케팅의 흐름들

• 감성 마케팅(Semiotic Marketing)

제품을 마케팅할 때 상품의 기본적 편익이나 기능보다는 심벌, 메시지, 이미지를 중시하는 마케팅으로, 이런 상품이나 서비스의 판매를 말한다. 패션, 화장품 등의 전통적 감성 상품군을 넘어 이제는 하이테크 상품까지 감성 마케팅으로 좋은 반응을 얻고 있다.

• 레저 마케팅(Leisure Marketing)

건강관리, 운동, 놀이 등 여가활동과 관련된 레저상품을 생산 · 유통 · 소비시키는 새로운 마케팅 분야로, 각광받는 미래산업으로 떠오르고 있다.

• 패션 마케팅(Fashion Marketing)

패션의 흐름을 고객 욕구의 일부로 파악하여 제품이나 서비스에 그 흐름을 반영하는 마케팅으로, 고객이 중시하는 유행 요인을 파악하여 이를 반영하거나 예측하여 선도하는 활동까지를 포함한다. 여기서 유행은 특정 시기와 상황에서 소비자에 의해 채택되는 잠정적이고 주기적인 현상을 말하는데, 소비자의 욕구가 끊임없이 변화하고 있어 유행의 주기 또한 점점 짧아지고 있으므로 이를 읽어내는 기업의 패션 마케팅도 그 중요성이 커지고 있다.

• 프로슈머 마케팅(Prosumer Marketing)

미래학자들이 예견한 상품 개발 주체에 관한 개념으로, 기업의 생산자와 소비자를 합성한 말. 기업들이 신제품을 개발할 때, 기업 혼자가 아니라 최종 소비자인 고객을 참여시켜 불량률을 줄이고 고객 만족을 이루는 기법을 말한다. 소비자 제안이나 공모제도 등이 이에 속한다.

• 장소 마케팅(Place Marketing)

특정 장소에 대한 태도나 행동을 변화 · 유지 · 창출시키기 위해 관리하는 마케팅 활동. 여러 용도로 쓰일 장소를 대상으로 대여 · 판매 · 개발하는 사업 장소 마케팅과 특정 여행지 등의 장소에 고객을 유치하기 위한 휴가 마케팅이 포함되는데, 국토까지 그 영역이 확대되고 있다.

제2장 관광마케팅 정보시스템과 마케팅 조사

제1절 관광마케팅 조사과정

1. 관광마케팅 조사의 필요성

오늘날 소비자의 가처분소득이 증가하고 삶의 질이 향상됨에 따라 소비자의 욕구가 다양화되어 가고 있다. 이와 함께 서비스분야의 시장성장이 점차 둔화됨에 따라 동일한 제품과 서비스를 제공하는 시장 내에서 기업 간의 경쟁이 심화되었다. 따라서 경쟁기업보다 고객의 욕구를 더 잘 충족시킬 수 없는 기업은 시장에서 생존할 수 없게 되었다. 이러한 호텔, 관광기업의 경영환경의 변화는 많은 기업들로 하여금 마케팅 조사의 필요성을 인식하게 하고 있다.

미국마케팅학회(AMA)는 "마케팅 조사는 정보-마케팅 기회와 문제를 파악할 수 있는 정보 마케팅활동을 기획 · 수행하고 평가하는 데 이용되는 정보; 마케팅활동의 성과를 관찰할 수 있는 정보; 마케팅과정에 대한 이해를 증진시켜 줄 수 있는 정보를 통하여 소비자와 고객 및 일반대중을 기업의 관리자들과 연계시켜 주는 기능을 수행하는 것이다. 마케팅 조사는 이러한 문제들을 수행하기 위해 필요한 정보가 무엇인지를 규명하고 이러한 정보를 수집하는 방법을 설계하고 자료의 수집과정을 통제하며 결과를 분석하여 이를 기업의 마케팅전략에 적절히 반영토록 하는 과정이다." 즉 마케팅 조사는 마케팅 관리자들에게 마케팅활동에 필요한 제반 정보를 정확하고 체계적으로 제공함

으로써 의사결정의 성공률을 높여주는 과정이다.

따라서 시장조사를 통하여 수집되는 정보는 객관적이어야 하며 시기적으로 적절하여야 하며 현재의 관리자가 처한 문제를 해결하는 데 적절한 내용이어야 한다.

2. 관광마케팅 조사과정

일반적으로 관광기업에서 마케팅 조사는 [그림 2-1]과 같이 5단계로 이루어진다.

그림 2-1 관광마케팅 조사과정

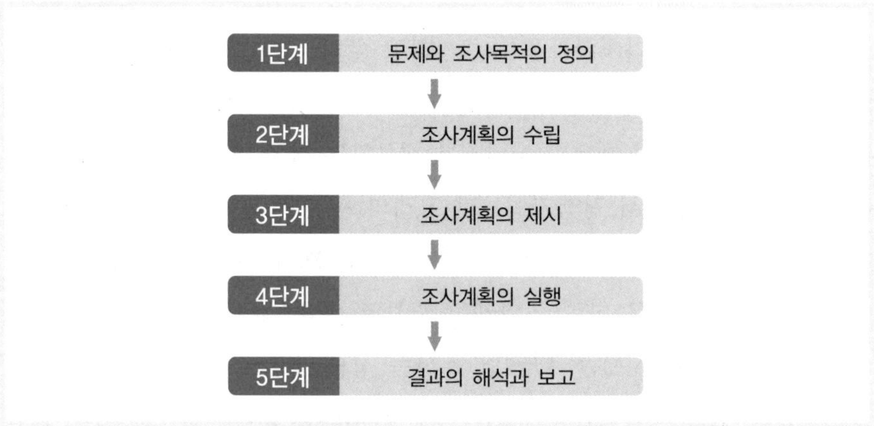

1단계	문제와 조사목적의 정의
2단계	조사계획의 수립
3단계	조사계획의 제시
4단계	조사계획의 실행
5단계	결과의 해석과 보고

1) 문제와 조사목적의 정의

관광마케팅 조사의 첫 단계는 마케팅 관리자와 조사자가 문제와 조사목적을 조심스럽게 정의하고 긴밀히 협조하는 것이다. 이 단계에서 호텔 · 관광마케팅 관리자는 조사를 통해 해결해야 할 문제를 가장 잘 알고 있으며, 조사자는 마케팅 조사와 정보를 얻는 방법을 가장 잘 알아야 한다.

만약 관리자들이 마케팅 조사에 관하여 잘 알지 못한다면 잘못된 정보를 얻게 될 것이고, 따라서 잘못된 정보를 받아들이게 될 것이며 정보를 얻는 데 너무 많은 비용을 지불하게 될 것이다. 관리자의 문제를 이해하고 있는 경험 있는 마케팅 조사자들은 문제점 및 조사목적 설정관계에 참여해야 한다. 조사자는 관리자가 문제를 정의하는 데 도움을 줄 수 있어야 하고, 관리자가 보다 좋은 의사결정을 하는 데 도움을 줄 수 있는 조사방법을 제시해야 한다.

문제점과 조사목적의 설정은 때때로 전체 조사과정 중 가장 힘든 단계이기도 하다.

따라서 관리자는 조사하려는 문제가 무엇인가에 따라 전혀 다른 조사전략이 필요하기 때문에 문제를 철저히 정의하는 것은 필수적이다. 이러한 문제와 조사목적은 호텔 · 관광 분야에서 마찬가지로 적용된다.

첫째, 탐색적 조사(exploratory research)의 목적은 문제의 정의와 가설의 제시를 보다 잘 할 수 있도록 예비정보를 얻기 위한 것이다.

둘째, 조사목적이 기술적 조사(descriptive research)인 경우에는 제품 및 서비스에 대한 소비자의 태도와 인구통계학적 특징과 같은 것을 설명하기 위한 것이다.

셋째, 인과조사(casual research)의 목적은 인과관계에 관한 가설을 검정하기 위한 것이다. 예를 들어 항공사가 항공요금을 10% 인하했을 경우 인하된 항공요금을 상쇄할 정도로 충분히(10% 이상) 항공여행객의 수가 증가할 것인가와 같은 조사를 의미한다. 일반적으로 관리자들은 탐색적 조사를 먼저 실시한 후 면밀한 검토를 통해 적절한 기술조사 또는 인과조사를 수행한다.

2) 조사계획의 수립

마케팅 조사과정의 두 번째 과정은 조사자가 얻고자 하는 정보를 결정하고, 그 정보를 효율적으로 얻을 수 있는 계획을 수립하여 그 계획을 마케팅 관리자에게 제시하는 것이다. 본 계획에는 2차 자료원에 대해 개괄적으로 제시하고 구체적인 조사방법, 접촉방법, 표본추출계획 및 조사자가 1차 자료를 수집하는 데 사용하는 조사수단 등을 제시해야 한다.

(1) 구체적인 필요정보의 결정

조사목적은 구체적인 필요정보를 결정하는 것이다. 예를 들어 A 패밀리레스토랑이 지금까지 친숙하게 제공했던 스테이크용 은색류 스테인리스 나이프 및 포크 대신에 값은 좀 비싸지만 도금한 금색의 나이프 및 포크로 제공했을 때 보기도 좋고 품위도 있어 보일 수 있다고 판단했을 때 이에 대해 소비자들은 어떻게 반응할 것인가를 알기 위한 조사를 계획했다고 하자. 이러한 조사는 다음과 같은 구체적인 정보 및 많은 종류의 다른 정보가 필요할 것이다.

- 현재 스테이크 이용객의 인구통계적 · 경제적 · 라이프스타일의 특성
- 소비자의 스테이크 이용패턴
- 새로운 나이프 및 포크에 대한 소매상의 반응
- 새로운 나이프 및 포크에 대한 소비자의 태도

(2) 2차 자료의 수집

조사자는 관리자의 정보요구에 대처하기 위해서는 2차 자료, 1차 자료 또는 둘 다 수집할 수 있다. 2차 자료(secondary data)는 다른 목적을 위해 수집된 것으로서, 이미 어느 곳인가에 존재하는 정보이다. 1차 자료는 현재의 조사목적을 위해서 수집된 정보를 의미한다.

조사자는 통상 2차 자료를 수집함으로써 조사를 시작한다. 통상 2차 자료는 1차 자료보다 신속하게 저렴한 비용으로 얻을 수 있다. 그러나 2차 자료에는 문제가 있을 수 있다. 2차 자료에는 조사자가 필요로 하는 정보가 없을 수도 있기 때문에 조사자들은 2차 자료로부터 그들이 필요로 하는 모든 자료를 얻는다는 것이 불가능할 수 있다. 2차 자료는 조사를 위하여 좋은 출발점을 제공하며, 흔히 문제점 발견과 조사목적의 설정에 도움이 된다. 그러나 대부분의 경우 기업은 역시 1차 자료를 수집해야만 한다.

표 2-1 관광관련 2차 자료 관련단체

기구 구분	단체명(인터넷 주소)
업종별 협회	한국관광협회중앙회(http://www.koreatravel.or.kr/) 한국관광호텔업협회(http://www.hotelkorea.or.kr/) 한국음식업중앙회(http://www.ekra.or.kr/) 등
정부기관	문화체육관광부(http://www.mcst.go.kr/) 한국관광공사(http://www.visitkorea.or.kr/) 한국문화관광연구원(http://www.kcti.re.kr/) 통계청(http://www.kostat.go.kr/) 등
신문·잡지	여행신문(http://www.traveltimes.co.kr/) 월간 호텔레스토랑(http://www.hotelrestaurant.co.kr/) 월간식당(http://month.foodbank.co.kr/)등
도서관 및 학술전문 사이트	국회도서관(http://www.nanet.go.kr) 국립중앙도서관(http://www.nl.go.kr) 한국교육학술정보원(http://www.keris.or.kr/) 한국학술정보(http://www.kstudy.com/) 등
학회	관광경영학회(http://www.tmro.or.kr/) 대한관광경영학회(http://www.kastm.or.kr/) 한국관광레저학회(http://www.kastle.kr/) 한국외식경영학회(http://www.fmsok.or.kr/) 등

(3) 1차 자료 수집계획

양호한 의사결정을 하기 위해서는 좋은 자료가 필요하다. 조사자는 획득한 2차 정보의 질을 신중하게 평가하는 것과 마찬가지로 그들은 마케팅 의사결정자에게 관련성, 정확성 및 현실성이 있으며 편견이 없는 정보를 제공할 수 있도록 1차 자료를 수집하는 데 주의를 기울여야 한다. 1차 자료의 수집계획을 수립하기 위해서는 조사방법, 접촉방법, 표본추출계획 및 조사수단 등에 관한 의사결정이 필요하다.

① 조사방법

관찰조사(observational research)는 관찰에 의해 현상의 특성이나 인간의 행동 등을 기록하는 조사방법. 마케팅이나 광고에서는 주로 거리에서 고객의 구매행동을 관찰하는 방법이 사용된다. 관찰방법은 크게 참여관찰과 비참여관찰로 나누어볼 수 있다.

㉠ 참여관찰(participant observation)은 실제적인 행위관찰을 위해 관찰자가 피험자집단에 참여하여 관찰하는 방법이다. 사회학연구에서 주로 쓰이며, 참여자의 신분이 드러나지 않도록 주의해야 한다.

㉡ 비참여관찰(non-participant observation)에는 위장카메라와 같은 기계를 사용하여 관찰하는 방법과, 방 안에서 하는 행동을 밖에서는 관찰할 수 있으나 방 안의 사람은 관찰당한다는 것을 알 수 없도록 고안된 장치를 이용하는 이른바 커버트 업저베이션(covert observation) 등이 있다.

관찰조사는 조사하려는 사상(事象)이 명백하고 단순한 경우에만 실시해야 한다.

관찰조사는 사람들이 제공하기를 꺼리거나 제공할 수 없는 정보를 획득하는 데 사용될 수 있다. 한편 감정, 태도 및 동기 또는 개인적으로 비밀스러운 행동과 같은 것들은 간단히 관찰할 수가 없으며, 장기적인 행동이나 드물게 일어나는 행동 또한 관찰하기가 어렵다. 이러한 한계 때문에 조사자들은 흔히 관찰조사와 함께 다른 자료수집 방법들을 병행하여 사용한다.

질문조사(survey research)는 현상이나 사상에 대한 기술적인 정보를 수집하는 데 가장 적절한 방법이다. 사람들의 지식, 태도, 선호도 또는 구매행동 등에 관하여 알기를 원하는 기업은 사람들에게 직접 물어봄으로써 그것들을 알 수 있다. 질문조사의 가장 큰 이점은 탄력성에 있다. 즉 질문조사는 여러 다른 마케팅 상황에서 여러 다른 종류의 정보를 획득하는 데 사용될 수 있다. 조사설계에 따라서 질문조사 방법을 이용하면 관찰이나 실험조사보다 빠르고 적은 비용으로 정보를 획득할 수도 있다. 그러나 질문조사 역시 몇 가지의 문제점이 있다. 즉 때때로 사람들은 그들이 무엇을 했고 왜 그렇게 했는지에 대해서 기억할 수 없거나, 결코 생각해 보지 않았기 때문에 조사질문에 대답할 수 없는 경우가 있다. 또한 잘 모르는 조사자의 질문이나 사적인 질문에는 대답을 꺼리는 수도 있다. 응답자들이 질문에 대한 답을 알지 못하는 경우에도 현명하게 보이거나 정보를 많이 아는 것처럼 보이기 위해 조사질문에 답하는 경우도 있다. 또한 응답자들은 면접자가 원한다고 생각하는 대답을 함으로써 면접자를 도와주려고 노력하기도 한다. 마지막으로 바쁜 사람들은 시간이 없어 질문에 응할 수 없거나 그들의 사생활을 방해했다고 화를 낼 수도 있다.

관찰조사는 탐색적 연구에 가장 적합하고, 질문조사는 기술적 연구에 가장 적합한 반면 실험조사(experimental research)는 인과관계 정보를 얻는 데 가장 적합한 방법이다. 즉 실험은 관련된 실험집단과 통제집단을 선정하여 그들에게 여러 가지 다른 실험처리를 하고 관련이 없는 요인들을 통제하며, 집단 간의 반응차이를 조사하는 것이다. 이렇게 해서 실험조사는 원인과 결과의 관계를 설명하려는 것이다.

② 접촉방법

㉠ 우편조사

이 방법은 응답자당 낮은 비용으로 많은 양의 정보를 수집하기 위해 사용될 수 있다. 응답자들은 모르는 면접자와 개인적으로 만나거나 전화를 사용할 경우보다 우편질문을 사용할 경우 보다 정확히 대답할 수 있고, 보다 사적인 질문에도 대답할 수 있으며, 어떠한 면접자도 응답자의 대답에 편견이나 영향을 줄 수 없다. 그러나 우편질문은 매우 탄력성이 낮다. 또한 우편조사는 자료를 완전하게 수집하는 데 너무 많은 시간이 소요되며, 완성된 질문지를 되돌려주는 사람의 수인 응답률이 매우 낮다. 마지막으로 조사자는 흔히 우편질문 표본에 대해 거의 통제할 수 없다.

㉡ 전화조사

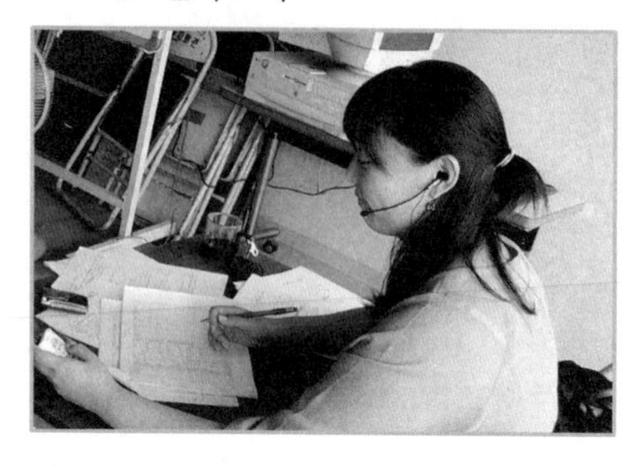

이 방법은 정보를 가장 빨리 입수하는 가장 좋은 방법이며, 우편질문보다 탄력성이 높다. 면접자는 이해하지 못하는 어려운 질문에 대해 설명해 줄 수 있으며, 응답자의 대답에 따라 어떤 질문은 빼고 어떤 질문은 보다 깊이 조사할 수 있다. 응답률은 우편질문보다 높은 경향이 있으며, 표본통제가 용이한 장점이 있다. 그러나 전화면접의 경우 응답자 개인당 비용이 우편질문보다 많이 소요된다. 그리고 사람들은 사적인 문제를 면접자에게 이야기하고 싶어 하지 않을 수도 있다. 면접자를 이용하는 경우 역시 면접자 편견이 개입될 가능성 또한 높다. 마지막으로 응답을 해석하고 기록하는 것도 면접자에 따라 다를 수 있으며, 시간적인 압박으로 인해 면접자들이 질문을 하지 않고 대답을 기록함으로써 속일 수도 있다.

㉢ 대면조사

이 방법은 개별면접과 집단면접의 두 가지 형태가 있다. 개별면접은 가정이나 사무실, 거리 및 상점가 등에 있는 조사대상자들의 협조를 얻어 그들과의 대화를 통해 정보를 수집하는 방법이다. 그러한 면접은 탄력성이 있는데 훈련을 받은 면접자가 장시간 동안 응답자에게 주의를 기울일 수가 있고, 어려운 질문사항을 설명해 줄 수 있다. 면접자는 면접을 이끌고 문제점들을 탐색하고 상황에 따라 증거를 제시할 수 있다. 대개의 경우 대인면접은 신속하게 수행될 수 있기는 하지만 전화면접보다 3~4배의 비용이 소요된다.

집단면접은 6~10명을 초대하여 훈련된 면접자가 몇 시간에 걸쳐 제품, 서비스, 조직 등에 관하여 토론하면서 정보를 얻는 것이다. 면접자는 토론이 자유롭고 쉽게 이루어지도록 북돋아주면서 집단의 상호작용에 의해 실질적인 감정과 사고 등이 나타나도록 해야 한다. 동시에 면접자는 토론에 초점을 맞추기 때문에 이를 포커스그룹면접(focus group interview)이라고 부른다. 의견은 서면으로 기록되거나 비디오테이프에 녹화되어 이 기록을 추후에 연구 검토한다. 포커스그룹면접은 소비자의 사고와 감정에 대한 통찰력을 얻기 위해서 사용되는 중요한 마케팅 조사수단의 하나가 되고 있다. 그러나 포커스그룹면접은 시간과 비용을 줄이기 위해 소규모 표본을 사용하므로 그 결과를 일반화한다는 것이 어려울 수도 있다. 왜냐하면 면접자들은 개인면접을 하는 데 있어 보다 자유롭기 때문에 면접자의 편견이 조사결과에 반영될 가능성이 매우 높다.

또한 컴퓨터와 커뮤니케이션의 발달도 정보수집의 방법에 영향을 미친다. 예를 들어 대부분의 조사기업들은 컴퓨터의 보조를 받는 전화면접(CATI : Computer Assisted Telephone Interviewing)을 현재 이용하고 있다. 전문적인 면접자들이 세계 각처에 있는 응답자들에게 무작위로 결정된 전화번호를 사용하여 전화를 건다. 응답자가 대답하는 경우, 면접자는 비디오 화면을 통해서 질문을 읽고, 컴퓨터에 응답자의 대답을 곧바로 입력시킨다.

(4) 표본추출계획

일반적으로 마케팅 조사자들은 전체 소비자 중에서 추출된 소규모 표본에 대해 조사하고, 그 결과를 가지고 전체 소비자 집단에 대한 결론을 도출한다. 표본(sample)이란 전체 모집단을 대표하기 위해서 선택된 모집단의 한 부분이다. 이상적인 조사가 되려면 표본은 대표성이 있어서 조사자가 보다 큰 모집단의 사고와 행동을 정확하게 추정할 수 있어야 한다. 표본추출계획은 다음의 세 가지 의사결정이 포함된다.

첫째, 조사대상이 누구인가(표본단위는 무엇인가) 하는 것으로 그에 대한 대답은 항시 명확하지 않다. 따라서 조사자는 어떤 정보가 필요하고, 누가 그런 정보를 가지고 있을 가능성이 가장 큰가를 결정해야 한다.

둘째, 얼마나 많은 사람을 조사해야 하는가(표본크기를 얼마로 할 것인가)? 큰 표본은 작은 표본보다 신뢰성 있는 결과를 제공한다. 잘만 선택한다면 모집단의 1% 미만의 작은 표본도 좋은 신뢰성을 줄 수 있다.

셋째, 표본에서 응답자를 어떻게 선정하여야 하는가(어떤 표본추출절차를 이용하는가)? 확률표본인 경우, 각각의 모집단 구성원이 표본으로 선택될 수 있는 기회가 이미 알려져 있으므로 조사자는 표본추출 오차에 대한 신뢰한계를 계산할 수 있다. 그러나 확률표본추출은 너무 많은 비용과 시간이 소요되기 때문에 차선책으로 비확률 표본을 추출한다.

(5) 조사수단

마케팅 조사자는 1차 자료를 수집할 때 질문지(설문지)와 기계적 수단 중 조사수단 한 가지를 선택해야 한다.

첫째, 설문지는 지금까지 사용되는 가장 보편적인 조사수단으로서 여러 가지 방법으로 질문할 수 있기 때문에 탄력성이 있다. 질문지는 표본 전체에 대해 조사를 시작하기 전에 미리 조심스럽게 개발하고, 테스트해 보아야 한다. 신중을 기하지 않고 준비된 질문지는 통상적으로 여러 가지 잘못된 것이 포함된다.

조사자 역시 질문할 때의 단어선택과 질문의 순서에도 주의해야 한다. 조사자는 간단하면서도 직접적이며, 편견이 없는 단어를 사용해야 한다. 질문은 논리적인 순서로 구성되어 있어야 한다. 최초의 질문은 가능하다면, 흥미를 유발할 수 있어야 하며, 어렵고 사적인 질문은 맨 마지막 부분에서 질문되어야만 응답자가 방어적이 되지 않는다.

둘째, 비록 질문지가 가장 일반적인 조사수단으로 사용되기는 하지만 기계적 수단 역시 사용된다. 예를 들어 검류계(galvanometer)는 어떤 대상이 광고나 그림과 같은 상이한 자극에 노출되었을 때 일어나는 관심이나 감정의 정도를 측정한다. 검류계는 감정적 흥분으로 생기는 약간의 땀까지도 측정한다. 순간주의력 측정장치(tachistoscope)는 1초의 1/100초 이하에서 몇 초에 이르는 짧은 노출시간 동안 측정대상자에게 광고를 보여주는 장치이다.

표 2-2 설문지의 예

설문지 예시

I. 인구통계적 변수
1. 귀하의 성별은? ① 남 ② 여
2. 귀하의 직업은? (　　)
3. 귀하의 나이는? (　　)
4. 귀하의 월평균소득은? (　　)

II. 해외여행에서 불만족을 느꼈을 때 나타내는 반응에 관한 질문입니다. 1년 이내의 여행에서 기억을 떠올려 그러한 불만족을 당했을 경우 어떠한 행동을 할 것인지 해당하는 곳에 체크해 주십시오.

항목	확실히 그렇다	그렇다	그저 그렇다	그렇지 않다	전혀 그렇지 않다
1. 잊어버리고 아무 행동도 않겠다.					
2. 다음에 그 쇼핑센터를 방문할 기회에 불평을 말하겠다.					
3. 즉시 그 쇼핑센터에 연락해 시정을 요구하겠다.					
4. 앞으로는 그 쇼핑센터에 가지 않겠다.					
5. 친구나 친지에게 불쾌한 경험을 털어 놓겠다.					
6. 친구나 친척들이 그 쇼핑센터에서 쇼핑하지 않도록 설득하겠다.					

3) 조사계획의 제시

이 단계에서 마케팅 조사자는 문서화된 계획안을 통해 조사계획을 요약한다. 조사계획안에는 이미 설정된 경영관리상의 문제점, 조사목적, 얻어야 할 구체적인 정보, 2차 정보원천 또는 1차 자료 수집방법, 그리고 조사결과가 경영의사결정에 얼마나 도움이 되는가 등이 포함되어야 하며, 또한 조사에 소요되는 비용도 제시되어야 한다.

4) 조사계획의 실행

다음 단계에서 조사자는 조사계획을 실행에 옮긴다. 이 단계는 정보의 수집, 처리, 분석 등이 포함된다. 자료수집은 기업의 마케팅 조사요원이나 외부조사 기업에 의해서 수행될 수 있는데, 기업은 자체의 요원을 사용함으로써 자료수집 과정과 자료의 질에 대한 통제를 더욱 효과적으로 할 수 있다. 그러나 자료수집을 전문으로 하는 외부조사기업을 이용하면 흔히 조사를 좀더 빨리 진행시킬 수 있고, 비용도 오히려 작게 소요되는 경우가 많다.

마케팅 조사과정 중에서 자료수집 단계는 일반적으로 가장 비용이 많이 소요되는 단계이며, 오류가 가장 많이 발생하는 단계이기도 하다. 조사자는 현장의 자료수집 업무를 세밀히 감독하여 계획이 정확하게 실행될 수 있도록 해야 한다.

조사자는 중요한 정보와 결과를 도출하기 위해 수집된 자료를 처리하고 분석해야 한다. 설문지를 통해 수집된 자료는 정확성과 완전성이 검토된 후에 컴퓨터 분석을 위해 기호화(coding)된다. 그 후 조사자는 결과표를 작성하고, 주요 변수에 대한 평균을 구하며, 기타 통계치를 구하게 된다.

5) 결과의 해석과 보고

조사자는 결과를 해석하고, 결론을 내린 후에 마케팅 관리자에게 보고해야 한다. 조사자는 어려운 수치계산이나 환상적인 통계기법 등을 사용하여 마케팅 관리자를 압도하려 해서는 안된다. 조사자는 경영자가 주요한 의사결정을 내리는 데 유용하게 사용할 수 있는 중요한 결과를 제시해야 한다.

그러나 조사결과의 해석이 조사자에게만 맡겨져서는 안된다. 조사자들은 대개 조사설계나 통계기법에 있어서는 전문가이지만 마케팅 전문가는 아니며, 마케팅 관리자가 문제상황과 의사결정에 대해서는 더 많이 알고 있기 때문이다. 대부분의 경우 결과는 여러 가지 방향으로 해석될 수 있다. 따라서 조사자들과 관리자들 간의 조사결과에 대한 활발한 토론이 가장 좋은 해석을 내리는 데 도움이 된다.

해석은 마케팅 조사과정에서 매우 중요한 단계이다. 조사자에게서 넘어온 잘못된 해석을 관리자가 맹목적으로 받아들인다면 가장 훌륭한 조사라 하더라도 의미 없는 것이 되어버린다. 이와 마찬가지로 관리자들도 편견이 있는 해석을 할 수도 있다. 즉 관리자들은 그들이 기피했던 대로 나타난 조사결과는 받아들이고, 그들이 기대하거나 바라지도 않았던 조사결과들을 거부하는 경향이 있다. 따라서 관리자들과 조사자들은 조사결과를 해석할 때 긴밀히 협조해야 하며, 그들은 조사과정 및 의사결정의 결과에 대한 책임을 함께 분담해야 한다.

3. 관광마케팅 조사의 기타 고려사항

소규모 기업과 비영리조직의 관리자들은 주위에서 관찰된 것만으로도 더 좋은 마케팅 정보를 획득할 수 있다. 예를 들어 소매상들은 자동차와 도보의 통행량을 관찰함으로써 새로운 입지(위치)를 평가할 수 있다. 소매상들은 경쟁점포를 방문하여 설비와 가격을 체크할 수 있다. 또한 소매상들은 여러 상이한 시간대에 걸쳐서 어떤 종류의 고객들과 얼마나 많은 고객들이 그 점포에서 쇼핑하는가를 기록함으로써 고객구매성을 평가할 수 있다.

경영자들은 소규모의 편의표본을 사용하는 비공식적인 질문조사를 할 수도 있다. 즉 미술전시관의 관리자는 비공식적인 '포커스그룹'을 구성함으로써 — 소집단을 점심식사에 초대하여 관심이 되는 주제에 대한 토론을 한다든지 — 새로운 전시회에 대하여 고객들이 어떻게 생각하는가를 알 수 있다. 소매점 판매원들은 점포에 찾아오는 고객들과 대화를 할 수 있고, 병원관리자들은 환자들과 면접을 할 수도 있다.

또한 경영자들은 자체적으로 간단한 실험을 할 수도 있다. 예를 들어 기금을 조달하기 위해 규칙적으로 보내는 우편물의 주제를 변화시켜 가면서 그 결과가 어떻게 나타나는가를 보아 비영리조직의 관리자는 어떤 마케팅 전략이 자금조달에 가장 최적인가에 대한 정보를 많이 얻을 수 있다. 신문광고를 변화시킴으로써 점포관리자는 광고의 크기, 광고의 위치, 쿠폰의 가격 및 사용되는 매체 등과 같은 효과를 알 수 있다.

소규모 조직들은 대기업들이 이용할 수 있는 2차 자료의 대부분을 획득할 수 있다. 여러 협회, 지방매체, 상공회의소, 정부기관 등이 소규모 조직에 특별한 도움을 제공한다.

간단히 요약해서 2차 자료 수집, 관찰조사, 질문조사 및 실험조사 등은 소규모 예산으로 소규모 기업에서도 효과적으로 사용할 수 있다. 그러한 비공식적인 조사가 덜 복잡하고 비용이 적게 소요된다고 할지라도 여전히 조심스럽게 수행되어야 한다.

제2절 상향커뮤니케이션

1. 상향커뮤니케이션의 필요성과 목적

아무리 조사가 적절히 설계되고 진행되었다 하더라도 고객의 기대에 관한 조사는 고객을 이해하는 첫걸음에 불과하다. 관광기업은 반드시 조사결과를 의미 있는 방식으로 활용할 수 있어야 한다. 조사자료의 활용을 통해 제공되는 방식을 변화시켜 서비스를 향상시켜야 한다. 만약 관리자가 일상의 과업을 수행하기에 급급하여 조사결과의 보고서를 읽지 않는다면 기업은 이용가능한 자원을 활용하지 못하는 누를 범할 것이다. 그리고 기업이 마케팅 조사연구를 고객을 대상으로 시행했음에도 불구하고 어떤 변화의 모습을 보여주지 않는다면 고객은 그 기업에 대해 좌절하고 분개할 것이다.

관리자는 조사된 정보의 통찰에 의한 학습을 행동으로 옮겨야 하고 아울러 조사의 목적이 서비스의 개선활동과 고객만족임을 잊지 말아야 한다.

일부 호텔, 관광기업 특히, 소규모 지역회사들의 경우에는 소유주 또는 관리자가 항상 고객과 직접 접촉하여 고객의 기대와 지각에 대한 지식을 제일 먼저 얻는 경우가 있다. 그러나 대규모 서비스조직에서는 고객이 원하는 바를 관리자가 직접 경험할 기회는 거의 없다.

그러나 관리자가 진정으로 고객의 요구를 이해하기 위해서는 실제 발생하는 일에 대한 지식이 필요하다. 따라서 대규모 기업의 관리자는 어떤 형태로든 고객과 직접 접촉해 볼 필요가 있다.

이러한 방법의 일환으로 상향커뮤니케이션을 위한 조사가 필요하다. 조직 내의 상향커뮤니케이션의 조사는 여러 가지 목적으로 시행될 수 있다. 즉 고객에 관한 지식을 직접 얻기 위한 것, 서비스개선을 위한 아이디어를 얻는 것 등이 포함된다. 이들 목적은 두 가지 상호작용 프로그램의 개선으로 달성될 수 있는데, 하나는 고객으로부터 관리자에 이르는 커뮤니케이션의 효과를 개선하는 것이고, 다른 하나는 종사원과 관리자 간의 커뮤니케이션을 개선하기 위해 설계하는 것이다.

2. 상향커뮤니케이션을 위한 조사방법

1) 중역이 고객 방문하기

이 접근법은 기업 간에 거래가 이루어지는 서비스 마케팅에서 흔히 이용되고 있다. 어떤 경우에는 판매기업의 중역이 고객의 종사원(예 : 영업사원)과 만나 판매를 하거나 서비스요청을 받기도 하고 또, 어떤 경우에는 판매기업의 중역이 고객기업의 비슷한 직급에 있는 사람과 만나 협의를 하기도 한다. 이러한 방법은 보다 고객지향적이고 고객반응적이 될 수 있다.

2) 중역 또는 관리자가 고객의 소리를 직접 청취하기

고객과의 직접적인 상호작용은 관리자로 하여금 고객의 기대와 욕구를 심도 있고 명확하게 이해시켜 준다.

또한 관리자는 고객의 입장에서 시간을 보내면서 고객과 상호작용하기도 하고 직접 제공하는 서비스를 경험할 수도 있다. 비공식적인 상호작용을 촉진시킬 수 있는 최상의 방법은 실제 접촉이 일어나는 공식적인 프로그램을 마련하는 것이다.

3) 중간고객에 대한 조사

중간고객(예를 들면 접점종사원, 딜러(dealer), 유통업자, 대리인, 브로커)은 최종고객에게 봉사하고 기업으로부터 봉사를 받는 사람들이다. 최종고객에게 봉사하는 중간고객들의 욕구와 기대를 조사하는 것은 최종고객에 대해 서비스를 향상시키고 그들에 관한 정보를 얻는 데 효율적이며 유용한 방식이 될 수 있다. 기업은 중간고객과의 상호작용을 통해 최종고객의 기대와 문제를 이해하는 기회를 가질 수도 있다. 또한 이러한 조사는 최종고객에게 좋은 서비스를 제공하는 데 핵심적인 과정인 중간고객의 서비스 기대를 이해하고 충족시키는 데 도움이 된다.

4) 내부고객에 대한 조사

서비스를 수행하는 종사원 자신들은 서로의 직무를 잘 수행할 수 있도록 지원해 주는 내부고객이다. 종사원 자신이 받는 내부서비스의 품질과 그들의 고객에게 제공하는 서비스품질 간에는 직접적으로 강한 상관관계가 존재한다. 그런 이유로 내부고객들 간에 주고받는 서비스에 초점을 두어 종사원에 대해 조사하는 것은 매우 중요한 일이다. 즉 회사 내부고객에 대한 조사는 종사원에 대한 의견조사로 보아야 한다. 종사원에 대한 조사는 서비스품질에 대한 고객조사를 보완해 줄 수 있다. 즉 고객조사는 무슨 일이 일어나고 있는가에 대한 통찰력을 제공해 주는 반면에 종사원 조사는 왜 그런 일이 일어나고 있는가에 대한 통찰력을 제공해 준다. 이 두 가지 유형의 조사는 서비스품질을 향상시키는 데 각각 독특하면서 중요한 역할을 한다. 외부고객에만 초점을 맞추어 서비스품질 조사를 하는 기업은 풍부하고 생동감 있는 정보의 원천을 놓쳐버리는 것이다.

5) 중역 또는 관리자가 직접 종사원의 소리를 청취하기

실제 서비스를 수행하는 종사원은 서비스를 관찰하고 문제점을 파악할 수 있는 가장 좋은 위치에 있는 사람이다. 고객과의 접점에 있는 종사원은 주기

적으로 고객과 접촉하기 때문에 고객의 욕구에 관하여 가장 잘 이해하고 있다. 만약 그들이 알고 있는 정보가 최고경영자에게 전해진다면 고객에 대한 최고경영자의 이해도 향상될 수 있을 것이다. 사실 많은 기업의 최고경영자는 고객에 대한 이해를 접점직원과 외부고객들로부터 받는 현장 접점직원들의 커뮤니케이션에 의존하고 있다.

6) 종사원의 제안

대부분의 기업은 현장 접점직원들의 업무를 개선하기 위한 아이디어를 관리자에게 전달할 수 있도록 종사원 제안프로그램과 같은 제도를 마련하고 있다.

전통적인 제안함 또는 건의함에서 시작되어 제안시스템은 오랜 역사를 가지고 있다. 효과적인 제안시스템이 되려면 종사원 자신의 제안이 어떻게 처리되는지를 살펴볼 수 있는 권한이 있어야 한다. 즉 감독자가 즉각적으로 제안을 실행하고 종사원이 지속적인 직무개선에 참여하고 감독자가 아이디어에 대해 즉각적으로 반응할 수 있어야 하는 것이다.

표 2-3 상향커뮤니케이션을 위한 효과적인 프로그램

조사의 유형	조사목적	적/양적 조사	정보의 비용		
			금전	시간	시행횟수
중역이 고객 방문하기	직접 고객에 관한 지식 획득	질적 조사	중간	중간	지속적
중역이 고객의 소리 청취	직접 고객에 관한 지식 획득	질적 조사	낮음	낮음	지속적
중간고객에 대한 조사	최종소비자에 대한 심도 있는 정보 획득	양적 조사	중간	중간	연도별
내부고객에 대한 조사	내부서비스 품질의 개선	양적 조사	중간	중간	연도별
중역이 종사원 방문 및 목소리 청취	직접 종사원에 대한 지식 획득	질적 조사	중간	중간	지속적
종사원 제안	서비스개선을 위한 아이디어 수집	질적 조사	낮음	낮음	지속적

제3장 관광마케팅의 전략적 계획수립

제1절 전략과 계획의 기초개념

1. 전략의 기초개념

1) 전략의 필요성

기업의 전략은 종합적이고 기본적인 성격을 띠기 때문에 기업 전체와 관련되며, 그 파급효과가 장기간에 영향을 미치게 된다. 그러므로 하위경영자가 작성하는 일상적인 운영계획과는 달리 전략이 잘못되었을 경우 그 기업의 운명에 치명적인 피해를 입힐 수 있다.

최근 들어 호텔을 비롯한 환대산업 및 여행사에서 전략의 필요성이 증대되고 있는 이유는 다음의 두 가지로 요약할 수 있다.

첫째, 고객의 욕구가 다양해져 다양한 제품 및 서비스 생산의 필요성이 제기됨에 따라 기업의 규모가 거대하고 부서가 복잡해지고 있다. 따라서 기업의 규모와 부서가 복잡해질수록 부서 간의 긴밀한 협조를 유지하고, 인적 · 물적 자원을 적절히 배분하는 문제는 더욱 어려워지고 있는 실정이다.

둘째, 급격한 환경변화에 따른 불확실성의 증대는 기업으로 하여금 자신이 처해 있는 독특한 환경을 분석하여 기회와 위협요인 그리고 자신이 가지고 있는 경쟁상의 우위를 찾아내고 이를 바탕으로 대책을 강구하는 노력을 계속해야 할 필요성이 증대되기 때문이다.

2) 전략(Strategy)의 개념

관광기업은 장래에 성취하고자 하는 목표를 달성하기 위해 행동지침을 세우는 등의 장기계획을 수립한다. 전략은 장기계획과 이러한 면에서 유사성을 띠지만, 목표 설정과 행위지침의 시각이 어디 있는가에 차이가 있다.

마케팅 전략이란 '조직이 외부환경에 의하여 창출된 기회와 위협에 대하여 조직 내부의 자원과 기술을 적응시키는 활동'이라고 할 수 있다. 따라서 마케팅 전략은 장기목표를 설정하고, 이 목표 도달을 위한 일련의 활동을 수행하며, 이 활동에 쓰이는 자원들을 분배하는 과정을 말한다. 이 활동은 크게 기업 수준의 전략(Corporate Strategy)과 사업단위 수준의 전략(Business Unit Strategy)으로 나눌 수 있다.

진략적 사업단위(SBU : Strategic Business Unit) : 개별적 · 독립적 사명(Mission)과 목표(Objective)를 가질 뿐만 아니라 별도의 기획업무를 가지는, 타 단위와는 구별되는 회사 사업의 한 단위

2. 계획의 기초개념

1) 계획의 기초개념

계획(plan)이란 조직이 추구하려는 목표를 어떻게 달성할 것인가를 밝힌 내용이라고 정의한다. 그리고 계획수립(planning)은 기업이 추구하는 목표를 분명하게 규정짓고 이를 달성하기 위하여 수행해야 할 과업들을 결정하는 과정이라고 정의할 수 있다. 이러한 계획수립의 정의는 다음의 3가지 의미를 함축하고 있다.

첫째는 미래지향성이다. 계획수립은 앞으로 일어날 사태에 미리 대비하려는 의도에서 출발한다. 상황이 발생한 후 허겁지겁 결정을 내림으로써 입게 되는 손실을 피하기 위하여 미래의 환경변화를 예측하고 이에 효과적으로 대처할 수 있도록 누가, 무엇을, 언제, 어디서, 어떻게 할 것인가를 미리 결정하

는 것이 계획수립의 첫 번째 의미이다. 두 번째 의미는 경영자의 의사결정이다. 조직이 추구하는 목표를 달성하고 그 목표를 달성하기 위하여 가장 적합한 방법을 선정하는 등의 의사결정이 요구된다. 마지막 의미는 목표지향성이다. 계획수립은 기업의 활동에 뚜렷한 방향을 제시한다. 목표가 명확하게 제시됨으로써 구성원의 역할분담이 효과적으로 이루어지고 노력이 한 곳으로 집중되어 적은 노력으로 최대한의 성과를 올릴 수 있다.

2) 계획의 유형

일반적으로 계획들은 연차계획과 장기계획으로 구분할 수 있는데 전자는 당해연도에 대한 현재의 환경, 환경여건 속에서 추구하는 목표, 그러한 목표를 달성하기 위한 전략, 전략을 실행하기 위한 실행계획, 예산, 통제를 포함하는 단기적인 계획이며 후자는 향후 3년 내지 5년에 걸쳐 마케팅조직에 영향을 미칠 중요한 환경요인들을 평가하고 장기목표와 주요 전략의 방향, 그에 소요되는 자원 등을 포함하는 장기적인 계획을 의미한다(실행계획과 통제는 없음). 대체로 장기계획은 매년 환경변화에 맞도록 조정되어야 하는데(rolling plan), 장기계획 중 당해연도분을 구체화한 것이 바로 그해의 연차계획이 된다.

제2절 전략적 계획수립과정

전략적 계획수립과정이란 기업의 목표를 분명하게 규정짓고, 이를 달성하기 위하여 변화하는 환경 속에서 기회요소와 위협요소를 식별하고, 여기에 자신이 가지고 있는 인적·물적 자원을 적절히 배분하는 과정을 의미한다.

마케팅조직이 전략적인 관점에서 계획을 수립하는 일(창조적 적응)은 다음과 같이 묘사될 수 있으며 전략적 계획수립은 첫째, 미래의 환경변화를 체계적으로 예견하여 적절하게 대응하도록 허용하며 둘째, 합리적인 목표와 정책을 수립하고 구체화하기 위한 근거를 제공하며 셋째, 다양한 부문의 활동을 조정하고 통제하기 위한 성과표준을 제시하는 기능을 수행한다.

전략적 계획수립 과정은 크게 여섯 단계로 이루어진다.

그림 3-1 전략적 계획수립 과정

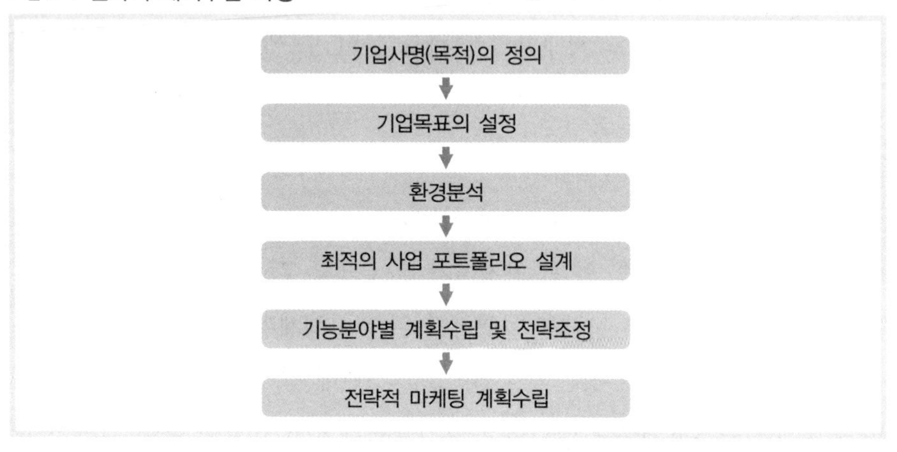

1. 기업사명의 정의

관광기업은 무엇인가를 성취하기 위하여 존재하는데 그 무엇을 기업사명이라고 할 수 있다. 따라서 호텔, 관광기업은 설립 초기에는 보다 분명한 사명을 가지고 있지만 이들 기업이 성장하거나 새로운 제품이나 서비스가 추가되면 사명이 불분명해지게 된다. 이러한 경우에는 호텔, 관광기업의 사명과 목적을 재정립하여야 하는데, 다음과 같은 점을 고려하여 사명과 목적을 정의하여야 한다.

훌륭한 기업사명은 명확성을 가져야 한다. 기업의 사명이 너무 광범위하면 마케팅 전략의 수립이 어려워진다. 그리고 제품의 특성보다 소비자의 욕구충족에 초점을 맞추어야 한다. 이것은 마케팅 근시안을 벗어나야 한다.

또한 현실적이어야 한다. 기업사명문은 기업의 총체적인 목적과 사업영역을 나타내기 때문이다. 즉 기업의 사명은 하고 있는 사업이 무엇인가(현재), 앞으로 어떻게 변해갈 것인가(미래), 성장방향은 무엇인가(지침)의 질문에 대답할 수 있을 때 믿음과 방향이 제시된다.

서울 지역 한 특급호텔의 기업사명을 예시하면 다음과 같다.

"우리 호텔의 기본적 목적은 고객들이 보다 나은 가치를 얻고 종업원과 사업파트너들이 우리의 성공을 공유하며 주주들이 지속적이고 우월한 투자수익을 얻을 수 있도록 훌륭한 품질의 제품과 서비스를 산출하는 것이다."

2. 기업목표의 설정

목표란 일정한 미래시점에서 성취해야 하는 상태를 계량적으로 표현한 것인데, 결국 마케팅조직이 기업사명을 효과적으로 수행하기 위하여 특정한 기간 동안 기간별로 성취해야 하는 구체적인 과업목표를 의미한다. 마케팅조직에 있어서 목표는 구성원들의 노력을 조정 · 통합하고 또한 성과를 평가하기 위한 표준으로서 작용하기 때문에 단순히 시장점유율의 증대라든가 매출액 향상 등의 목표는 막연하며 목표로서의 기능을 제대로 수행할 수 없다. 오히려 그러한 목표들은 4/4분기까지 시장점유율을 20% 증대시킨다든가 내년 말까지 매출액을 15% 향상시킨다와 같이 일정한 미래시점에서 바람직한 상태를 계량적으로 나타내야 한다.

바람직한 목표의 요건은 일정한 기간에 대응되어야 하며, 가급적 계량적으로 표현되고 현실적이며 여러 가지 목표들이 서로 상충되지 않아야 한다는 점이다.

앞의 예시처럼 기업사명을 정의한 기업은 내년도의 목표를 다음과 같이 설정할 수 있다.

- 내년도 우리 여행사는 아웃바운드 매출액을 전년 대비 15% 향상시킨다.
- 우리 호텔은 컨벤션센터를 상반기에 건립한다.

• 우리 항공사는 직원들의 복리후생을 위해 4/4분기 내에 해외여행의 모든 비용을 부담한다.

3. 기업환경 분석

1) SWOT 분석

기본적으로 기업의 환경 분석은 SWOT 분석과 제품수명주기 분석방법을 통해 이루어진다. 여기서는 SWOT 전략을 중심으로 살펴보고자 한다. 먼저 SWOT 전략을 도출하기 위해서는 경쟁기업의 평가를 통해 환경에 대응하기 위한 자사의 능력을 평가하는 방법으로 이루어진다.

스와트(SWOT)라는 이름은 자사 능력의 강점 · 약점(Strength/Weakness)과 환경의 기회 · 위협(Opportunity/Threat)을 통해 분석하는 방법이다.

우선 환경 분석을 살펴보면, 여기에는 활용하고자 하는 환경예측, 분석기법에 따라서 그 내용이 달라진다. 이러한 SWOT 분석의 실제로 컨설팅 기관마다 독자적으로 양식을 개발하여 다양한 형태의 변형된 작업양식들을 활용하고 있지만, 주요 항목들로는 환경변화의 요소나 속성, 그 내용(기회 · 위협)의 구분, 영향의 정도와 같은 내용들이 구성된다. 추가적으로 시기나 우선순위와 같은 항목들을 추가할 수도 있다.

이어서 기업능력을 평가한다. 기업능력의 평가작업에서는 우리 회사가 지니고 있는 역량의 강점과 약점을 평가하는 것이다. 우리 자신의 실상을 점검함으로써, 변화하는 환경에 어떻게 대응할 것인가에 대한 전략을 모색하기 위한 것이다.

환경 분석에서 기회요인과 위협요인이 식별되고, 기업능력에 대한 강점과 약점이 파악되면, 이제 무엇을 해야 할 것인가에 대한 환경대응 내용을 결정하는 작업을 수행한다. 이와 같은 분석을 통하여 조직에서 환경에 대응하는 방안들을 어떻게 만들 것인가에 대한 방법적 모색이 가능하게 된다.

표 3-1 SWOT 분석

	강 점	약 점
기 회	강점-기회전략 : 기회를 활용하기 위해 강점을 사용하는 마케팅 전략을 창출(aggressive strategy)	약점-기회전략 : 약점을 극복함으로써 기회를 활용하는 마케팅 전략을 창출(turn around-oriented strategy)
위 협	강점-위협전략 : 위협을 회피하기 위해 강점을 사용하는 마케팅 전략을 창출(diversification strategy)	약점-위협전략 : 위협을 회피하고 약점을 최소화하는 마케팅 전략을 창출(defensive strategy)

- 강점 : 해당기업이 경쟁기업과 비교하여 소비자들로부터 강점으로 인식되는 것은 무엇인가?
- 약점 : 해당기업이 경쟁자와 비교하여 소비자들로부터 약점으로 인식되는 것은 무엇인가?
- 기회 : 해당기업 외부의 환경에서 유리한 기회요인들은 무엇인가?
- 위협 : 해당기업 외부의 환경에서 불리한 위협요인들은 무엇인가?

표 3-2 대전 EXPO 과학공원의 SWOT 분석

기회 및 위협요소	내 용
강점 (Strengths)	• 국내유일의 진정한 테마파크 • 지방화 시대에 따른 지역단체의 적극적 지원과 협조 가능 • 중부권 유일의 레저교육 공간 • 대덕단지, 유성타운, 백제문화권 연계 가능
약점 (Weaknesses)	• 지역적 · 심리적 거리감 • 공익성 강조에 따른 수익저하 가능성 초래 • one-stop tour의 어려움 • 대전 EXPO 부정적 시각 초래
기회 (Opportunities)	• 국민소득 증가와 여가에 대한 인식 변화 • 기존 경쟁자의 레저에의 편중 • 대전 EXPO 잔류수요 유입 가능성 • 94년 한국방문의 해, 전국체전(대전) 개최 • 고속전철 개통 • 교육의 질에 대한 관심 제고
위협 (Threats)	• 테마파크에 대한 인식 부족 • 소비자의 기존 레저시설에 대한 불신감 • 자동차 증가에 따른 교통체증 • 잔류고객 고갈에 따른 입장객 감소 추세

〈표 3-2〉는 대전 EXPO 과학공원의 마케팅 목표와 전략의 수립을 위해 이 공원의 기회와 위협요인, 강점과 약점 등을 분석한 것이다. 표에서 보면 대전 EXPO 과학공원은 많은 강점과 기회를 가지고 있었으나 그것을 살리지 못하고 결국 약점과 위협요인에 굴복했음을 알 수 있다.

2) SWOT 분석방법의 한계점

현장에서 SWOT를 작업할 때나 자신이 직접 이를 현장 지도하여 전략을 수립할 때, 몇 가지의 실천적인 방법상의 문제점을 드러내고 있다.

첫째, 환경인식의 기법이나 예측 · 분석방법이 제대로 갖춰지지 않을 경우, 환경에 대한 자의적인 선별과 해석으로 중요한 환경요소들이 간과될 수 있다는 점이다.

이러한 점을 보완하기 위하여, 앤소프 교수님은 일련의 참고항목들을 제시하고, 그에 준거해서 검토할 것을 권장하고 있다. 그러나 해당 항목들에 대한 인식이 제한되어 있거나 경영관리진의 실감필터가 부정적으로 작용하게 될 경우, 기업현장에서는 이에 대한 접근이 사전적으로 차단된다는 문제점이 노출되었다.

둘째, 기업능력에 대한 검토에 있어서는 강점과 약점에 대한 명확한 인식이 쉽지 않다. 더욱이 미래의 시점으로 전환하여 우리 기업의 강점 · 약점에 대한 작업은 다분히 자의적인 해석에 좌우되며, 시장지능이나 기술지능, 정보지능과 같은 지능발휘에 대한 관점도 결여되어 있다.

기업지능이 제대로 발휘될 것인지에 대한 문제점도 중요하지만, SWOT 분석자의 전략지능의 여부에 따라서 그 내용이 달라지며, 또한 훌륭한 대안을 모색한 경우에도 그 대안이 수용되지 않고 기각되는 사례가 많다는 점이다.

셋째, 강점인가 약점인가에 대한 해석도 명확하지 않다. 강점과 약점의 판단은 실제로 부딪쳐봐야 알 수 있는 것이다. 즉 상황이 전개되어 실전에서 그 결과를 놓고, '이것이 강점이다, 저것이 약점이다'라는 판단이 가능하다는 것이다. 그러나 사전에 이를 구별해 내기란 사실 쉽지 않다.

기업규모나 역량 면에서 경쟁기업 간에 현저하게 차이가 날 경우에는 비교가 가능해 보여도, 대체로 경쟁기업들의 자원확보상황을 보면, 상당히 유사한 질과 양, 그리고 비슷한 내용의 경영자원들을 확보하고 있다. 더욱이 상대 경쟁기업의 면면을 세세히 알 수도 없고, 상대기업의 기업지능의 진화상태나 속도 같은 것을 쉽게 분별하여 우리와 비교하기가 어렵다.

그런데 강점과 약점으로 나누려다 보면, 미세한 차이를 더욱 벌려서 생각하는 경향이 있고, 더욱 유의해야 할 점은 미세한 차이의 약점을 크게 생각하여 공격적으로 나가야 할 때도, 수성의 전략에 치중할 수 있거나, 수성의 전략에 치중해야 할 시점에서도 강점을 너무 확대 해석하여, 공격적 전략의 내용으로 나갈 수 있다는 점이다.

넷째, 강점과 약점을 구분하는 과정에서는 두드러지지는 않지만 전략적 대응을 위하여 핵심적 역량으로 간주되어야 할 요소들조차, 강점과 약점의 분류에 들어가지 못한다는 점에서 전략대응의 방향이나 내용에서 빠져버릴 수도 있다는 점이다. 이러한 점은 후에 핵심역량과 같은 이름의 전략으로 별도의 접근을 시도해야 한다.

다섯째, 사전에 관측이 가능한 강점과 약점이란 조건이나 기준에 따라 변화하기 마련이다. 즉 기업의 진행방향이나 내부 경영자원들의 정비상황에 따라 상대적으로나 절대적으로 변화한다. 무엇이 현재의 강점이고 약점이며, 그 강점과 역동성이 어떻게 변화할 것인지를 알지 못한다면, 당면하게 될 미래의 기회요인과 위협요인에 대한 대응의 편성이 잘 될 수도 있지만, 잘못 될 수도 있다. 즉 전략의 유효성이 떨어지게 된다는 점이다.

이러한 점에 대응하기 위하여 SWOT 분석은 반복적으로 실시할 것이 요구된다. 그러나 그 반복적 실시의 타이밍을 놓치게 된다면, 전략의 수정과 보완은 시기를 놓칠 수 있게 된다.

여섯째, 환경의 기회요인과 위협요인 또한 그 인식이 쉽지 않다. 약한 신호의 경우, 그것이 기회인지 위협인지에 대한 이해가 불가능하며, 이 두 가지의 항목, 즉 기회와 위협으로 분류되지 않으면, SWOT 분석작업에 고려될 여지가 없다.

물론 SWOT 분석만으로 전략을 모두 수립하게 되는 것은 아니지만, 일단 SWOT 분석기법의 논리적 프레임워크상으로는 기업의 역량을 가지고 환경에 대응할 수 있는 것처럼 보이지만, 현실적으로는 기회와 위협요인도, 강점과 약점요인도 그 요인파악에 실패하게 될 경우, 그 분석 프로세스 내에 분석해야 할 요인이 추가되지 못함으로 인하여 그릇된 결론을 도출하게 되거나 분석결과의 품질이 형편없는 것으로 나올 수 있다는 분석방법상의 맹점이 있다. 이상과 같은 점들은 특히 작업 시 유의할 필요가 있다.

일곱째, 추가적으로 SWOT 분석에서는 각 대안들이 서로 어떠한 상관이나 보완관계가 있는지, 환경의 돌파를 위한 대안인지, 사업환경의 정비나 상황조건에 대응하는 것인지에 대한 구분이 어렵다는 점이다.

따라서 SWOT 분석 이후 작업에 어려움을 느끼게 된다. 즉 각 대안들을 종합·정리하는 과정에서 각 대안들이 어떠한 부류의 조치를 의미하는지 이해하기 어려우며, 그것을 종합화하기 또한 어렵다.

4. 사업포트폴리오 설계

사업포트폴리오(business portfolio)란 문제의 기업이 취급하고 있는 사업단위와 제품의 집합체를 의미한다. 따라서 기업은 자신의 목표를 달성할 수 있고 변화하는 환경이 제공하는 기회요소를 잘 활용할 수 있는 강점이 있는 사업단위와 제품을 선택하여 이를 집중적으로 육성하여야 한다. 반면에 목표와 유리되거나 경쟁기업에 비해 강점을 보유하지 못한 사업단위나 제품은 포기하고, 여기에 투자되었던 인적 · 물적 자원을 강점이 있는 사업단위나 제품 쪽으로 이동시켜야 할 것이다.

사업포트폴리오를 효과적으로 설계하기 위해서는 첫째, 기존의 사업포트폴리오를 분석하여 투자를 더 많이 해야 할 사업과 투자를 축소할 사업을 결정하고 둘째, 사업포트폴리오에 추가할 신규사업과 제품을 결정하는 성장전략을 수립하여야 한다.

1) 기존 사업포트폴리오 분석

현재의 사업포트폴리오를 평가하고 적합한 전략을 설계하기 위한 절차는 크게 세 단계로 구성되는데, 마케팅 관리자는 우선 현재의 사업포트폴리오를 구성하고 있는 전략적 사업단위들을 확인해 내야 한다. 전략적 사업단위란 독립적인 사명(목적)과 목표를 가진 조직 내의 사업단위로서 전체 조직을 구성하고 있는 사업부나 사업부 내의 제품계열, 단일제품, 단일상표가 될 수 있다. 따라서 사업단위는 기업에 따라 또는 분석의 목적에 따라 상이한 수준에서 정의될 수 있으며, 대체로 별도의 마케팅목표와 그것을 달성하기 위한 전략이 수립되는 독립된 사업단위로 생각하면 간단하다.

둘째, 전략적 사업단위들을 확인해 낸 다음에는 각 사업단위들이 현재 전체기업의 입장에서 어떻게 기여하고 있으며 얼마의 추가적인 투자를 받아야 하는지를 결정하기 위하여 사업단위별로 매력도를 평가해야 한다. 이러한 과업은 물론 직관적인 판단에 의존하여 수행될 수도 있지만 대체로 계량적인 모델을 이용하여 공식적으로 수행된다. 전략사업단위의 매력도를 분석하는 방법에는 다양한 기법이 있으나 가장 널리 이용되는 기법은 보스턴컨설팅그룹이 제안한 BCG매트릭스와 제너럴 일렉트릭사가 제안한 GE매트릭스이다.

(1) BCG매트릭스

이 모형은 핵심적인 두 요소, 즉 시장성장률로 나타나는 시장 매력도와 상대적 시장점유율로 나타나는 경쟁능력을 통해 각 사업단위가 포트폴리오에서 차지하는 위치를 파악, 기업의 현금흐름(Cash flow)을 균형화하고자 하는데 그 의미가 있다. 시장성장률은 시장 기회와 관련된 것인데, 고성장 사업단위일수록 그것을 필요로 하는 투자금액도 커지게 된다. 자사의 시장점유율을 시장점유율이 제일 큰 경쟁자의 시장점유율로 나눈 상대적 시장점유율은 현금창출능력을 가늠하는 기준이 된다.

각 분면에 위치한 네 가지 부류를 자세히 설명하면 [그림 3-2]와 같다.

그림 3-2 BCG Matrix

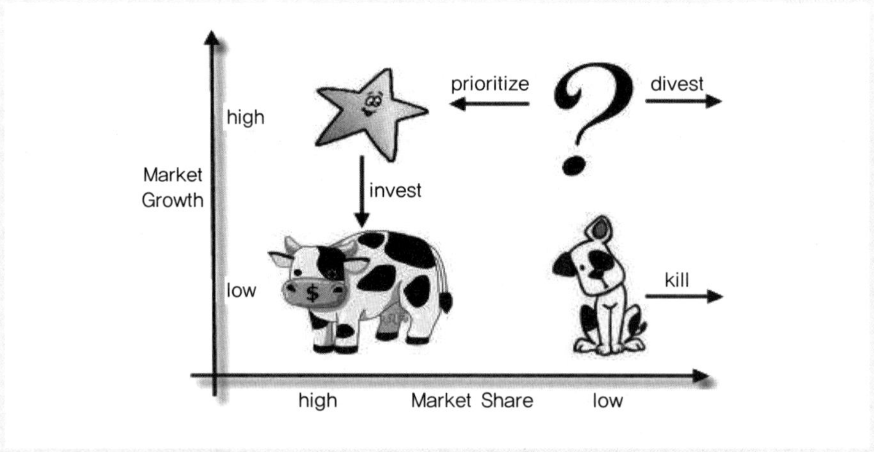

① Star사업부

높은 시장점유율과 높은 시장성장률을 보이는 사업부.

이 사업부는 현금을 많이 소비할 뿐 아니라 많이 창출하기도 한다. 기업의 향후 주력사업부문으로 성장하게 될 것이기 때문에, 기업은 Star사업부에 집중 투자를 하게 된다.

② Cash Cow사업부

낮은 시장성장률과 높은 시장점유율을 보이는 사업부.

이 사업부는 견고한 시장 기반을 바탕으로 많은 현금을 창출해 내기는 하지만, 기업은 이들 사업에는 더 이상 투자하지 말아야 한다. 왜냐하면 저성장의 시장에서는 판매나 시장점유율을 더 이상 증진시키기 어렵기 때문이다. 이들 사업부는 많은 현금을 창출하여 다른 사업부들에게 여유자금을 제공하기 때문에 '자금을 대주는 젖소(cash cow)'라고 불린다.

③ Question Mark사업부

낮은 시장점유율을 보이고는 있지만 높은 시장성장률을 가진 사업부.

시장 잠재력은 높은 편이지만 시장점유율을 높이기 위해서는 많은 자원을 필요로 한다. 이들 사업에 대한 전략은 기존의 포트폴리오로부터 이들을 철수시키거나, 이들의 판매나 시장점유율을 증진시키기 위한 노력을 강화함으로써 장래에 스타 사업부로 성장시키고자 하는 기로에 서게 된다.

④ Dog사업부

낮은 시장점유율과 낮은 시장성장률을 보이는 사업부.

이 사업부는 약한 시장위치 때문에 현금을 창출해 내기도 어렵고 사업의 저성장성으로 시장점유율을 증진시키기도 어렵다. 이러한 사업군들은 마이너스의 순현금 흐름을 나타내기 때문에 기업의 포트폴리오에게 제거시키는 것이 바람직한 전략이라 할 수 있다.

BCG모형은 가장 일반적으로 쓰이는 모형임에도 불구하고 다음과 같은 제약사항이 있다.

첫째, 시장점유율의 개념을 어떻게 정립하느냐에 따라 사업의 위상이 달라질 수 있다. 예를 들어 시장은 좁게 혹은 넓게 정의될 수 있으며, 점유율 또한 물량단위 혹은 금액에 의해 달리 계산될 수 있기 때문이다.

둘째, 시장점유율과 현금 창출과의 관계가 항상 기대했던 대로 나타나지는 않는다. 높은 시장점유율이 반드시 높은 수익을 보장하지는 않는 경우가 생기는 것이다.

셋째, 현금흐름의 내부적인 균형은 기업에서 가장 중요한 사항이 아닐 수 있다.

넷째, BCG모형은 사업단위들과의 상호 의존성(현금 의존성을 제외한)을 무시하고 있고, 그로 인해 일어나는 시너지 효과에 대한 고려를 등한시하고 있다.

다섯째, BCG모형에서 추천되는 전략들은 외부(정부, 노조, 신용기관, 공급자)에 의해 야기될 수 있는 제약요인들 때문에 항상 타당성을 지니지는 않는다.

그러나 이 같은 제약요인들에도 불구하고 BCG모형은 자원 할당 결정에 대한 문제를 해결하는 데 하나의 유용한 방법을 제공하고 있다.

포트폴리오 분석에 있어서 다음으로 해야 할 일은 각 전략사업단위마다 어떠한 전략을 구사하고 자원을 어떻게 할당할 것인가에 대한 결정이다. 여기에는 다음과 같은 4가지 전략대안이 있다.

㉠ 육성(build) : 단기적 이익을 희생하면서 시장점유율을 확대하려는 전략이다. BCG매트릭스상에서 미지수나 별에 속하는 전략사업단위의 전략에 적합하다.

㉡ 수확(harvest) : 이 전략은 장기적 이익의 극대화보다는 단기적 현금유입을 극대화하려는 것이다. 시장전망이 불투명하고 현금유입이 많이 요구되는 약한 젖소, 개 그리고 미지수에 적합한 전략이다.

㉢ 유지(hold) : 이 전략은 현재의 시장점유율을 유지하려는 것으로 계속적으로 현금유입을 원하는 cash cow에 적합한 전략이다.

㉣ 철수(divest) : 자원을 다른 전략사업단위에 보다 효율적으로 이용할 수 있기 때문에 현재의 전략사업단위를 청산하는 전략이다. 기업의 현금흐름을 방해하거나 이윤창출의 능력이 거의 없는 개나 미지수에 적합한 전략이다.

표 3-3 BCG모형에 따른 SBU전략

사업단위의 유형	주요 전략의 유형
star	유지전략(hold), 증대전략(build)
cash cow	유지전략(hold)
question mark	증대전략(build), 수확전략(harvest), 철수전략(divest)
dog	수확전략(harvest), 철수전략(divest)

⑤ BCG매트릭스의 유용성과 한계

시간의 흐름에 따라서 환경변화와 전략실행 효과에 의해 BCG매트릭스상의 전략사업단위의 위치가 변하게 된다. 따라서 마케팅 관리자는 현재의 위치뿐만 아니라 시간의 흐름에 따른 위치 변화까지 함께 고려하면서 적절한 전략을 수립하여야 한다. 전반적인 전략적 의사결정을 요약하면 다음과 같다.

㉠ 성장률이 매우 높은 시장에 처음으로 도입된 제품 A를 시장선도 기업으로 육성하기 위하여 적극적으로 강화한다. 그러나 시장의 전망이 좋기 때문에 새로운 경쟁자가 진입하여 시장점유율이 감소할 경우를 예상할 수 있다.

㉡ 시장점유율을 현상대로 유지하기 위하여 B와 C제품은 현재의 전략을 유지한다. 그러나 환경변화에 의해서 시장성장률이 감소할 경우를 예상할 수 있다.

㉢ F와 D를 합병함으로써 F가 보유하고 있던 인적 · 물적 자원을 이동시켜서 D제품의 시장점유율을 증대시킨다.

㉣ E제품의 경우는 시장성장률이 둔화될 것으로 예상되기 때문에 규모를 축소하여 특정 시장부분에 집중적으로 침투하는 집중화 전략을 구사한다. 이때는 특정 시장부분에 침투하기 위하여 기존 제품의 모델을 변경할 수도 있다.

㉤ F제품과 G제품은 시장에서 철수한다.

이처럼 BCG매트릭스는 시장성장률과 상대적 시장점유율이라는 단순한 2개의 축으로 전략사업단위의 현재 위치뿐만 아니라 미래 위치까지도 예측할 수 있게 구성되었기 때문에 마케팅 관리자가 시장상황을 쉽게 이해할 수 있다는 장점이 있다. 그러나 2개의 축을 구성하고 있는 요소가 시장성장률과 상대적 시장점유율뿐이어서 복잡한 시장상황을 정확하게 평가하지 못한다는 단점이 있다. 복잡한 시장상황을 보다 정확하게 표현하기 위하여 고안된 기법이 다음에 설명한 GE매트릭스이다.

(2) GE매트릭스

BCG매트릭스는 시장성장률과 상대적 시장점유율이라는 2가지 변수로 전략사업단위를 평가하였기 때문에 복잡한 시장상황을 잘 표현하지 못하는 단점이 있음을 앞에서 설명한 바 있다. 이러한 BCG의 단점을 보완하기 위해서 GE사(General Electric Co.)는 여러 가지 변수를 고려하여 전략사업단위가 속해 있는 산업의 매력도와 시장에서의 당해 전략사업 단위의 경쟁력을 평가하였다.

그림 3-3 GE Matrix

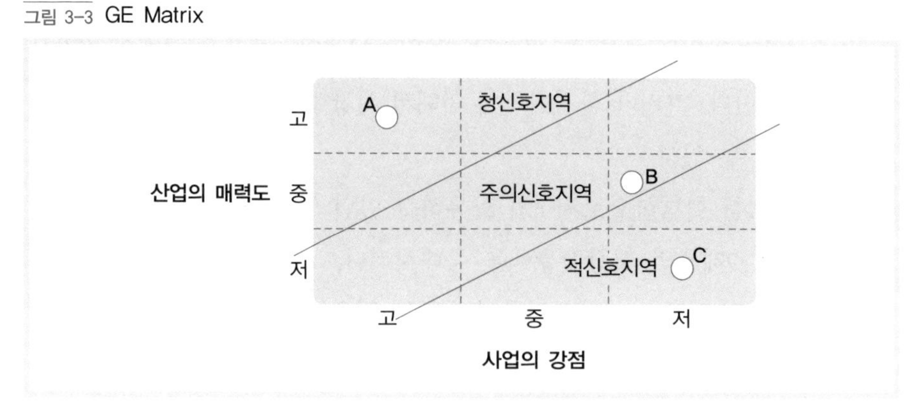

① GE매트릭스의 구성

[그림 3-3]에서 보는 바와 같이 종축은 당해 전략사업단위가 속해 있는 산업

의 매력도를 나타내고 있으며, 횡축은 당해 전략사업단위의 시장에서의 경쟁력을 나타내고 있다. 전략사업단위를 2가지 차원으로 평가하는 것은 BCG매트릭스 기법과 같지만, 시장성장률과 상대적 시장점유율 대신 보다 광범위한 의미를 지닌 산업매력도와 경쟁력이라는 2가지 차원으로 평가하고 있다. 다시 말하면 산업의 매력도를 측정하기 위해서는 시장성장률 이외의 여러 가지 변수를 추가적으로 포함하여야 하고, 당해 전략사업단위의 시장에서의 경쟁력을 측정하기 위해서도 상대적 시장점유율 이외의 여러 가지 변수를 포함하여야 한다는 것이다. 따라서 GE매트릭스가 BCG매트릭스에 비해서 시장상황을 보다 현실에 가깝게 표현하고 있다고 할 수 있다.

[그림 3-3]에서 중축을 표시하고 있는 산업매력도는 다음과 같은 변수들로 구성되어 있다.

㉠ 시장규모 : 시장규모가 클수록 매력 있는 산업으로 평가된다.
㉡ 시장성장률 : 시장성장률이 높을수록 매력 있는 산업으로 평가된다.
㉢ 이익률 : 이익률이 높을수록 매력 있는 산업으로 평가된다.
㉣ 경쟁도 : 경쟁자가 다수이고 경쟁의 정도가 심할수록 그 산업의 매력도가 낮아질 것이다.
㉤ 수요의 경기순환적 변동 : 제품의 판매량이 경기순환에 따라서 그 변화율이 높을 때 당해산업의 매력도가 떨어진다.
㉥ 수요의 계절적 변동 : 제품의 판매량이 계절적으로 변동이 심할 때 당해산업의 매력도가 떨어진다.
㉦ 규모의 경제 : 생산량에 관계없이 단위당 생산비가 일정한 산업보다는 생산량이 많아짐에 따라서 단위당 생산비가 체감되는 산업이 보다 매력적인 산업으로 평가된다.
㉧ 경험곡선 : 누적생산량이 많아질수록 경험효과에 의해서 단위당 생산비가 체감되는 산업이 보다 매력적인 산업으로 평가된다.

이러한 여러 가지 변수들을 그 중요도에 따라서 점수를 주어 가중 평균하면 산업의 매력도 점수를 측정할 수 있는데, 산업의 매력도는 크게 나누어 상·중·하로 구분하고 있다.

[그림 3-3]에서 횡축을 표시하고 있는 각 전략사업단위의 경쟁력은 다음과 같은 변수들로 구성되어 있다.

㉠ 상대적 시장점유율 : 당해 전략사업단위의 상대적 시장점유율이 클수록 경쟁력이 높은 것으로 평가된다.
㉡ 가격경쟁력 : 단위당 생산원가가 낮을수록 경쟁력이 높은 것으로 평가된다.
㉢ 품질 : 경쟁자에 비해서 제품의 품질이 우수할수록 경쟁력이 높은 것으로 평가된다.
㉣ 고객에 관한 정보 : 고객계층과 그들의 욕구와 필요에 관한 정보를 가지고 있을 때 경쟁력이 높은 것으로 평가된다.
㉤ 판매효율성 : 판매효율성이 높을수록 경쟁력이 높은 것으로 평가된다.
㉥ 판매지역 : 기업이 대상으로 하고 있는 판매지역이 넓을수록 경쟁력이 높은 것으로 평가된다.

이러한 여러 가지 변수들을 중요도에 따라 점수를 주어 가중평균하면 당해 전략사업단위의 경쟁력을 측정할 수 있는데, 일반적으로 강·보통·약의 3가지로 경쟁력을 구분하고 있다.

② 전략사업단위의 평가와 자원배분 전략

[그림 3-3]을 보면 산업의 매력도와 경쟁력을 각각 3가지로 분류하여 모두 9가지의 형태로 구분하고 있다. 그림에서 좌측 상단의 3개 부분에 속하는 전략사업단위는 산업의 매력도가 크고 경쟁력이 강하기 때문에 집중적으로 투자하여 발전시키는 전략을 구사하여야 할 것이다. 좌하단에서 우상단의 대각선으로 연결되는 3개 부분에 속하는 전략사업단위는 산업의 매력도나 경쟁력

이 서로 상쇄되어 전체적으로 보아 보통의 매력을 가지고 있다고 볼 수 있다. 따라서 여기에 속하는 전략사업단위는 현상유지 전략을 구사하는 것이 일반적이다. 우측 하단의 3개 부분에 속하는 전략사업단위는 전체적으로 불리한 위치에 있다. 따라서 앞의 BCG매트릭스에서 언급한 수확전략이나 철수전략 중에서 어느 전략을 선택할 것인가를 신중하게 결정하여야 한다.

[그림 3-3]에서 전략사업단위 A는 소속 산업에서의 시장점유율이 75%이고, 산업의 매력도가 높으며 시장에서의 경쟁력도 매우 강하기 때문에 매우 유망한 전략사업단위라고 할 수 있다. B는 시장점유율이 50%나 되고 시장에서의 경쟁력도 강하지만 산업의 규모도 작고 매력도도 낮은 것으로 나타나고 있다. C와 D는 시장점유율도 낮을 뿐만 아니라 장점도 적은 전략사업단위임을 나타내고 있다. 결론적으로 말하면, 이 기업은 A를 육성하고 B는 현상유지하며 C와 D에 대해서는 사업을 계속할 것인가를 결정하여야 한다.

BCG매트릭스나 GE매트릭스 모두 기업의 전략수립을 위한 기법이기 때문에 환경변화에 따른 기회와 위협요소를 파악하여 기회요소를 활용하고 위협요소를 제거하기 위하여 기업이 보유하고 있는 인적 · 물적 자원을 어떻게 배분할 것인가를 결정하는 일이 중요하다.

2) 전략적 선택

기업이 보유하고 있는 기존 전략사업단위를 중심으로 하는 포트폴리오 분석이 끝나면 신규시장, 신제품 또는 신규 전략사업단위의 도입 등을 포함하는 성장전략을 개발하여야 한다. 기업은 성장기회를 추구하기 위하여 다음과 같은 3가지 전략을 구사할 수 있다.

첫째, 집중적 성장전략으로서 기존 조직이나 기구를 가지고 기존의 제품이나 시장을 보다 잘 활용하거나 신제품 도입, 신시장 개척 등을 통하여 성장기회를 이용하려는 전략이다.

둘째, 통합적 성장전략으로서 마케팅 경로상에 위치하고 있는 다른 조직이나 기구를 통합하여 성장기회를 이용하려는 전략이다.

셋째, 다양화 성장전략으로서 기존의 마케팅 경로 밖에 존재하는 사업단위에 진출하여 성장기회를 이용하려는 전략이다. 아래에서는 3가지 성장전략에 대해서 보다 구체적으로 살펴보기로 하겠다.

(1) 집중적 성장전략

집중적 성장전략은 기존의 조직이나 기구를 가지고 시장이나 제품을 중심으로 성과를 향상시킬 수 있는 추가기회요소가 있는지를 파악하는 전략이다. 앤소프(H. I. Ansoff)는 시장/제품 매트릭스를 가지고 다음의 4가지 전략을 제시한 바 있다.

① 시장침투전략(market penetration strategy) : 기존시장에서 기존제품으로 판매를 증대시키는 전략이다. 이를 위하여 사용할 수 있는 방법으로는 자사상표 소비자에게는 더 많이 사용하도록 하며, 경쟁상표 소비자에게는 자사상표를 구매하도록 유도하고, 자사상표나 경쟁상표를 사용하지 않는 소비자에게는 그 제품을 사용하도록 유도하는 방법이 있다.

② 제품개발전략(product development strategy) : 새로운 제품을 개발하여 기존시장에서 판매를 증가시키려는 전략이다. 기존제품이라도 새로운 기능의 부가, 디자인 변경 등의 방법을 사용하여 신제품화할 수 있다.

③ 시장개발전략(market development strategy) : 기존제품으로 새로운 시장을 개발하여 판매를 증가시키려는 전략이다. 잠재소비자 집단을 확인하여 기존의 제품으로 이들의 욕구를 충족시킬 수 있는 방법을 모색하거나 새로운 유통경로를 개척하고, 지역적으로 새로운 시장을 개발하여 시장을 확대하려는 전략이다. 존슨앤존슨이 유아용 샴푸를 가지고 '엄마가 사용해도 좋습니다'라고 광고함으로써 시장을 확대한 것이 좋은 예가 될 수 있다.

④ 다양화 전략(diversification) : 현재의 사업과 직접적인 관계가 없는 다른 분야에서 새로운 성장기회를 발견하려는 전략으로서 다음의 다양화를 통한 성장전략에서 구체적으로 설명하고자 한다.

(2) 통합적 성장전략

기업이 진출하고 이는 당해산업의 성장전망이 좋거나, 전방 혹은 후방 또는 수평으로 통합함으로써 기업의 이익이나 판매량을 증가시킬 수 있을 때 사용하는 전략이다.

① 전방통합(forward integration) : 예를 들어 공급업체 → 제조업체 → 중간상 → 소비자로 이어지는 원료와 제품의 흐름상에서 자사보다 앞쪽의 기업을 통합하는 경우를 의미한다.
② 후방통합(backward integration) : 위의 원료나 제품의 흐름상에서 자사보다 뒤쪽의 기업을 통합하는 경우를 말한다.
③ 수평통합(horizontal integration) : 기업의 원료나 제품의 흐름상에서 자사와 동일수준에 있는 경쟁기업을 통합하는 경우를 말한다.

여기서 전방통합과 후방통합을 합하여 수평통합과 대비되는 것을 수직통합(vertical integration)이라고 한다.

(3) 다양화를 통한 성장전략

앞의 집중적 성장전략에서 설명한 바와 같이 다양화 전략은 현재의 사업과 직접적 관련이 없는 다른 분야에서 새로운 성장기회를 찾으려는 전략이다. 다시 말하면 현재의 제품이나 시장으로는 이익이나 판매량을 더 이상 증가시키기 어렵거나, 다른 시장에서보다 유리한 기회가 존재할 때 이용하는 성장전략이다. 다양화 전략이라고 해서 모든 시장기회를 이용하려는 것은 아니다. 자기 기업만의 특수한 능력을 보유하고 있고, 그 능력이 그 분야에서 성공할 수 있는 핵심요소일 때 이용할 수 있는 전략이다. 다양화를 통한 성장전략에는 3가지 유형이 있다.

① 집중적 다양화 : 기존의 기술과 마케팅활동을 이용하여 새로운 분야에 진출하려는 전략이다.
② 수평적 다양화 : 기업이 확보하고 있는 기존 고객을 대상으로 신제품을 추가하는 전략이다.
③ 복합적 다양화 : 기존의 기술이나 제품 혹은 시장과 전혀 관계가 없는 새로운 분야에 진출하려는 전략이다.

이처럼 기업이 체계적으로 성장기회를 찾기 위해서는 먼저 기존의 제품이나 시장에서 그 기회를 탐색하고, 그다음에는 기존의 사업분야나 마케팅 경로상에서 그리고 최종적으로는 현재와 다른 사업분야에서 성장 기회를 찾는 것이 적절한 순서라고 할 수 있다.

5. 기능부서별 전략계획의 수립

앞에서 설명한 바와 같이 기업이 전략적 계획을 수립하기 위해서는 어떠한 종류의 사업에 착수할 것인가, 그리고 각각의 사업목적은 무엇인가를 결정하여야 한다. 그런 다음에 각 사업단위의 구체적 세부목적을 수립하여야 한다. 이러한 전략적 계획을 수립하는 과정에서 기업의 각 기능부서(마케팅, 재무, 회계, 구매, 생산, 인사 및 기타 부서)들이 중요한 역할을 수행하고 있다. 이들이 수행하는 역할을 살펴보면, 첫째, 각 기능부서들은 전략적 계획수립에 필요한 유용한 정보를 제공하고 있다. 이렇게 제공된 정보를 이용하여 각 사업단위 책임자들은 각 기능부서들이 맡아야 할 역할을 포함하고 있는 계획을 수립한다. 이러한 계획에는 전략적 목적을 달성하기 위하여 각 기능부서들이 어떻게 협동하여야 할 것인가를 설명해 주고 있다.

각 기능부서들은 사업에 필요한 투입요소(예를 들면 자금, 노동, 원자재, 연구 아이디어, 제조공정 등)를 획득하기 위하여 각기 다른 공중과 상대하여야 한다. 예를 들면 마케팅부서는 수익을 확보하기 위하여 고객과 교환을 촉진하고 있으며, 재무부서는 현금을 모집하기 위하여 금융기관이나 주주와 교섭하고 있다. 이처럼 마케팅부서와 재무부서는 사업자금을 확보하기 위하여 인사부서는 노동을, 구매부서는 원료를 적시에 적당한 양을 확보하여 공급한다고 해도 적기에 적당한 양을 확보하여 공급해야 한다. 만일 구매부서가 적시에 적당한 양의 원료를 공급한다 해도 적기에 적당한 양의 노동을 공급해 주지 못할 경우 효율적인 생산활동을 할 수 없다. 따라서 기업을 구성하고 있는 각 기능부서들이 각기 다른 공중을 상대해야 하지만 이들 부서 간의 협동적인 역할이 전략적 계획수립에 매우 중요하다.

1) 전략적 계획수립에 있어서 마케팅부서의 역할

기업의 전략과 마케팅부서의 전략은 서로 많이 중복되고 있다. 그 이유는 마케팅부서가 고객의 욕구에 초점을 두고 이것을 충족시킬 수 있는 기업의 능력을 식별하는 역할을 담당하고 있는데, 이러한 역할은 바로 기업의 목적이기 때문이다. 또한 대부분 기업의 전략적 계획은 마케팅변수(예를 들면 시장점유율, 시장개발, 성장 등)를 다루고 있기 때문에 전략적 계획과 마케팅 계획을 구분하는 것이 매우 어렵다. 실제로 몇몇 기업에서는 전략적 계획을 '전략적 마케팅 계획'이라 부르고 있다.

기업의 전략적 계획을 수립하는 데 있어서 마케팅은 다음과 같은 몇 가지 점에서 매우 중요한 역할을 담당하고 있다. 첫째, 마케팅은 중요 고객집단의 욕구충족이라는 기업전략의 지침이 되는 철학을 제공해 주고 있다. 둘째, 마케팅은 매력적인 시장기회를 식별하고, 그 기회를 이용할 수 있는 기업의 능력을 평가해 줌으로써 전략수립가에게 도움을 주고 있다. 끝으로 개별 사업단위 내에서 마케팅은 그 사업단위의 목표를 달성하는 데 필요한 전략을 설계해 주고 있다.

각 사업단위 내에서 마케팅 관리자는 각 사업단위의 전략적 목표를 달성하는 데 도움을 줄 수 있는 최선의 방법을 찾아내야 한다. 어떤 마케팅 관리자는 그들의 목적이 반드시 판매를 증가시키는 것이 아닐 수도 있다는 사실을 알 수 있을 것이다. 예를 들면 보다 적은 예산으로 기존의 판매량을 유지시키는 것이 목적이 될 수도 있고, 또는 수요를 감소시키는 것이 목적이 될 수도 있다. 이처럼 마케팅 관리자는 기업의 최고경영층이 수립한 전략적 계획에서 제시하고 있는 수준에 따라서 수요를 관리하여야 한다. 마케팅부서는 각 사업단위의 능력을 평가하는 데 결정적인 역할을 담당하고 있지만, 일단 각 사업단위의 목적이 결정된 후에는 그 목적이 성공적으로 달성될 수 있도록 노력하는 것이 마케팅부서의 과업이다.

2) 마케팅부서와 다른 기능부서와의 관계

기업 내에서 마케팅부서의 중요성을 일률적으로 말하기는 어렵다. 어떤 기업에서는 생산, 재무, 인사부서 등과 비슷한 중요성을 가지고 있으며, 어떤 부서도 리더십을 가지고 있지 못하다. 그러나 기업의 성장속도가 둔화되거나 판매량이 감소되는 경우에는 마케팅부서의 기능이 보다 중요해진다.

드러커가 '기업의 목적은 고객을 창조하는 데 있다'라고 주장하듯이 고객창조를 담당하고 있는 마케팅부서의 기능이 기업의 핵심적 기능이어야 한다는 주장이 많다. 이들은 기업의 사명, 제품 그리고 시장을 정의하고, 고객의 욕구충족을 위하여 다른 기능부서의 역할을 통합하는 것이 마케팅부서의 역할이라 주장하고 있다. 보다 개선된 사고방식을 지닌 마케팅 관리자들은 마케팅부서 대신에 고객을 기업의 중심에 위치시키고, 마케팅부서를 위시하여 기업의 전체 기능부서가 고객의 욕구와 필요를 중시하고 이를 충족시켜 주는 데 노력을 집중시켜야 한다고 주장한다. 그러나 고객의 욕구나 필요를 이해하고 이를 충족시켜 주기 위해서는 마케팅부서가 중심적인 역할을 수행하여야 한다고 보는 견해가 있는데, 이러한 견해에 의하면 기업은 고객 없이는 성공할 수 없기 때문에 고객을 유인하여 이들을 고객으로 계속 유지시키는 것이 기업의 지상과제라는 것이다. 기업은 고객의 욕구를 충족시켜 줌으로써 고객관계를 유지시킬 수 있다. 이처럼 고객에게 약속을 제시하고 고객의 욕구를 충족시켜 줄 수 있다는 것을 보장해 주는 것이 마케팅부서의 역할이다. 그러나 실제로 고객의 욕구 충족은 기업의 다른 부서(예를 들면 연구개발부서, 생산부서 등)에 의해서 영향을 받고 있다. 따라서 마케팅부서는 고객의 욕구 충족을 위하여 기업 내 모든 기능부서가 협동할 수 있도록 통합적 역할을 수행하여야 한다는 것이다.

3) 기능부서 간의 충돌

기업 내 각 기능부서들은 자신들이 상대하고 있는 공중(publics)과 자신들이 수행하고 있는 활동들이 가장 중요하다고 주장하고 있다. 예를 들면 생산부서는 공급업체와 생산활동을, 재무부서는 주주와 건전한 투자활동을, 마케팅부서는 소비자와 제품, 가격, 촉진, 그리고 유통활동을 가장 중요하다고 주장하고 있다. 이상적으로 말하면 이러한 모든 기능들이 기업의 전반적 목표 달성을 위하여 통합되어야 한다. 그러나 실제로는 기능부서 간의 관계가 갈등과 오해로 얼룩져 있다. 어떤 갈등은 무엇이 기업에게 최선의 이익을 가져다주는가에 대한 견해차이로부터 오고, 어떤 갈등은 부서의 고정관념과 편견으로부터 발생하기도 한다.

마케팅개념에 의하면 기업의 모든 기능부서는 고객만족을 위하여 모든 노력을 통합하여야 한다. 그러나 마케팅부서는 고객의 관점에서 노력하지만, 다른 기능부서들은 자신의 공중이나 활동이 중요하다고 주장하면서 모든 기능부서들의 노력을 통합하려는 마케팅부서의 뜻을 따르려 하지 않는다. 모든 기능부서들은 자신의 관점에서 기업문제와 기업목표를 정의하는 경향이 있기 때문에 기능부서 간의 갈등을 피할 수 없다.

마케팅부서가 고객만족을 목표로 노력할 때 다른 기능부서의 관점에서 보면 매우 어리석은 일을 수행할 수도 있다. 예를 들면 마케팅부서의 고객만족 노력이 구매비를 증가시키고, 생산일절에 차질을 초래시키며, 재고를 증가시키고 예산을 초과하기도 한다. 그러나 마케팅부서는 기업의 모든 기능부서가 소비자를 생각하게 하고, 고객을 기업활동의 중심에 두도록 하여야 한다. 고객만족은 경쟁자보다도 우수한 가치를 표적고객에게 전달하려는 기업 전체의 노력을 통해서만 달성될 수 있다. 예를 들면 듀퐁사의 '지정고객 프로그램'은 기업 내 모든 기능부서가 고객과 가까이하려는 프로그램이다. 예를 들면 생산공장 공장장의 경우 1년에 한 번 지정해 준 고객을 만나야 하면, 정기적으로 그와 통합하여 그가 제시하는 욕구와 문제점을 파악하여 생산과정에 반영하여야 한다. 만일 품질이나 배달과정에 문제가 발생하면 공장장은 지정고객의 관점에서 문제를 보아야 하고, 그를 즐겁게 할 수 있는 의사결정을 하여야 한다.

이렇게 하여 마케팅 관리자는 고객만족이라는 목표를 달성하기 위하여 기업 내 다른 기능부서가 협동할 수 있도록 노력하여야 한다.

현대기업의 성공여부는 복잡하면서도 항상 변하고 있는 기업의 내 · 외부환경에 적절히 적응할 수 있는 능력에 달려 있다고 할 수 있다.

먼저 전략이란 변화하는 기업외부환경에 제공하고 있는 기회와 위협에 대처하기 위하여 자신이 보유하고 있는 기업 내부의 인적 · 물적 자원을 적절히 배분하여 기업의 경쟁적 우위를 유지하려는 기업활동을 말하며, 오늘날 기업에 전략이 중요한 것은 기업의 규모가 커지고 있기 때문에 인적 · 물적 자원을 적절히 배분하는 문제가 매우 중요하게 되었으며, 또한 지금의 시대가 매우 빨리 변화하는 격변기라는 점이다.

전략적 계획수립과정이란 기업이 생존과 성장이라는 자신의 목적을 달성하기 위하여 환경변화에 적응하는 계획을 수립하는 과정으로서, 기업의 사명정의, 목표설정, 처해 있는 여건의 분석, 사업포트폴리오 설계 그리고 기능부서별 전략적 계획수립의 다섯 단계를 거쳐서 진행된다.

첫 번째 단계는 기업사명이다. 기업의 사명이란 보다 넓은 환경 속에서 기업이 달성하려 하는 그 무엇을 말하며, 기업의 사명이 실질적인 효과를 거두기 위해서는 그 내용이 시장지향적이어야 하며, 실현가능한 것이어야 하고, 종업원들의 사기를 앙양할 수 있는 것이어야 하며, 구체적인 것이어야 한다.

두 번째 단계인 목표의 설정은 기업의 사명을 특정 기간 동안 달성할 수 있는 일련의 목표로 전환하는 것을 말하며, 가능한 한 구체적이어야 한다. 예를 들면 목표를 '시장점유율을 증가시키는 것'으로 하기보다는 '다음해 말까지 시장점유율을 15% 증가시키는 것'으로 하는 것이 보다 유용한 목표가 된다.

세 번째 단계인 기업의 여건분석은 기업의 외부환경을 분석하여 변화하는 환경 속에서 기업에 영향을 미치는 기회요소와 위협요소를 식별하여 자신의 강점과 약점을 연계시키는 과정을 말한다. 즉 주위의 환경변화와 자신의 강 · 약점을 함께 파악하여 강한 점은 최대한 활용하고 약한 점을 보완할 수 있는 전략을 수리하는 과정을 말한다.

네 번째 단계인 사업포트폴리오 설계는 기업의 여건분석을 통하여 자원의 적절한 배분을 결정하는 계획을 말한다. 즉 여건분석을 통하여 변화하는 환경이 제공하는 기회요소를 잘 활용할 수 있는 강점이 있는 사업단위와 제품은 집중적으로 육성하고, 반면에 경쟁기업에 비하여 강점을 보유하고 있지 못한 사업단위나 제품은 포기하고, 여기에 투자되었던 인적 · 물적 자원을 강점이 있는 사업단위나 제품 쪽으로 이동시키는 계획을 말한다. 사업단위를 결정하는 방법으로는 BCG매트릭스, GE매트릭스 등이 많이 이용되고 있다. 기존의 사업단위를 중심으로 분석하는 사업포트폴리오 분석이 끝나면 신규시장, 신제품 또는 전략사업단위의 도입 등을 포함하는 성장전략을 개발하여야 한다. 기업의 성장전략은 집중적 성장전략, 통합적 성장전략 그리고 다양화 성장전략 등의 세 가지 유형이 있다. 집중적 성장전략은 기존의 조직이나 기구를 가지고 기존의 제품이나 시장을 보다 잘 활용하거나 새로운 시장이나 제품을 개발하여 성장기회를 이용하려는 전략이다. 통합적 성장전략은 마케팅 경로상에 위치하고 있는 다른 조직이나 기구를 통합하여 성장기회를 이용하려는 전략이다. 다양화 성장전략은 기존의 마케팅경로 밖에 위치하고 있는 사업단위에 진출하여 성장기회를 이용하려는 전략을 말한다.

다섯 번째 단계는 각 사업단위 내에서 마케팅, 재무, 인사, 생산 및 기타 부서 등의 각 기능부서들이 수행해야 할 전략적 계획을 수립하는 단계이다. 이 과정에서 각 기능부서들은 나름대로의 독자적인 목적과 활동을 필요로 한다. 예를 들면 마케팅부서에서는 고객과의 교환에 초점을 두고 있으며, 기타의 부서에서는 각기 다른 사안을 강조하고 있다. 이러한 사실은 부서 간에 갈등이 발생할 소지를 암시하고 있다. 따라서 마케팅 관리자는 고객의 욕구충족을 위하여 기업 내 모든 기능부서가 협동할 수 있도록 통합적 역할을 수행하여야 한다.

제4장 관광마케팅 환경

제1절 관광마케팅 환경의 의의

관광기업의 마케팅 환경이란 기업의 표적고객과 성공적인 관계를 맺고 유지하는 데 필요한 마케팅 관리자의 능력에 영향을 미치고 있는 마케팅 외부의 모든 세력과 영향력을 말한다.

이러한 마케팅 환경을 분석하는 목적은 시장에서 자사의 시장 기회와 위협요소를 찾아내고 마케팅의 전략과제를 밝혀내는 데 있다. 마케팅 환경 분석은 크게 외부 분석과 내부 분석으로 나누어진다. 한편 시장 기회는 마케팅 환경 속에 '있는 것'이 아니라, 발견한 사실을 바탕으로 '만들어내는 것'이다. 사회에는 다양한 환경요인이 존재하며 그 요인들은 끊임없이 변화하고 있다.

개인이나 기업, 그 밖의 단체들도 이러한 환경 변화로부터 좋건 싫건 유형이든 무형이든 영향을 받으며 다양한 활동들을 벌이고 있다. 좀더 보람 있는 인생을 살고자 노력하는 사람들은 시대의 변화라는 싹을 일찌감치 감지하고서 적극적으로 노력하여 결실을 맺지만, 주위 상황에 떠밀려 가는 사람은 무슨 일에나 대응이 늦다. 기업 경영에서도 마찬가지다.

환경 변화에 늘 민감하며 자신의 강점과 약점을 새로운 환경 아래 재평가하는 유연한 능력을 갖추지 못한다면 경쟁에서 뒤처지고 말 것이다. 따라서 경쟁에서 살아남기 위해서는 정확한 마케팅 환경 분석이 필수적이다.

끊임없이 변화하는 마케팅 환경을 정확하게 파악하고 필요한 정보를 취사 선택하여 그것들을 깊은 통찰력을 갖고 해석함으로써 시장 기회와 위협을 찾아내고 마케팅 전략 과제를 다듬어낼 필요가 있다. 마케팅 분석은 고객 분석(customer)과 경쟁사 분석(competitor), 자사에 대한 내부 분석(company)의 세 가지를 3C분석이라고 한다.

제2절 거시적 환경

미시적 환경요소들은 기업에게 기회요소와 위협요소를 동시에 제공하는 보다 넓고 광범위한 영향을 미치고 있는 거시적 환경의 틀 속에서 관리되지 않으면 안된다. 따라서 거시적 환경 분석의 목적은 환경으로부터의 기회요소와 위협요소를 발션하는 데 있다. 기회요소의 발견은 변화하는 환경 가운데서 자신이 활용할 수 있는 특별한 기회요소를 발견하는 것이다. 경영환경은 지속적으로 변화하기 때문에 어제 없었던 기회요소가 오늘에 있을 수 있고, 오늘의 변화 추세 속에서 내일의 기회를 예측할 수도 있다. 반면에 위협요소의 발견은 기업의 생존과 성장에 위협이 될 수 있는 사태전개를 사전에 발견하여 위험을 극복하려는 것이다.

그림 4-1 거시적 환경요인

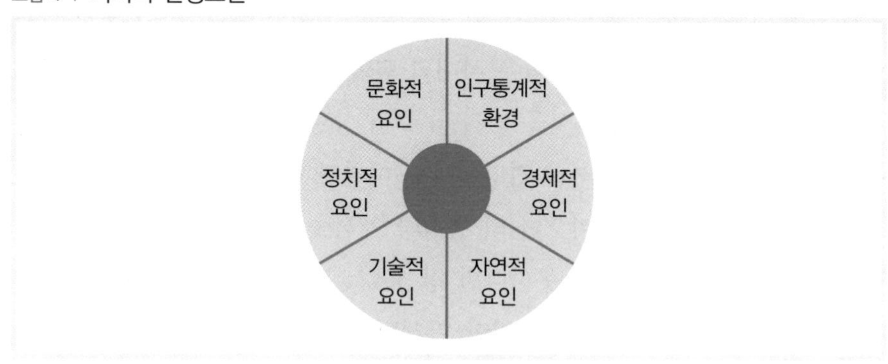

거시적 환경 분석은 이와 같이 중·장기적인 기회요소와 위협요소의 발견을 가능하게 해줌으로써, 마케팅 관리자에게는 일종의 조기 경보시스템으로서의 역할을 수행해 주고 있다고 할 수 있다. 이러한 거시적 환경요소들은 [그림 4-1]에서 볼 수 있는 바와 같이 6가지 요소로 구성되어 있다.

1. 인구통계적 환경

인구통계란 인구의 규모, 밀도, 지리적 분포, 연령별 구조, 성별 구조, 인종별 구조, 직업별 구조, 기타의 통계적 구조에 대해서 연구하고 조사하는 것을 말한다. 기업의 매출이나 이익에 영향을 미치는 가장 중요한 요인이 시장의 크기와 그 시장을 구성하고 있는 구매자의 특성이기 때문에 인구통계적 환경에 대한 연구·조사 활동은 매우 중요하다.

총인구수의 증감은 기업에게 기호와 위협을 동시에 제공해 주고 있다. 왜냐하면 인구증감의 시장 크기에 영향을 미쳐서 기업의 매출액을 결정해 주기 때문이다.

따라서 식품, 의류, 가구 등의 생활필수품을 제조하는 기업의 경우에는 이러한 인구증가율의 둔화가 위협을 주고 있다. 반면에 젊은 부부들은 자녀의 수가 적기 때문에 여행, 외식, 레저 등을 즐기게 되어 이러한 산업의 경우는 인구증가율의 둔화가 오히려 기회를 제공해 줄 수도 있다.

총인구수나 인구증가율의 변화뿐만 아니라 각 연령별 인구구조의 변화도 기업에 심각한 기회와 위협을 제공해 주고 있다.

우리나라의 연령별 인구구조는 1970년까지는 전형적인 피라미드 형태를 보여주고 있으나 1980년부터는 유아층의 비중이 줄어들고 경제활동층인 청년과 중년층의 비중이 늘어나는 다이아몬드형의 구조로 바뀌어가고 있다. 따라서 유아들을 대상으로 하는 분유나 완구를 제조하는 기업의 경우 시장이 축소되고 있기 때문에 제품의 고급화를 통하여 총매출액의 증가를 유도하거나 제품사용 연령층을 확대하여 매출액 감소를 방지하여야 할 것이다.

예를 들면 존슨앤존슨사의 베이비 로션은 표적시장을 유아층으로부터 청소년층과 피부가 민감한 성인층까지로 확대하면서 깨끗하고 순한 화장품으로 소구하여 매출액을 크게 늘렸다.

한편 우리나라의 경우 소득 수준의 증가와 의료기술의 향상으로 평균 수명이 연장되어 고령인구의 비율이 증가하고 있으며 이러한 추세는 앞으로도 계속될 전망이다. 일반적으로 65세 이상의 고령인구가 전체 인구에서 차지하는 비율이 14%를 넘으면 고령화 사회라고 한다.

과거 우리나라의 노인들은 구매력이 없거나 노후에 자식에게 의존하고 있었지만 최근에는 노후보험, 연금제도, 핵가족화 등으로 인하여 노인들의 구매력이 급속하게 증가되고 있다. 따라서 노인을 표적시장으로 하고 있는 여행업계는 노인 관광상품의 수요가 증가될 것을 예상하고 있다.

인구수와 가구당 가구원수도 기업에게 기회와 위협요소가 될 수도 있다.

우리나라의 가족 구성은 과거의 대가족에서 핵가족으로 빠른 변화를 하고 있다. 가구수가 증가하고 핵가족 가구수와 독신가구의 수가 증가하는 것은 외식산업을 증대시키고 있다. 또한 초혼연령이 높아지고 이혼율이 증가함에 따라 독신 가구수가 늘어나고 있다. 이들 독신자층은 독특한 라이프스타일을 형성하고 있기 때문에 레저와 오락 등에 대한 구매를 증가시키고 있다.

이 밖에도 인구통계적 변수로는 지역별, 교육수준별, 소득수준별, 직업별, 가족생활주기별 인구구조를 들 수 있는데, 이러한 변수 모두는 시장세분화 수단으로 이용되고 있기 때문에 기업에게 기회와 위협요소를 제공하는 요인으로 작용하고 있다. 따라서 마케팅 관리자는 이러한 인구통계적 변수의 변화 방향과 강도를 면밀히 연구·조사하여 이에 적절히 적응하는 노력을 지속하여야 한다.

2. 경제적 환경

시장은 인구수나 인구구조뿐만 아니라 그들의 구매력에 의하여 결정된다. 따라서 시장의 구매력을 결정해 주는 경제적 환경을 연구·조사하는 일이 매우 중요하다.

경제적 환경이란 소비자의 구매력과 소비구조에 영향을 미치는 모든 요인을 말한다.

마케팅 관리자가 관심을 가지고 연구·조사하여야 할 경제적 환경으로는 다음과 같은 몇 가지 요인이 있다.

첫째, 국민소득 증가율이다. 소비자들은 국민소득의 증가로 구매력이 높아지자 그동안에 쌓였던 욕구를 주로 제품의 양적 소비를 통하여 충족하고자 하였다. 그러나 지속적인 소득의 증가와 교육수준의 향상은 소비자의 가치관을 변화시켜서 소비패턴의 변화를 가져오게 되었다. 일반적으로 경기가 침체되면 소비자는 꼭 구매해야 할 필수품만을 구매하며, 급하지 않은 구매는 연기하기 때문에 관상상품의 구매는 급속히 줄인다.

둘째, 소비구조의 변화이다. 소득수준이 변함에 따라 제품이나 서비스에 대한 수요구조에 변화가 일어난다. 교양오락비, 교통통신비, 가구집기비용 등은 크게 증가하는 추세에 있다. 이러한 추세는 건강이나 개인생활을 중시하는 가치관의 변화와 함께 앞으로 스포츠나 레저에 관련된 업종이 각광받을 것이란 예측을 가능하게 해준다. 실제로도 최근에 와서 스포츠나 레저시장이 크게 성장하고 있다. 한편 교통통신비의 증가는 자가용이 많이 늘어나고 컴퓨터 사용증가에 따른 관광에 대한 수요의 증가에 기인하고 있으며, 앞으로도 이러한 추세는 지속될 것으로 예상되고 있다.

셋째, 가계수지 동향이다. 가계수지 동향은 실질소득 증가율과 실질소비 증가율을 대비하는 개념으로서 제품의 구매력과 직접적인 관계가 있기 때문에 이에 대한 분석도 매우 중요하다. 최근 들어 가계소득의 증가추세는 둔화된 반면 과거의 소비행태 때문에 소비수준은 같은 비율로 줄어들지 않는다는 이른바 소비의 '톱니효과'가 나타났기 때문이다. 소비의 톱니효과는 전체적인 시장규모의 축소는 나타나지 않지만 소비구조는 변화되고 있다. 예를 들면 기본적 지출인 가구·가사용품비, 피복·신발비, 식료품비 등의 지출 증가율이 낮은 반면에 개인교통비, 외식비, 교육비 등 사회·문화적 성격의 지출은 크게 늘어난 것으로 나타나고 있다.

3. 자연적 환경

스키는 겨울 스포츠의 꽃이라고 이야기한다. 하얀 설원에서 즐기는 속도감과 원색의 의상들이 너무 멋있다. 이러한 스키장은 대부분 북쪽을 향하고 있다. 스키장이 남쪽이면 햇빛에 노출되는 시간이 너무 많아 눈이 빨리 녹기 때문에 우리나라의 스키장은 모두 북쪽을 향하고 있다. 따라서 이는 우리나라에서 스키장을 하는 리조트들이 살아남기 위한 방법이다. 겨울이 짧은 우리나라에서 스키장은 기껏해야 3개월에서 길어도 4개월을 넘기지 못하는 짧은 기간 동안만 개장이

가능하다. 스키장의 입장에서는 가뜩이나 짧은 겨울인데 그나마 따뜻한 남쪽으로 슬로프를 위치하게 하여 눈이 쉽게 녹아버린다면 스키장의 개장기간은 더욱 짧아질 것이고 매출 또한 감소할 것이다. 이러한 이유로 우리는 겨울의 찬 북서풍을 가르며 스키를 타야만 하는 것이다.

이처럼 자연이라는 외부환경에 의해 리조트의 운영은 많은 제약을 받는다. 따라서 리조트는 스키장을 건설할 때 가장 먼저 자연환경을 고려한다. 이처럼 자연의 제약을 받기도 하지만 자연을 보호하기 위해 리조트는 전략을 바꾸기도 한다.

공해물질의 배출을 줄이기 위한 노력 등이 그린 마케팅이라는 용어로 나타난다. 이는 환경에 영향을 받는 수동적인 측면에서 환경보호를 강조하여 환경을 지키려는 능동적인 측면이 강조되는 것이다.

4. 기술적 환경

기술적 환경이란 새로운 기술을 창조하는 새로운 제품과 시장기회를 창조하는 데 영향을 미치는 모든 영향력을 말한다. 이러한 기술적 환경이야말로 오늘날 관광기업의 운명을 결정하는 가장 극적인 요인이 되고 있다. 즉 새로운 기술은 새로운 산업을 탄생시키기도 하고 기존의 산업을 소멸시키기도 한다.

18세기 산업혁명 이후 기술은 엄청난 속도로 발전해 왔고 기술의 발달에 따라 많은 산업이 명멸을 같이하였다. 특히 기술의 발달이 관광산업에 미치는 영향을 살펴보면 다음과 같다.

첫째, 교통수단의 발달이다. 특히 이동을 전제로 하는 관광이 교통수단에 의존하여 이루어진다는 측면에서 항공산업을 비롯한 교통수단의 발달은 관광산업을 혁명적으로 발전시켰다. 이러한 교통수단은 관광객에게 공간적 거리와 시간적 거리를 단축시켰다. 또한 교통수단의 발달은 관광객에게 편리하고 안전한 이동이 가능하다는 인식을 주어 관광수요 증가에 크게 기여하였다.

둘째, 인터넷 보급의 확산이다. 오늘날 관광정보의 원천은 인터넷으로 옮겨가고 있는 추세이다. 따라서 21세기 지식기반사회는 인터넷을 통한 새로운 정보유통을 창출하며 공급자 중심의 시대에서 소비자 중심의 시대로 전환되면서 정보화의 필요성과 중요성이 대두되고 있는 실정이다. 특별히 관광산업에 있어서 정보화는 인터넷 사용 증가로 소비자들의 정보 수집이 가능해짐으로써 더욱 활발하게 이뤄질 것으로 예견된다. 이에 따라 다양한 관광자원의 개발을 통해 소비자들의 기대에 부응하고 정보를 통한 여행의 가치 증대를 더욱 증진시켜야 하는 것이 요구된다.

셋째, 정보통신의 발달이다. 오늘날 위성통신의 발달로 인해 다양한 통신상품이 개발되고 있다. GPS나 내비게이션 등의 상품은 우리들로 하여금 초행길도 안심하고 안전하게 운전할 수 있도록 도와주는 상품이다. 내비게이션 시스템의 발달로 운전자에게 친절한 도로 안내자나 다름없는 이 시스템 덕분에 도로 상황에 미숙한 초보 운전이나 초행길 운전이 보다 쾌적해졌다. 이러한 상품의 발달은 센서방식과 인공위성을 이용하는 방식으로 되어 있는데, 미국 국방성이 띄워 올린 인공위성의 신호를 이용한 위치측정 시스템을 활용하고 있다. 덕분에 차량의 폭증으로 인한 교통체증이 완화되어 관광에 큰 효과를 준다.

또한 CRS의 발달과 보급은 이전에 일이 수작업으로 이루어진 복잡한 예약·발권 업무를 CRS가 대체하면서 여행사 직원들은 보다 편리하고 정확하게 업무를 진행할 수 있게 되었으며, CRS는 여행사, 항공사, 고객을 연결하는 정보유통수단으로서 그 중요성을 더하고 있다.

그리고 관광전자상거래의 활성화이다. 여행사들의 IT 산업부문과 전자상거래 관련 투자로 인해 야기된 생산성 향상과 고객서비스의 질적 확대로 대표되는 이른바 디지털 경제시대에 관광전자상거래 활성화 전략을 모색하고 있다.

관광전자상거래는 관광상품 구매의 편의성을 가지고 있고 일부 온라인 여행사의 경우 오프라인 여행사보다 20%까지 가격을 인하시키고 있다.

반면 기술의 발달은 관광산업 내의 조직에도 크게 영향을 미쳤다. 항공, 철도, 호텔, 리조트, 외식수요의 증가와 더불어 사업체의 수가 급속하게 증감했음에도 불구하고 고용의 수는 상대적으로 증가하지 않았다. 그 이유는 많은 요인에서 찾을 수 있지만 가장 큰 요인은 업체 운영에 정보기술(information technology)을 적극적으로 도입했기 때문이다. 이는 관광기업의 측면에서는 인건비 절감을 비롯하여 운영비 절감의 많은 효과를 거두었지만 산업적 측면에서는 고용확대의 효과가 별로 나타나지 않는 거시적 측면의 부작용도 나타났다.

5. 정치적 환경

정치적 환경이란 특정 사회의 조직이나 개인에게 영향을 미치거나 이들의 활동에 제한을 가하고 있는 법률, 정부기관 그리고 압력집단 등을 말한다. 정부가 법을 정하여 기업의 활동을 제한하는 데에는 다음과 같은 세 가지 목적이 있다. 첫째는 기업 상호 간의 관계에서 약한 기업을 보호하기 위한 것이다. 이것은 부당한 경쟁을 함으로써 경쟁업체에게 피해를 주기 때문에 이를 방지하기 위하여 규제하는 것이다. 두 번째 목적은 불공정한 기업행위로부터 소비자를 보호하는 것이다. 불량품 생산, 과대광고, 속임수 포장, 가격조작 등의 부당한 방법으로 이익을 취하려는 일부 기업들의 관습과 태도를 규제하여 소비자를 보호하려는 것이다. 세 번째 목적은 자의적인 기업행동으로부터 사회의 이익을 보호하려는 것이다. 국민소득이 증가한다고 하더라도 환경오염이 심화됨에 따라 대중생활의 질은 오히려 악화될 수도 있다. 그 이유는 대부분의 기업들이 생산활동으로 인하여 발생하는 사회비용을 부담하지 않고 사회에 전가하기 때문이다. 따라서 정부에서는 법률을 제정하여 사회이익을 보호하려는 노력을 강화하고 있다.

그러나 기업활동에 대한 이러한 규제가 항상 그 목적과 부합되는 것은 아니다. 다시 말하면 규제를 위한 법률이 반드시 공정하게 시행된다는 보장은 없으며 합법적인 기업을 해칠 수도 있고 새로운 시장의 개척이나 투자의욕을 저하시킬 수도 있으며 소비자에게도 편의보다는 불편을 줄 수도 있다.

6. 문화적 환경

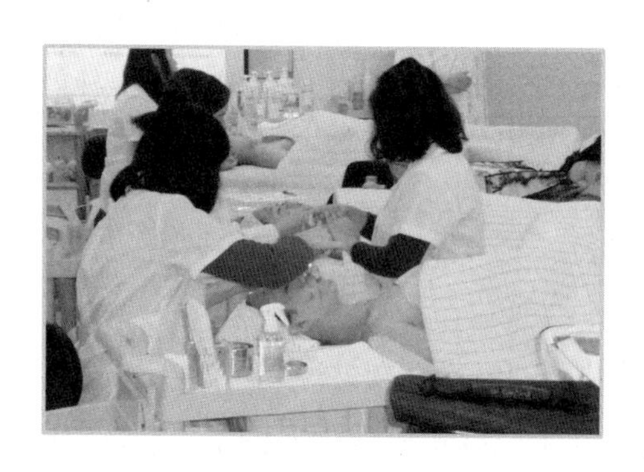

문화적 환경이란 특정 사회의 기본적 가치관, 인식, 선호성 그리고 행동 등에 영향을 미치고 있는 모든 제도(institutions)나 영향력(forces)을 말한다. 사람들은 특정 사회 속에서 성장하며, 그 사회는 사람들에게 기본적인 신념이나 가치관을 만들어 준다. 또한 사회는 사람들에게 그들과 타인의 관계를 정립해 주는 세계관을 형성해 준다. 문화의 구성요소는 매우 복잡하지만 마케팅 관리자의 의사결정에 가장 많은 영향을 미치는 요소는 문화적 가치관이다. 그 이유는 문화적 가치관이 소비자 욕구의 형태나 강도에 영향을 미치고, 이것이 소비자행동에 큰 영향을 미치기 때문이다.

이러한 문화적 가치관은 다음과 같은 두 가지 특징이 있다.

첫째, 핵심적 신념이나 가치관은 지속성이 있기 때문에 좀처럼 변화하지 않는다. 예를 들면 최근 노인수의 증가와 더불어 여행업계는 노인을 대상으로 한 실버 여행상품 개발에 열을 올리고 있다. 그러나 노인들은 여행 중 주식을 쌀밥 대신 다른 식품으로 바꾸려는 노력이 쉽지 않다. 따라서 여행상품을 개발하는 데 많은 어려움이 있다. 이것은 노인들이 태어나 살면서 부모, 정부, 학교 등의 준거집단으로부터 쌀밥이 주식이라는 핵심적 가치를 배웠고 강화되었기 때문이다.

둘째, 2차적 신념이나 가치관은 보다 잘 변화하는 경향이 있다. 예를 들면 웰빙 · 웰루킹에 의한 건강에 대한 관심이 높아지고 있다. 외모지상주의의 확산과 건강에 대한 관심이 결합되면서 미용, 헬스, 성형, 쇼핑 등 외모 가꾸기와 관련한 소비형태들이 확산되고 있다. 외모가 또 다른 권력이 되면서 보다 젊게, 보다 예쁘게 자신을 가꾸고자 하는 노력이 사회 전반에서 일어나고 있으며, 외모지상주의적 사회분위기가 젊은 세대뿐만 아니라 중 · 장년층의 라이프스타일에도 영향을 미치고 있다. 최근 외식업계나 호텔의 메뉴상품이 변화하고 있고, 여행업계에서는 의료관광상품의 인기가 높은 것이 좋은 예이다.

제3절 미시적 환경

미시적 환경이란 기업이 소속된 산업과 관련된 환경요인을 말한다.

기업의 미시적 환경을 구성하고 있는 요인들은 기업의 내부부서(마케팅 이외의 다른 부서), 공급업자, 중간상, 고객, 경쟁업자, 공중 등 미시적 환경요소의 변화를 주시하여 여기에 맞게 4P's를 조정함으로써 고객의 욕구를 충족시킬 수 있으며, 이를 통하여 표적고객과 교환관계를 유지시킬 수 있다. 이하에서는 미시적 환경의 구성요소에 대해서 보다 구체적으로 설명하고자 한다.

1. 기업내부

관광기업도 일반직업과 마찬가지로 마케팅 관리자가 마케팅 계획을 수립하려면 기업 내부의 여타 부서를 고려해야 한다. 즉 호텔기업을 예로 들면 최고경영층, 객실부, 식음료, 구매부, 인사부, 총무부 그리고 회계부 등을 고려하여야 한다. 이처럼 마케팅 계획의 수립에 영향을 미치고 있는 기업 내부의 상호 관련 부서를 기업 내부환경이라고 한다.

기업의 최고 경영층은 기업의 사명, 목적, 전략 그리고 정책을 수립하고, 마케팅 관리자는 최고 경영층이 수립한 정책의 범위 내에서 의사결정을 하여야 하며, 의사결정 내용을 실천하기 전에 최고 경영층의 승인을 받아야 한다.

또한 마케팅 관리자는 기업 내부의 다른 부서와도 긴밀한 협조관계를 유지하여야 한다. 예를 들면 재무부는 마케팅계획을 실행하는 데 필요한 자금을 조달하여 배분하기 위하여 마케팅부와 긴밀한 협조관계를 유지하여야 한다. 객실부 및 식음료부는 최상의 상품과 서비스로 고객의 호감을 끄는 데 마케팅부와 협조하여야 하며, 주방은 고객에게 위생적이며 질 좋은 음식을 생산하기 위하여 마케팅부의 계획 수립과 수립된 계획의 실행에 영향을 미치고 있다.

마케팅개념에 의하면 이러한 기업 내부의 모든 부서는 소비자를 생각하면서 보다 나은 고객 가치와 고객 만족을 제공하기 위하여 조화롭게 노력하여야 한다.

2. 공급업자

공급업자는 관광기업이 상품이나 서비스를 생산하는 데 필요한 자원(원료, 부품, 반제품, 완제품 등)을 조달해 주는 개인이나 기업을 말한다. 이러한 공급업자는 관광기업이 고객에게 고품질의 상품과 서비스를 제공하는 데 중요한 역할을 한다. 예를 들어 호텔의 경우 해산물은 변함없이 신선한 것이 꾸준히 들어와야 하며, 스테이크의 경우도 육질이 충분히 좋은 것을 공급할 수 있는 공급업체가 필요하다.

항공사의 경우 기내에서 먹는 음식의 경우도 늘 신선한 것을 공급하는 공급업체가 마찬가지로 필요하다. 만일 이러한 재료들 중에서 한 가지라도 원하는 시간에 원하는 품질의 제품을 원하는 수량만큼 공급받지 못한다면 호텔의 마케팅계획에 심각한 영향을 미치게 될 것이다. 또한 마케팅 관리자는 이러한 재료들의 가격 변화 추세에도 주시할 필요가 있는데, 그 이유는 투입요소의 가격인상은 제품 가격의 인상을 초래하여 판매량에 영향을 미칠 것이기 때문이다.

3. 마케팅 중개기관

마케팅 중개기관이란 기업이 최종구매자에게 제품을 판매, 촉진 그리고 분배하는 데 도움을 주는 모든 개인이나 기업을 말한다. 예를 들면 중간상이 여기에 해당된다.

중간상은 기업이 고객을 찾아서 그들에게 제품을 판매하는 일을 도와주는 유통경로를 말한다. 예를 들면 제품을 구매하여 다시 판매하는 도매업자나 소매업자가 여기에 해당된다.

오늘날 여행도매업자, 여행소매업자들이 이와 같은 일을 수행하고 있다. 즉 여행도매업자는 항공상품, 호텔상품, 기타 관광목적지의 매력물을 조합하여 여행소매업자에게 판매하고 있다. 항공사는 여행사와 제휴를 맺어 자신들의 항공상품을 판매하게 하고 일정액의 마진을 보장하고 있다.

그러나 최근 인터넷의 보급과 더불어 CRS발달은 고객이 기업에 접속해 직접 예약하고 구매할 수 있으며, 값싸게 구매할 수 있는 장점으로 인해 직접구매가 늘어나고 있어 중간상의 설자리가 점점 줄어들고 있는 실정이다.

4. 고객

관광기업의 성공 여부는 고객의 욕구를 경쟁 기업에 비하여 보다 효율적으로 충족시킬수 있느냐에 달려 있다. 따라서 관광기업은 그들이 목표로 하고 있는 고객시장을 면밀히 분석하여야 한다. 관광기업이 상대로 하고 있는 고객 시장은 다음의 [그림 4-5]에서 보는 바와 같이 크게 5가지 형태로 구분할 수 있다.

① 소비자시장 : 개인적인 소비를 목적으로 제품이나 서비스를 구매하는 개인이나 가구를 말한다.

② 산업시장 : 제품생산과정에 사용하거나 추가적인 가공을 목적으로 제품이나 서비스를 구매하는 모든 개인이나 기업을 말한다.

③ 재판매업자시장 : 이익을 남기고 다시 판매할 목적으로 제품이나 서비스를 구매하는 모든 개인이나 기업을 말한다. 여행업체들이 여기에 해당된다.

④ 정부시장 : 공공 서비스를 생산하거나 제품이나 서비스를 필요로 하는 다른 정부기관에 넘겨줄 목적으로 제품이나 서비스를 구매하는 모든 정부기관을 말한다.

⑤ 국제시장 : 해외에 있는 소비자, 산업시장, 재판매업자 그리고 정부를 포함한 모든 구매자를 말한다.

이러한 다섯 가지 형태의 시장들은 각기 고유한 시장 특성을 지니고 있기 때문에 각 시장에 대한 면밀한 조사가 필요하며, 시장특성의 파악 여부가 기업의 판매나 이익에 많은 영향을 미치고 있다. 따라서 기업은 고객환경을 지속적으로 탐색하여 이에 적응하려는 노력이 필요하다.

5. 경쟁업자

마케팅개념에 의하면 관광기업이 성공하기 위해서는 경쟁자에 비해서 보다 큰 고객 가치와 고객 만족을 제공할 수 있는 능력을 가지고 있어야 한다. 따라서 관광기업은 표적고객의 욕구에 단순히 적응하는 것 이상의 노력을 경주하여야 한다. 다시 말하면 경쟁에 이기기 위하여 소비자의 마음속에 자사 제품을 경쟁사 제품보다 유리한 위치에 포지셔닝함으로써 전략적 우위를 유지하려는 노력이 필요하다.

이러한 전략적 우위를 확보할 수 있는 모든 기업에 적합한 단일의 경쟁전략이 있는 것은 아니다. 따라서 각 관광기업은 경쟁기업과 비교하여 자신의 규모나 산업 내 위치를 고려하여 자신에게 적합한 경쟁전략을 수립하여야 한다. 예를 들면 특정 산업 내에서 지배적 위치를 차지하고 있는 대기업은 소규모 기업이 채택할 수 없는 특정 전략을 구사할 수 있다. 그러나 기업의 규모가 크다는 것만으로는 충분치 않다. 대기업의 경우 승리하는 전략을 구사할 수 없는 불리한 점도 있다. 반면에 소규모 기업도 대기업보다 더 높은 투자수익률을 누릴 수 있는 전략을 개발할 수 있다.

따라서 관광기업은 자신들에게 맞는 적합한 마케팅 전략을 개발하여 경쟁기업과 비교하여 경쟁적 우위를 누리는 일이 매우 중요하다. 따라서 기업은 경쟁자가 누구이며, 그들의 경쟁전략, 생산원가, 가격경쟁, 촉진정책 등의 모든 마케팅 전략 면에서 강점과 약점을 분석하여 이에 적응하려는 노력이 지속적으로 유지되어야 한다.

6. 공중

공중이란 관광기업이 자신의 목적을 달성할 수 있는 능력에 실제적 혹은 잠재적 영향을 미치거나 이러한 능력에 실제적 혹은 잠재적 관심을 가지고 있는 모든 집단을 말한다. 기업의 마케팅 환경에 포함되어 있는 공중에는 다음과 같이 여러 가지 형태가 있다.

① 금융기관 : 금융기관은 자금을 조달하려는 기업의 능력에 영향을 미치고 있는 공중이다. 은행, 투자회사, 증권회사 등이 여기에 속한다.

② 언론매체 : 언론매체란 뉴스, 특징 그리고 편집된 의견을 전달해 주는 공중을 말한다. 신문, 잡지, 라디오 그리고 TV 등이 미치고 있음은 물론이다. 따라서 기업은 언론매체가 자신의 목적 달성을 위하여 협조할 수 있도록 노력하여야 한다.

③ 정부 : 정부의 정책, 제도, 규정 등이 기업의 목적 달성 능력에 심각한 영향을 미치기 때문에 기업은 정부정책 등의 변화를 면밀히 분석하여 이에 적응하려는 노력을 지속적으로 경주하여야 한다. 예를 들면 제

품의 안전성, 광고의 진실성 등에 대한 정부의 규제가 강화되는 환경 변화에 직면하여 기업은 여기에 적절하게 대응하지 않고는 자신의 목적을 달성할 수 없을 것이다.

④ 시민행동단체 : 기업은 소비자보호단체, 환경운동단체, 기타 시민행동단체 등의 반응을 고려하여 마케팅 의사결정을 내려야 한다. 오늘날 시민사회에서는 이러한 시민행동단체가 기업의 목적 달성은 물론 국가의 목적 달성에도 큰 영향을 미치기 때문에 기업은 이들의 행동 강령과 입장을 고려하면서 마케팅 의사결정을 내려야 한다.

⑤ 지역사회 : 모든 기업들은 제품을 생산 · 판매하는 지역 내의 주민, 단체 그리고 기관 간의 유대관계를 유지하는 일이 매우 중요하다. 왜냐하면 지역사회와의 유대관계가 기업의 생산과 판매활동을 포함하여 기업의 목적 달성에 큰 영향을 미치고 있기 때문이다.

⑥ 일반 공중 : 일반 대중의 당해 기업에 대한 이미지는 제품의 구매에 영향을 미치기 때문에 기업은 자신의 제품이나 활동에 대한 일반 공중의 태도에 관심을 가져야 한다.

⑦ 내부공중 : 기업의 내부공중은 노동자, 관리자, 이사 그리고 자원봉사자 등을 포함하고 있다. 대기업의 경우 사보나 기타의 여러 가지 수단을 이용하여 내부공중에게 기업에 관한 정보를 제공하거나, 내부공중의 동기를 유발하고 있다. 이는 내부공중이 자신이 근무하고 있는 기업에 대하여 호감을 가지고 있을 때 이러한 긍정적인 태도가 외부공중에게도 전파되기 때문이다.

기업은 표적시장을 대상으로 마케팅 계획을 수립할 수 있는 것과 마찬가지로 이러한 주요 공중을 대상으로 마케팅 계획을 수립할 수 있다.

예를 들면, 기업이 특정 공중으로부터 특정 반응(호감, 긍정적 구전, 기부 등)을 얻기 원한다면 이러한 반응을 얻을 수 있는 어떤 제공물을 설계하여 그 공중에게 제공하여야 한다.

제5장 소비자행동분석

제1절 소비자행동

1. 소비자행동분석의 의의

마케팅의 기초가 되는 가장 기본적인 개념은 고객의 욕구와 필요를 파악하여 이를 충족시켜 주는 과정이다. 따라서 기업은 고객의 욕구와 필요의 본질을 파악하여 마케팅전략을 수립하여야 한다. 그러나 구매행동은 단순한 것이 아니다. 그것은 여러 가지 요인의 영향을 받는다. 그 구조를 파악하는 것은 마케팅에 있어서 필수불가결한 조건이다.

소비자구매행동이란 최종소비자, 즉 개인적인 소비로서 제품 및 서비스를 구입하는 개개인과 기관에 대한 구매행동을 가리킨다. 그리고 소비자시장은 개인적인 소비를 위하여 제품 및 서비스를 구입하든가, 획득하든가 하는 모든 개인과 기관으로 구성된다. 따라서 마케팅 관리자들은 소비자들과 교환관계를 창조하고 유지하기 위해서는 소비자들이 시장에 제공되는 다양한 마케팅 믹스에 대하여 어떠한 반응을 보이고 있는지와 소비자들이 어떠한 과정을 거쳐서 제품이나 서비스를 구매하고 있는지를 이해하여야 한다. 즉 소비자가 누구이며 소비자가 언제, 어디서, 왜, 어떠한 과정을 거쳐서 구매하는지 등을 알지 못한다면 기업은 제품, 가격, 촉진, 유통 등의 마케팅활동, 나아가서는 모든 기업활동을 수행할 수 없으며 기업의 목적 또한 달성할 수 없을 것이다.

따라서 마케팅 관리자는 소비자와 관련된 정보와 이에 영향을 미치는 요인들을 파악함으로써 소비자를 몇 개의 세분시장으로 분류하고 이 중에서 표적시장을 선정하여 그에 적합한 마케팅 전략을 수립하여 실천할 수 있을 것이다. 여기에 소비자행동분석의 의의가 있다.

표 5-1 소비자행동분석을 통하여 얻어야 하는 정보

1. 소비자들은 무엇을 사는가?(상표, 제품의 특성, 구매량, 사용상황)
2. 소비자들은 어디서 구입하는가?(항공사, 여행사, 인터넷)
3. 소비자들은 언제 구매하는가?(일년 · 한달 · 일주일에 몇 번, 혹은 매일)
4. 소비자들은 어떻게 선택하는가?(의사결정과정, 사용하는 정보원천)
5. 소비자들이 특정 제품을 선택하는 이유는?(상표, 기능적 특성, 서비스, 이미지)

2. 소비자행동모델

기업 측의 마케팅자극에 소비자들이 어떻게 반응하고 있는지를 알아야 한다. 즉 자사가 제공하는 제품, 가격, 광고 소구점 등에 대하여 소비자들이 어떻게 반응할 것인가를 알고 있는 기업은 경쟁사에 비하여 기업이 추구하는 목적달성이 훨씬 용이할 것이다.

따라서 마케팅 관리자는 마케팅자극에 대해 소비자의 반응이 어떠한 과정을 거쳐서 나타나며 이러한 반응에 영향을 미치는 요인들이 무엇인가를 조사하는 데 중점을 두고 있다. 그러한 조사의 출발점은 [그림 5-1]에 제시되어 있는 소비자행동의 자극-반응모델(stimulus-response model)이다.

그림에서 보는 바와 같이 마케팅 자극물이나 기타 자극물이 소비자들의 블랙박스에 들어가 특정 반응을 일으키게 된다. 따라서 마케팅 관리자는 소비자들의 블랙박스에 무엇이 들어 있는지를 알아내야 한다. 그동안 많은 마케팅학자들이 소비자행동모델을 만들어 소비자의 블랙박스 안에 무엇이 들어있는지를 알기 위하여 많은 노력을 해왔다.

그림 5-1 소비자행동의 자극-반응모델

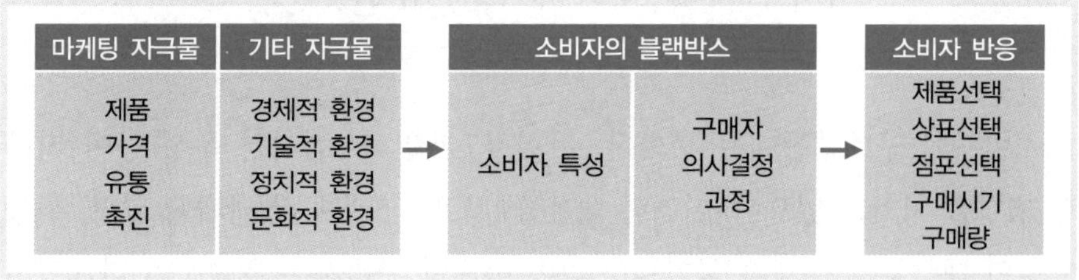

마케팅 자극물	기타 자극물		소비자의 블랙박스			소비자 반응
제품 가격 유통 촉진	경제적 환경 기술적 환경 정치적 환경 문화적 환경	→	소비자 특성	구매자 의사결정 과정	→	제품선택 상표선택 점포선택 구매시기 구매량

그림의 왼쪽에 있는 마케팅 자극물은 4P's, 즉 제품, 가격, 유통 그리고 촉진으로 구성되어 있다. 기타의 자극물은 소비자에게 영향을 미칠 수 있는 중요한 세력이나 사건으로 경제적 · 기술적 · 정치적 · 문화적 환경을 포함하고 있다. 이러한 투입요소들은 소비자의 블랙박스에 들어가서 여러 가지 과정을 거친 후에 관찰가능한 일련의 반응, 즉 제품선택, 점포선택, 구매시기나 구매량 등으로 나타난다. 그 결과가 그림의 오른쪽에 나타나 있다.

마케팅 관리자는 이러한 자극물들이 소비자의 심리상태, 즉 블랙박스 내에서 어떠한 과정을 거쳐서 눈에 보이는 형태로서의 반응을 일으키는가를 이해해야 한다. 소비자의 블랙박스는 두 가지 부분으로 이루어져 있다. 첫 번째 부분은 소비자들이 자극에 대하여 지각하고 반응하는 방법에 영향을 미치고 있는 구매자특성이고, 두 번째 부분은 소비자행동에 영향을 미치는 의사결정과정 그 자체를 말한다. 본 장에서는 먼저 소비자행동에 영향을 미치는 요소들을 살펴보고 이어서 소비자 구매의사결정을 살펴보고자 한다.

제2절 소비자구매행동의 제 영향요인

소비자의 구매행동에는 문화적 · 사회적 · 개인적 · 심리적 특성 등이 커다란 영향을 미치고 있으며, 이러한 내용들이 [그림 5-2]에 잘 나타나 있다. 이들 요인의 대부분은 통제가 불가능하지만, 마케팅 관리자는 효율적인 마케팅전략을 수립하기 위해 충분히 고려해야 한다.

그림 5-2 구매행동의 제 영향요인

문화적 요인	사회적 요인	개인적 요인	심리적 요인	
문화 하위문화 사회계층	준거집단 가족 사회적 지위와 역할	연령 및 생활 주기단계 직업 경제적 조건 라이프스타일 개성 및 자아개념	동기 지각 학습 신념 및 태도	구매자

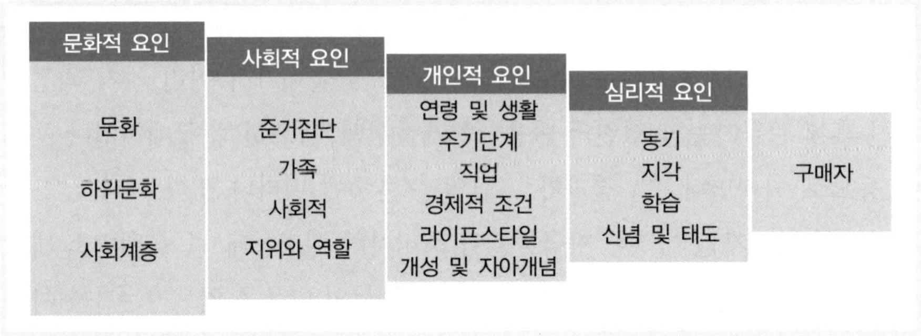

1. 문화적 요인

문화적 요인은 소비자행동에 가장 넓고 깊은 영향을 미치고 있다. 따라서 마케팅 관리자는 문화, 하위문화 그리고 사회계층 등의 문화적 요인들이 소비자행동을 결정하는 데 어떠한 역할을 수행하고 있는지를 알아야 한다.

1) 문화

문화(culture)란 '한 집단을 이루는 사람들의 독특한 생활방식과 생활을 위한 모든 설계'를 말한다. 사회적으로 학습되고 구성원들에 의해 공유되는 모든 것을 포괄한다. 〈표 5-2〉에서 보는 바와 같이 이러한 문화의 구성요소 중에서 구성원들의 행동에 영향을 미치는 가장 핵심적인 요소는 문화적 가치로서 '사회적으로 추구될 가치가 있다고 여겨지는 존재의 일반적인 상태' 또는 '그 사회의 구성원들이 공통적으로 바람직하다고 여기는 것'을 의미한다. 이러한 문화적 가치는 사회적으로 결정되며 그 구성원의 행동규범에 영향을 미치므로 다시 구체적인 소비자 행동에 영향을 미친다. 예를 들어 근검절약이라는 가치는 여행객들에게 염가여행상품을 구매하게 하는 행동범위를 가지게 할 것이며, 나아가서 여행객들이 어떠한 여행상품을 어떠한 여행사에서 어떻게 구매할 것인지에 영향을 미친다.

문화는 또한 여러 가지 색상이나 상징들이 함축하는 의미를 결정하므로 그들에 대한 소비자의 반응에 영향을 미친다.

표 5-2 문화의 구성요소

비물질적 구성요소	물질적 구성요소
• 문화적 가치 • 행동규범 • 풍습 • 언어 • 색상/상징의 의미 • 금기(taboo) • 사회제도 • 신념체계(종교 등) • 미학	• 기술수준 • 건축물 • 공예품 • 생활용품

2) 하위문화

어떤 문화에도 보다 소규모의 집단과 하위문화(subcultures)가 존재하고 공통의 경험상황을 기초로 한 가치관을 나누어 갖고 있다. 중국인과 한국인, 일본인, 몽골인 등의 민족집단에는 그들 나름대로의 독자적인 민족적 기호와 관심을 가지고 있다.

천주교와 불교, 기독교 등의 종교를 기초로 하는 집단은 각각 독특한 기호와 금기를 지키며 하위문화를 형성하고 있다. 흑인과 백인의 인종집단도 독특한 문화양식과 태도를 가지고 있다. 예를 들어 기독교 및 천주교, 불교를 믿는 서양인 및 동양인의 관광객은 호텔레스토랑에서 스테이크를 즐겨 찾을 것이나 힌두교를 숭배하는 관광객들은 스테이크를 찾지 않을 것이다.

인도는 '채식주의자의 천국'

인도의 힌두교인들은 소를 신성시해서 소고기를 먹지 않는다. 또 회교도들은 돼지를 불경시해서 돼지고기를 먹지 않는다. 그래서 회교권의 도시에서는 돼지고기를 먹기가 힘들며 반대로 힌두교인들이 많은 도시에서는 소고기 음식 생각이 나도 참는 수밖에 없다.

대신 인도인들은 닭고기와 양고기로 육류 섭취를 대신한다. 그래서 인도 어느 곳을 가든 육류식당에는 닭과 양고기 음식 메뉴들이 차려져 있다.

인도는 남부와 북부의 음식문화의 차이가 크다. 북인도는 무굴제국의 영향을 많이 받아 육류를 먹지만, 남인도는 전통적으로 채식을 고집한다. 시간의 흐름 속에 이러한 차이는 덜 뚜렷해지지만 아직도 인도는 채식주의자들을 위한 메뉴가 가득해 식당도 채식주의자(Vegetarian) 식당과 비채식주의자(non Vegetarian) 식당이 따로 있거나(식당을 들어갈 때 확인하고 들어가자), 일부 식당은 좌석을 따로 배치할 정도이다.

3) 사회계층

오늘날 대부분의 사회에서 직업이나 소득 및 교육수준은 개인의 위엄이나 영향력을 수반하면서 그들의 사회적 지위를 결정하는데 그러한 사회적 지위의 유사성에 따라 구성원들을 범주화한 결과를 사회계층(social class)이라고 부른다. 물론 사회적 지위를 결정하기 위한 근거가 되는 사회적 지원차원의 형태와 각 차원의 가중치는 그 사회의 가치로부터 영향을 받으며, 대체로 전통지향적인 산업사회에서는 혈통의 성별, 연령 등의 생득적(生得的) 지위차원이 강조되는 데 반하여 성취지향적인 산업사회에서는 직업, 소득, 교육수준 등의 성취적(成就的) 지위차원이 강조된다.

마케팅에서 제품은 상징적 속성을 포함함으로써 '사회적 지위의 상징'으로 구매되기도 하는데, 바로 이러한 점은 사회계층에 따라 소비자가 구매할 제품이 달라진다는 사실을 시사하는 것이다. 단지 제품이 사회적 지위의 상징으로서 가치를 갖는지의 여부는 제품계층에 따라 달라질 것이므로 소비자행동에 대한 사회계층의 영향이 제품구체적(product-specific)이라는 데 유의해야 한다. 사회계층은 여행상품의 구매에 있어 많은 영향을 미친다. 예를 들면 항공좌석에 있어서 사회적 지위의 상징으로서 일등석을 구매하거나 고가의 호화여행상품을 구해하는 경향이 뚜렷하다.

2. 사회적 요인

소비자행동은 소비자가 속해 있는 준거집단(reference group), 가족(family) 그리고 사회적 역할과 신분(social roles and status)에 의해서도 영향을 받고 있다.

1) 준거집단

준거집단이란 '규범, 가치, 신념을 공유하며 명시적 또는 묵시적 관계를 가짐으로써 구성원들의 행동이 상호의존적인 2명 이상의 모임'으로 정의되는데, 여러 가지 기준에 따라 다양한 준거집단을 정의할 수 있다. 가족이나 친구, 이웃, 직장동료 등과 같이 일상적으로 만나서 직접적인 영향을 미치는 집단을 1차 준거집단이라 하며 동창회, 협회, 학회 등과 같이 비정기적으로 만나면서 간접적인 영향을 미치는 집단을 2차 준거집단이라고 한다. 또한 개인의 집단 소속 여부와 집단소속에 대하여 개인이 느끼는 요망성에 따라 대체로 〈표 5-3〉과 같은 유형으로 나눌 수 있다. 그러나 소비자들은 대체로 부정적인 것보다는 긍정적인 신념과 태도로 인하여 제품을 구매하기 때문에 긍정적 요망성을 갖는 집단들이 더욱 중요하다.

표 5-3 준거집단의 유형

	긍정적 요망성	부정적 요망성
소 속	긍정적 회원집단	거부집단
비소속	열망집단	기피집단

이러한 준거집단들이 소비자에게 미치는 영향은 크게 세 가지로 대별할 수 있다. 첫째, 소비자들은 준거집단 구성원들의 행동과 의견을 참조하여 자신의 태도나 행동을 결정하는 경향이 있으며, 이러한 영향을 '정보제공적 영향'이라고 한다. 둘째, 소비자들은 자신의 신념과 태도, 행동을 긍정적 준거집단의 것과 일치시키고 부정적 준거집단의 것과 차별화하려는 경향을 갖는데, 이러한 영향을 '동일시영향(또는 비교기준적 영향)'이라고 한다. 셋째, 준거집단은 그 집단의 규범과 기대에 순응하는 행동에 대하여 보상을 제공하고 그렇지 않을 때 사회적 제재를 가함으로써 개인으로 하여금 집단의 규범과 기대에 순응하도록 동기부여를 하는데, 이러한 영향을 '규범제공적 영향'이라고 한다. 따라서 소비자가 어떠한 집단을 준거집단으로 하는지에 따라서 그에게 작용하는 준거집단의 영향이 달라질 것이다.

여행업계는 이러한 준거집단 중 열망집단이 여행객에게 많은 영향을 미친다는 사실에 입각하여 유명 연예인이 출연한 드라마나 영화의 촬영지를 여행상품으로 개발하여 관광객들을 소구하여 큰 반응을 불러일으키고 있다(동일시 영향). 또한 중동지역과 아프리카를 여행한 여행객들이 풍토병으로 많은 고생을 했다는 사실은 앞으로 이곳을 여행하는 여행객들에게 여행 전에 반드시 풍토병 예방접종을 하고 여행해야 한다는 사실을 알려주었다(정보제공적 영향). 그리고 몇몇 유명 연예인들이 동남아 국가의 원정도박으로 물의를 일으켜 국내에서 처벌을 받아 충격을 주었다. 이는 동남아를 여행하려는 여행객에게 좋은 규범을 제공해 주고 있다(규범제공적 영향).

2) 가정

소비자행동에 대한 가정의 영향은 크게 세 가지의 측면에서 나누어 볼 수 있다. 첫째, 가정은 여과기능, 사회화 기능, 동일화 기능, 욕구절충 기능을 통하여 소비자행동에 영향을 미칠 수 있다.

표 5-4 가계의 기능

가계의 기능	내 용
여과기능	외부적 자극과 영향을 여과시켜 구성원에게 전달
사회화 기능	문화적 요소에 대한 자녀의 학습지원
동일화 기능	친밀한 접촉을 통한 가치와 태도의 유사성 제고
욕구절충 기능	개인적 욕구와 공통적 욕구에 대하여 자금지출의 우선순위를 조절

둘째, 가계의사결정에서의 역할구조는 소비자행동에 영향을 미친다. 우선 식품, 주택, 승용차, 가구와 같이 가족구성원들에 의해 공동으로 소비되는 제품에 대하여는 가계의사결정을 수행함에 있어서 역할분담이 이루어지는데, 이러한 역할분담(제안자, 영향자, 결정자, 구매자, 소비자, 정보수집자, 평가자 등을 어느 구성원이 담당하며 그가 채택하는 의사결정기준이 무엇인가)은 구체적인 의사결정에 영향을 미칠 것이다. 또한 제품계층별 또는 의사결정단계별로 남편과 부인 사이의 역할전문화와 공동의사결정의 양상이 소비자행동에

영향을 미칠 수 있다.

셋째, 가족생활주기(FLC : Family Life Cycle)에 따라 가정의 욕구, 소득, 재산 및 부채, 지출수준이 달라질 것인데 가족생활주기란 '여러 가계가 갖는 공통적인 특성을 근거로 하여 가계의 형성과 발전과정을 구분한 단계'를 의미한다. 따라서 마케팅 관리자는 가정생활주기의 단계를 근거로 하여 전체 시장을 세분할 수 있다.

3) 사회적 역할과 지위

사람은 사회생활을 하는 동안 가족, 클럽, 조직 등 여러 집단에 속하게 되는데, 이러한 여러 집단에서 개인이 차지하고 있는 위치는 역할(role)이나 신분(status)으로 표현될 수 있다.

역할은 주위의 사람들로부터 무엇인가를 해주기를 기대하는 활동으로 이루어진다. 예를 들면 아들과 딸, 아내와 남편, 경영자와 근로자와 같이 각각 자기들의 역할이 있다.

역할은 구매행동에 영향을 미친다. 예를 들어 부모와 식사를 함께하는 대학생은 친구들과 식사를 할 때와는 자세가 다를 것이다.

또한 역할은 상황에 따라서도 영향을 받는다. 예를 들면 사람들은 고급 레스토랑에서 식사할 때에는 패스트푸드 레스토랑의 경우와는 다른 태도로 임한다. 또는 사람들은 시설별로 그곳에서 근무하는 사람들의 역할에 대하여 기대를 달리한다. 즉 고급 레스토랑에서 식사할 때 착석 시 웨이터가 의자를 빼주는 것이 보통이다. 그래서 고객들은 웨이터가 그러한 행동을 하는 것에 대해 당연시하지만, 패스트푸드점에서 웨이터가 그러한 행동을 한다면 차라리 이상한 기분이 들게 될 것이다.

각 집단에서의 역할에 대하여 사회가 인정하고 있는 일반적인 존중의 정도를 신분이라고 한다. 따라서 사람들은 자신의 사회에서 신분을 나타내줄 수 있는 제품을 구매한다. 예를 들면 어느 사업가가 자기가 희망하는 항공편에 1등석의 빈자리가 없어서 이코노미클래스를 이용하게 되었을 때, 이 사업가가 가장 우려하는 점은 혹시 누군가 아는 사람을 만나면 어떻게 생각할 것인지에 대해 집중한다. 좌석이 협소하고 고품질의 서비스를 받지 못하는 것은 그에게 아무런 문제가 되지 않는다.

3. 개인적 요인

구매의사결정은 연령과 생활주기(age and life cycle), 직업(job), 경제적 여건, 라이프스타일(life style), 퍼스낼리티, 자아이미지(self-image) 같은 구매자 자신의 특성에 의하여 영향을 받는다.

1) 연령과 생활주기 단계

사람은 태어나면서부터 죽을 때까지 제품과 서비스를 필요로 하며 사용하는 제품과 서비스는 연령에 따라서 많은 차이가 있다. 음식, 의복, 가구 그리고 레크리에이션 등에 있어서의 기호는 연령과 관계를 맺고 있다. 즉 동일한 연령층에서는 가치관이나 생활태도 등이 유사하기 때문에 이러한 제품부류에 대한 기호가 비슷하다.

또한 한 가족이 살아가면서 거치는 가족생활주기(family life cycle)도 소비자의 구매행동에 영향을 미치고 있다. 한국가족의 가족주기는 핵가족을 기본으로 혼인과 더불어 시작되는 형성기부터 노부부 중 한 명이 사망하여 나머지 배우자가 홀로 살다 죽으면 가족이 해체되는 것이라고 할 수 있다. 먼저, 가족생활주기를 구분하는데 듀발(Duvall)의 8단계의 각 시기를 6단계로 조정한 가족생활주기 내용은 아래와 같다.

① 형성기 : 결혼으로부터 첫 자녀 출산 전까지 약 1년간
② 자녀 출산 및 양육기 : 자녀 출산으로부터 첫 자녀가 초등학교에 입학할 때까지
③ 자녀 교육기 : 첫 자녀의 초등학교, 중학교, 고등학교 교육시기
④ 자녀 성년기 : 첫 자녀가 대학에 다니거나 취업, 군복무, 가사를 협조하는 시기
⑤ 자녀 결혼기 : 첫 자녀의 결혼으로부터 또는 막내 자녀 결혼까지
⑥ 노년기 : 막내 자녀 결혼으로부터 배우자가 사망하고 본인이 사망할 때까지

이외에도 가족생활주기에 대한 분류는 학자마다 견해차가 있지만, 이에 대한 대표적인 연구로 카터와 맥골드릭이 제안한 Olson과 동료들의 가족주기에 따른 가족결혼의 연구에 대한 가족생활주기를 아래와 같이 분류하고 있다.

가족주기는 무자녀기 → 미취학 아동이 있는 가족 → 학령기 아동이 있는 가족 → 청소년이 있는 가족 → 출가기 → 빈둥우리 가족 → 은퇴 후의 가족으로 분류된다.

최근 국내외의 많은 국가들이 노령화사회로 도래되면서 은퇴 후 가족의 시장규모가 커짐에 따라 호텔, 관광업계에서도 실버시장에 대한 관심이 매우 높아지고 있다.

2) 직업

직업은 제품이나 서비스의 구매에 많은 영향을 미친다. 예를 들면 건설관계 근로자는 작업현장에 차린 식당에서 식사하는 경우가 많다. 그러나 임원급이 되면 풀서비스 레스토랑에서 식사를 하고, 일반근로자는 주위 레스토랑

에서 식사를 한다. 따라서 마케팅 관리자들은 자신이 생산하는 제품이나 서비스를 평균 이상 구매하는 직업집단을 찾아내려는 노력을 하고 있다. 어떤 기업은 특정 직업집단이 필요로 하는 제품을 특화할 수도 있다.

3) 경제적 여건

개인의 경제적 여건은 제품이나 서비스를 선택하는 데 영향을 미친다. 경기침체기에 소비자는 레스토랑에서의 식사와 오락활동 또는 휴가비 지출을 억제한다. 레스토랑과 식사의 내용을 신중히 선택하게 되며, 외식횟수도 줄이며 외출 시에는 쿠폰이나 값싼 것을 찾게 된다.

마케팅 관리자는 개인소득과 저축 및 은행금리의 동향에 주의를 기울일 필요가 있다. 만약 경제지표가 경제침체의 방향으로 흐른다면 제품 자체의 재검토와 포지셔닝, 가격정책의 재검토 등을 하지 않으면 안되기 때문이다. 특히 레스토랑에서는 표적시장에 소구할 수 있을 만한 저가격의 메뉴를 첨가할 필요도 생긴다.

한편 경제지표가 상향으로 돌아선다면 여러 가지 사업기회가 잇달아 생겨난다. 소비자는 고가의 와인과 수입맥주를 구입하게 되며 레스토랑의 메뉴도 상향조정된다. 항공기를 이용하는 여행과 관광비용지출도 증대한다.

4) 라이프스타일

라이프스타일(life style)이란 '사람과 돈과 시간을 어떻게 소비하는가(활동), 자신의 환경 내에서 무엇을 중시하는가(관심), 자신과 주변 환경에 관하여 어떠한 생각을 갖고 있는가(의견)의 측면으로 확인되는 생활양식'을 말하는데 그 사람의 욕

구구조와 태도에 영향을 미침으로써 결국 여러 가지 제품에 대한 구매와 소비행동에 영향을 미치게 된다. 그러나 구매와 소비행동은 다시 라이프스타일을 변화시키므로 이들 간의 관계는 순환적이라고 할 수 있는데 예를 들어, 해외여행을 다녀온 여행객은 여행지향적인 라이프스타일을 채택할 수 있다. 특히 최근 들어 등산동호인들이 많이 증가하고 있는데 이들에게서 이러한 현상을 많이 볼 수 있다.

5) 퍼스낼리티

퍼스낼리티(personality)란 '자신의 환경에 대하여 비교적 일관성 있고 지속적인 반응을 보이게 하는 개인의 심리적 특성'을 말하는데 소비자가 다양한 상황에 걸쳐서 일관성 있게 행동하도록 만드는 행동성향이다. 예를 들어 국외여행상품을 구매하는 여행객들은 스트레스 해소나 신기성 만끽의 동기부여로부터 유발되지만 여러 상황에 걸쳐서 테러나 천재지변 등의 안전한 여행목적지를 선택하도록 영향을 미치는 것은 그 여행객의 퍼스낼리티이다.

6) 자아이미지

자아이미지(self-image)란 '자신에 관한 개인의 지각과 태도'를 말하는데, 소비자는 자아이미지를 효과적으로 표현할 수 있는 수단으로서 제품을 구매한다. 예를 들어 여행상품의 구매에 관련하여 자신의 현재 모습을 검소하다고 지각하는 소비자는 그러한 자아이미지(실제적 자아이미지)를 잘 표현할 수 있는 수단으로 인정되는 저렴한 여행상품을 구매할 것이며, 부자로 지각하고 싶은 소비자는 그러한 자아이미지(이상적 자아이미지)를 잘 표현할 수 있는 수단으로 인정되는 호화사치성 여행상품을 구매할 것이다.

또한 소비자는 자신의 자아이미지와 일치하는 이미지를 갖는 상표나 점포를 선호하는 경향이 있다.

4. 심리적 요인

사람들의 구매행동은 동기(motivation), 지각(perception), 학습(learning) 그리고 신념과 태도(beliefs and attitudes) 등의 심리적 요인에 의해서도 많은 영향을 받는다.

1) 동기

동기란 '특정한 여건하에서 소비자행동을 야기시키고 그 방향을 결정지을 수 있도록 활성화된 상태의 욕구'를 의미한다. 동기의 유형에 대하여는 학자들 간에 논란이 있지만 하나의 동기를 충족시킬 수도 있다. 더욱이 동일한 제품일지라도 경제여건과 사회변화에 따라 상이한 동기를 충족시키는 수단으로 지각될 수 있다. 예를 들어 안경은 잘 보려는 동기(생리적 동기)에 의해 구매되어 왔지만 요즈음에는 오히려 잘 보이려는 동기(심리적 동기)에 의해 구매되는 경향이 있으며 의류나 고급가구 등도 유사한 특징을 보인다.

소비자의 동기부여와 목표지향적인 행동의 본질을 이해하기 위하여 의류구매에 있어서 작용하는 동기를 생각해 보자. 많은 여행객들은 쇼핑센터나 면세점에서 의류를 구매할 때 부분적으로나마 생리적 욕구(체온유지)나 안전욕구(신체보호)로부터 동기가 부여되며, 이에 덧붙여 자아이미지를 표현하고 싶은 욕구 때문에 사회적 지위를 상징하는 의류를 구매하도록 동기가 부여될 수도 있다. 또한 결연의 욕구는 소비자들로 하여금 다른 사람과의 관계에서 보다 심리적으로 편안함을 느끼기 위해 유사한 의류를 구매하도록 동기 부여할 것이다. 즉 의류의 구매에 있어서 다양한 동기가 원동력으로 작용하며 동기들의 유형과 상대적 중요도에 따라 구매할 의류가 구체적으로 결정된다.

따라서 마케팅 관리자는 구체적인 소비자행동을 유발시키는 원동력(동기)이 무엇인지를 정확하게 이해함으로써 그 바탕이 되는 욕구들을 보다 효과적으로 충족시키기 위한 시사점을 도출할 수 있게 된다. 이에 마케팅 관리자와 심리학자들은 인간의 동기에 관심을 가지고 많은 연구를 진행해 오고 있다.

2) 지각

마케팅 관리자가 소비자에게 제공하는 자극(광고물 등)들은 그 자체로서 효과를 전혀 갖지 못하며 단지 소비자가 지각과정을 통하여 그러한 자극이 소비자에게 갖는 의미로 해석될 때에나 비로소 영향을 미칠 수 있게 된다. 즉 지각이란 자극요소로부터 개인적인 의미를 도출해 내는 과정으로서 노출, 감각 및 주의, 해석의 네 단계로 구성된다.

그런데 노출단계에서 소비자는 자신의 문제해결에 직접적으로 도움이 되거나 또는 기존의 신념 및 태도를 강화시켜 주는 자극만을 능동적으로 탐색하여 자발적으로 노출될 뿐 아니라 감각결과들에 대하여도 역시 일부에 대하여만 자발적인 주의를 기울인다. 더욱이 주의받은 감각결과를 해석하는 데 있어서는 아전인수(我田引水)격으로 자신의 동기나 기존의 신념 및 태도와 일관되도록 왜곡하는 경향이 있다. 이러한 현상을 '지각과정의 선택성(selectivity)'이라고 부른다. 따라서 동일한 자극이라고 할지라도 소비자가 현재 당면하고 있는 문제나 기존의 신념 및 태도가 다르다면 다른 의미로 해석되고 상이한 반응을 야기시킬 것이다.

3) 학습

소비자행동의 대부분은 본능적인 반응이라기보다는 경험이나 사고를 통하여 학습된 결과로서 나타나는 것이다. 즉 소비자는 학습을 통하여 신체적 행동(운전이나 말하기 등), 여러 가지 상징의 의미(적색=여자, 청색=남자), 사고와 통찰을 통한 문제해결 능력, 여러 가지 사물에 대한 신념과 태도 등을 습득하며 개별 소비자가 기억 속에 저장해 갖고 있는 구체적인 학습경험들은 새로운 자극을 해석하거나 가치를 판단하는 일에 직접적인 영향을 미친다.

따라서 마케팅 관리자는 소비자의 기억 속에 저장되어 있는 학습경험의 내용을 파악해야 할 뿐 아니라 제품의 존재와 특성 등 자신이 소비자들에게 알리고 싶은 사항들을 효과적으로 학습시키기 위하여 여러 가지의 학습원리를 충분히 활용해야 한다.

4) 신념과 태도

신념이란 '개인이 사물에 대하여 믿고 있는 주관적인 판단'을 의미하는데, 그것은 소비자행동을 결정짓는 데 있어서 과학적인 사실(scientific fact)보다 중요하며 정확성의 여부는 문제가 되지 않는다. 예를 들어 한 소비자가 하얏트(Hyatt) 호텔에 대해 '가격이 ***하다, 서비스가 ***하다, 안락함이 ***하다' 등의 주관적인 판단들을 갖고 있다고 가정하자. 이때 사물에 대하여 주관적인 판단을 내리게 되는 측면들을 '결정적 속성'이라 부르고, 소비자는 이러한 결정적 속성별로 신념을 형성한다. 이러한 신념들을 일정한 척도로 계량화한 수치를 신념점수(belief score)라고 하는데, 각 결정적 속성에 걸쳐 신념점수들을 그 속성의 중요도(요망성)로써 가중 합계한 수치를 태도점수(attitude score)라고 부른다.

태도란 '특정한 대상에 대하여 개인이 갖고 있는 지속적이며 학습된 선유경향(先有傾向, predisposition)'이다. 다시 말하여 제품, 사람, 아이디어나 사물 등에 대하여 우호적이거나 비우호적으로 가치판단을 내려 형성된 '반응할 준비상태(states of readiness to react)'를 말한다. 여러 대상들을 고려할 때 소비자는 당연히 가장 우호적인 태도에 관련된 제품을 구매할 것이며, 그러한 태도는 각 결정적 속성에 대한 신념으로부터 결정된 것이다. 물론 태도는 신념 이외에도 그 속성의 중요도(요망성)로부터 영향을 받지만 후자는 동기와 밀접한 관계를 갖는다.

제3절 소비자 구매의사 결정과정

소비자 구매의사 결정과정은 [그림 5-3]에서 보는 바와 같이 다섯 단계, 즉 문제의 인식, 정보탐색, 대체안의 평가, 구매결정 그리고 구매 후 행동을 통하여 이루어진다.

그림에서 보는 바와 같이 구매의사 결정과정은 실제의 구매가 일어나기 훨씬 이전부터 시작되고 실제의 구매 이후에도 지속된다. 따라서 마케팅 관리자는 단지 구매결정보다도 구매의사결정의 전 과정을 이해할 필요가 있다. 또한 그림에서는 모든 구매가 다섯 단계 모두를 거쳐서 이루어지는 것으로 표현되고 있으나 관여도[1]가 낮은 구매, 다시 말하면 보다 일상적인 구매의 경우는 몇 가지 단계가 생략되기도 하고 순서가 뒤바뀌기도 한다. 예를 들면, 레스토랑에서 음식을 주문하려는 고객은 정보탐색과 대안평가를 생략하고 직접 구매행동을 취할지도 모른다. 이를 '자동반응루프(autoloop)'라고도 말한다.

[그림 5-3]의 모형은 소비자가 최초로 또는 복잡한 구매의사결정에 직면했을 때를 보다 효과적으로 설명할 수 있다.

그림 5-3 소비자의 구매의사 결정과정

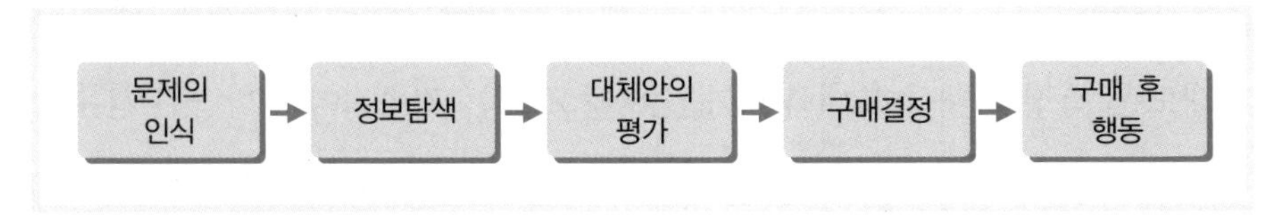

1) 관여도(involvement)란 여러 가지 의미를 내포하는 다소 복잡한 개념인데, 대체로 소비자가 어떤 대상을 중요시 여기는 정도나 대상에 대해 관심을 갖는 정도(level of perceived personal importance and/or interest)를 말한다.

표 5-5 관여에 따른 의사결정단계별 특징

특 징	고관여	저관여
문제인식	• 공통적	• 공통적
정보탐색	• 탐색동기가 높다 • 다양한 정보원을 이용(각종 매체나 준거집단)	• 탐색동기가 낮다 • 광고에 수동적으로 노출 • Point of Purchase(판매시점광고) 영향을 많이 받음
대안평가	• 까다로운 평가절차 사용 • 평가기준으로 여러 가지 사용대안들을 잘 평가 • 신념 · 태도 · 구매의도 등이 강하게 형성되어 있음 • 보상적 평가방식을 이용	• 제한된 평가기준 사용 • 대안들을 서로 비슷한 것으로 인지 • 비보상적 평가방식 사용 • 평가의 수단으로 구매하려 함
구매	• 비교쇼핑 • 의사결정을 통해 점포 선정 • 때로는 구매 시 협상과 커뮤니케이션이 사용됨	• 셀프서비스 선호 • 종종 판촉수단에 이끌려 구매함 • 구매사용 후 제품평가를 할 경우가 있음
구매 후 평가	• 자신이 한 구매에 대해 인정받으려고 함 • 구매에 대해 만족한 경우, 상표애호도가 형성되어 재구매 피해에 대해 구제받으려 함	• 상표애호도에 의해서가 아니라 타성에 젖어 똑같은 상표 재구매 • 불만족한 경우 다른 상표를 구매

1. 문제의 인식

구매과정은 문제인식 또는 욕구인식으로부터 시작한다. 구매자는 어느 특정시점에서 자신이 현재 처해 있는 실제상황(actual state)과 바람직하다고 생각하는 이상적 상태(desired state) 사이에 차이가 있다고 생각되면 이를 해결하려는 욕구가 발생한다. 다시 말해서 소비자가 해결하여야 할 욕구가 있다고 인식하는 것을 문

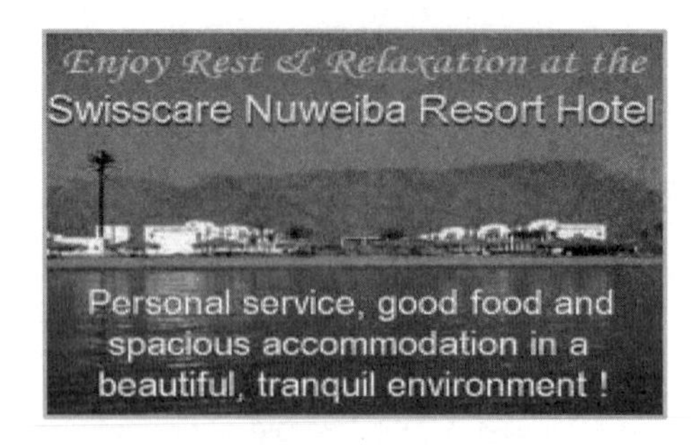

제인식이라고 하며 이것이 의사결정을 거쳐 구매로 이어지기 위해서는 실제적 상태와 이상적 상태 간의 차이가 크고 발생된 문제가 매우 중요한 것이어야 한다.

문제인식의 근본이 되는 욕구는 내적 자극 혹은 외적 자극으로 유발될 수 있다. 다시 말하면 인간의 정상적인 욕구, 즉 식욕, 갈증, 성욕 등의 내적 자극이 동인(drive)이 될 정도로 강력해지면 욕구가 유발된다. 또한 욕구는 외적 자극에 의해서도 유발될 수 있는데 가상 여행객 A의 경우 그가 여행도중 어느 레스토랑 앞을 지나갈 때 막 구워낸 바비큐가 그의 식욕을 돋우게 되면 그의 욕구(식욕)를 자극하게 될 것이다. 그는 하와이에서 막 도착한 친구와 점심을 함께 먹으면서 여행담에 귀 기울인다. 또한 여행잡지의 리조트 광고가 눈에 들어온다. 이러한 예는 외부 자극에 의해 여행객 A에게 욕구가 유발되는 경우이다.

문제의 인식단계에서 마케팅 관리자가 할 일은 ① 소비자에게 어떠한 욕구나 문제가 일어나고 있는가? ② 무엇이 이러한 욕구나 문제를 일어나게 했는가? ③ 그러한 욕구나 문제가 어떻게 소비자로 하여금 그 제품을 구매하게 했는가? 등을 파악해야 한다.

이러한 정보를 마케팅 관리자가 파악하였다면 제품에 대한 관심을 가장 잘 유발시킬 수 있는 요인을 찾아낼 수 있으며 이러한 요인이 포함된 마케팅프로그램을 개발할 수 있을 것이다.

2. 정보의 탐색

문제를 인식하여 구매의사결정을 하고자 하는 소비자는 이에 도움이 될 만한 정보를 탐색한다. 정보탐색은 문제에 따라서 이를 해결해 줄 수 있는 수단

(제품)에 대한 정보를 기억으로부터 회상해 내는 내적 탐색과 내적 탐색에 의하여 의사결정을 할 만큼 충분한 정보를 수집할 수 없을 때 보다 많은 정보를 수집하기 위하여 외부에 있는 정보를 탐색하는 외적 탐색이 있다. 외적 탐색은 주로 제품이 중요한 것이거나 고가일 때 증가하게 된다.

소비자가 탐색하는 정보의 양은 ① 동인의 강도 ② 기억하고 있는 정보의 양, ③ 보다 많은 정보를 수집하기 위하여 투자해야 하는 시간과 노력의 정도, ④ 수집된 추가정보의 가치, ⑤ 정보탐색을 통하여 얻게 되는 만족감의 정도 등에 의해서 결정된다.

또한 소비자들은 다음과 같은 4가지 정보원을 통하여 정보를 수집한다.

① 개인적 정보원 : 가족, 친구, 이웃 등
② 상업적 정보원 : 광고, 판매원, 딜러, 포장, 전시, 진열 등
③ 공공적 정보원 : 언론, 소비자관련 기관 등
④ 경험적 정보원 : 제품을 취급, 검사 그리고 사용하는 것과 관련된 사람이나 기관 등

이러한 정보원이 소비자에게 미치는 영향력의 정도는 제품의 종류와 소비자의 개인적 특성에 따라서 달라진다. 일반적으로 소비자가 가장 많은 정보를 얻는 것은 상업적 정보원에서 주로 수집한다. 그러나 개인적인 정보원이 가장 효과적인 경우가 많으며 특히 서비스의 구매에는 개인적 정보원의 영향력이 가장 크다. 다시 말하면 상업적 정보원은 소비자에게 정보를 전달해 주는 역할을 하며 개인적 정보원은 소비자로 하여금 제품을 명확하게 평가하게 해주는 역할을 한다. 예를 들면 사람들은 광고에 의하여 호텔을 인지하게 되나 실제로 투숙하기 전에 친구에게 그 평판을 물어볼 수 있다. 이때 개인적 정보원(친구)으로부터의 응답은 홍보광고보다 더 큰 영향을 미친다.

소비자가 탐색하는 정보의 내용을 충족시켜 줄 수 있는 선택대안의 종류, 선택대안들을 평가하기 위한 기준 그리고 각 대안의 선택기준별 성과수준 등

이다. 소비자가 제품에 대하여 잘 모르는 경우는 현존하는 선택대안들의 종류와 평가기준에 대한 정보를 주로 수집하고, 잘 아는 경우는 각 대안의 구체적 성과수준에 대한 정보를 집중적으로 수집하는 경향이 있다.

기업은 가상 고객들이 자사의 상표를 인식하고 알게 할 수 있는 마케팅믹스를 설계하여야 한다. 또한 소비자들이 이용하고 있는 정보원과 각 정보원의 중요성에 대하여도 알고 있어야 한다.

3. 대체안의 평가

소비자는 선택대안을 자신의 기준을 이용하여 대안적인 제품을 명확화하고 평가를 한다. 이때 평가기준과 평가방식을 설정하여 소비자는 여러 대안을 비교 · 평가한다. 평가기준이란 여러 대안을 비교 · 평기하는 데 사용되는 제품속성을 말하고, 평가방식이란 최종적인 선택을 위하여 여러 평가기준에 대한 소비자의 평가를 통합 · 처리하는 방법을 말한다. 평가방식에는 보완적 방식과 비보완적인 방식이 있다.

평가기준은 소비자의 내면적 구매목적과 동기, 상황 등에 따라 달라질 수 있으며 객관적일 수도 있고 주관적일 수도 있다. 예를 들면 레스토랑의 경우 가격, 위치, 메뉴의 다양성 등은 객관적인 기준에 해당되고 종사원의 친절성, 레스토랑의 이미지 같은 무형적인 요인은 주관적 기준에 해당된다.

1) 보완적 평가방식

소비자가 각 상표에 대해 비교한 후 각 상표의 강점과 약점이 서로 상충될 때 소비자는 각 상표에 대해 어떤 평가기준의 약점을 다른 평가기준의 강점으로 보완하여 전반적인 평가를 할 수 있는데 이러한 평가방식을 보완적 평가방식(compensatory rule)이라고 한다. 보완적 평가방식은 다속성태도모델이 가장 대표적인 예라고 할 수 있다.

예를 들어 레스토랑을 선택하려는 소비자가 상표 A, B, C 세 가지를 고려한다고 가정하자. 이 소비자가 중요하다고 생각하는 속성(평가기준)은 맛, 분위기, 가격 등이며, 각 속성에 대하여 부여하는 중요성의 정도는 전체를 1.0으로 했을 때 맛이 0.4, 분위기가 0.3, 그리고 가격이 0.3이다. 각 상표에 대한 속성별 평가는 가장 이상적인 상태를 10점으로 하여 점수가 높을수록 소비자를 만족시키는 것으로 하자. 〈표 5-6〉에서 각 상표에 대한 평가점수는 각 평가기준별 중요도와 평가점수를 곱한 값을 모든 평가기준에 걸쳐서 합계한 값을 나타내며 이를 '기대가치'라고도 한다.

표 5-6 보완적 평가방식의 예

평가 기준별	상 표 / 중요도	A	B	C
맛	0.4	8	3	5
분위기	0.3	3	5	5
가 격	0.3	5	5	5
총 점수	1.0	6.2	3.6	5.0

위와 같은 방법으로 계산한 각 상표별 기대가치는 다음과 같다.

- A상표의 기대가치 : $(0.4 \times 8) + (0.3 \times 3) + (0.3 \times 5) = 5.6$
- B상표의 기대가치 : $(0.4 \times 3) + (0.3 \times 5) + (0.3 \times 5) = 4.2$
- C상표의 기대가치 : $(0.4 \times 5) + (0.3 \times 5) + (0.3 \times 5) = 5.0$

이 경우 소비자는 A, C, B의 순으로 상표를 선호한다. 상표 A는 분위기라는 속성에서 경쟁상표들에 비하여 가장 열등한 평가를 받았지만 다른 속성의 강점에 의하여 보완된 것이다.

표적시장의 소비자가 보완적 방식에 의하여 대안을 평가한다면 마케팅 관리자는 평가기준별 중요도나 각 평가기준별 평가점수를 변경시키려는 노력에 의하여 소비자의 기대가치를 향상시킬 수 있다. 예를 들면 상표 A의 경우 타 상표에 비하여 맛에 높은 평가점수를 얻고 있기 때문에 레스토랑의 속성

중에서 맛이 가장 중요하다고 주장하여 맛의 중요도를 높이는 것이 효과적이다. 또한 상표 B는 분위기에서 높은 평가점수를 얻었지만 경쟁상표에서 모두 맛이 뒤지기 때문에 제품개발을 통해 맛을 보강하고 이를 광고를 통하여 소비자에게 인식시켜 주어야 한다.

2) 비보완적 방식

이 방식은 한 속성에서의 약점이 다른 속성에서의 강점에 의하여 보완되지 않는 방식으로 보완적 방식보다 비교적 간단한 방법이다. 이 방식에는 사전편집식(lexicographic rule), 결합식, 분리식(conjunctive rule) 등이 있다.

(1) 사전편집식

이 방식은 사전을 편집하는 순서와 같이 평가를 하는 방식으로 소비자가 자신이 가장 중요시하는 평가기준에서 최상으로 평가되는 상표를 선택하는 방식이다. 이때 최상의 상표가 2개 이상이면 두 번째로 중요시여기는 평가기준에 의하여 선택한다. 예를 들어 위의 레스토랑의 예에서 한 소비자가 중요시하는 속성의 순서가 맛, 분위기, 가격일 때 가장 중요시하는 속성인 맛에서 가장 높은 점수를 얻는 상표를 선택하고, 두 가지 이상의 상표가 동일한 점수를 얻는다면 다음으로 중요시하는 속성인 분위기를 고려하여 선택하는 방법이다.

(2) 결합식

이 방식은 소비자가 중요하게 생각하는 각각의 속성에 대한 평가점수가 최소일정수준 이상이어야 한다는 수용기준(cut-off point)을 설정하고 모든 속성에서 이 수용기준을 만족시키는 상표를 선택하는 방식이다. 위의 예에서 소비자가 레스토랑의 각 속성에 대하여 10점 만점에 최소한 4점 이상이 되어야 한다는 수용기준을 설정하였다면 각 속성별로 4점 미만을 받은 상표를 연속

제거하고 나머지 상표를 선택하게 된다. 이때 만일 두 가지 이상의 상표가 모든 속성에서 수용기준을 만족시켰다면 두 가지 이상의 상표 중에서 어느 것을 선택할 것인가의 문제는 그 소비자가 이 시점에서 어떠한 평가방식을 다시 선택하느냐에 달려 있다.

(3) 분리식

이 방식은 특히 중요하다고 여기는 한두 가지의 속성에서 최소한의 수용기준을 설정하여 상표별로 평가하는 방식이다. 위의 예에서 소비자가 맛과 가격이 중요하다고 생각되어 기준점을 4점으로 하였다면 결국 상표 A와 C에서 한 가지를 선택하게 된다.

4. 구매결정

소비자는 여러 대안들에 대한 비교 · 평가과정을 거쳐 가장 선호하는 제품이나 상표를 구매하고자 하는 구매의도를 형성하게 된다. 구매의도가 형성된 후에는 구매가 일어나는데 구매의도와 구매 사이에는 몇 가지 요소가 작용하여 구매의도대로 구매하지 않을 수도 있다. 그 첫 번째 요소가 타인의 태도(attitudes of others)이다. 가상소비자 A의 경우 그는 고급 레스토랑을 선택하고자 하였으나 그의 부인이 저가의 레스토랑을 선택하자고 강력하게 주장한다면 그가 고가의 레스토랑을 선택할 가능성이 낮아지게 된다. 두 번째 요소는 예기치 않은 상황요소(unexpected situational factors)이다. 소비자들은 소득, 가격 그리고 제품의 이점 등에 대한 기대치를 기초로 하여 구매의도를 형성하게 된다. 그러나 기대하지 않았던 사건이 발생하여 구매의도를 변화시킬 수도 있다. 예를 들면 가상소비자 A에게 있어 다른 구매자보다 시급해질 수도 있고, 어떤 친구가 그가 가장 선호하는 레스토랑이 좋지 않다는 사실을 전해 줄 수도 있다. 또한 경쟁 레스토랑이 가격을 인하할 수도 있다. 따라서 특정

레스토랑이나 상표에 대한 선호성이나 구매의도가 항상 실제적 구매로 연결되는 것은 아니다.

5. 구매 후 행동

소비자가 제품을 구매하고 난 후에는 제품을 사용하면서 만족 또는 불만족을 경험하게 된다. 소비자가 느끼는 만족/불만족은 구매 이전의 기대와 구매 후의 제품성과에 대하여 소비자가 느끼는 불일치 정도에 따라 결정된다. 따라서 제품에 대한 소비자의 만족/불만족은 소비자 자신의 미래의 재구매 행동에 영향을 미치기 때문에 소비자의 구매 후 평가 및 행동을 관리하는 것은 마케팅 관리자에게 매우 중요하다. 구매 후의 평가 및 행동과정은 기본적으로 제품의 사용 후와 관련이 있지만 구매 전의 심리상태 또한 관련이 있다. 특정 구매에 대한 만족과 불만족은 그 제품에 대한 소비자의 기대(expectations)와 그 제품의 지각된 성과(perceived performance)의 관련성에 의하여 결정된다. 다시 말하면 그 제품의 성과가 구매 전의 기대수준에 미치지 못하면 불만족을 느낄 것이고, 기대수준에 미치면 만족할 것이며, 기대수준을 넘을 경우에는 매우 기뻐할 것이다. 따라서 마케팅 관리자는 소비자들을 만족시켜 자사상표를 재구매시키기 위해서는 기대수준을 낮추거나 성과수준을 높여서 성과수준이 기대수준 이상이 되도록 노력하여야 한다.

한편 소비자는 구매 이후 자신의 의사결정에 대한 일종의 불안감을 가질 수 있다. 즉 소비자는 자신이 선택한 대안이 과연 선택하지 않은 대안보다 더 나은 것인가에 대한 심리적 불안감을 가지게 되는데 이러한 심리적 불안감을 '인지적 부조화(cognitive dissonance)'라고 한다. 다시 말하면 소비자들은 구매 후 취소결정을 할 수 없거나, 특정 제품속성이 자신이 구매한 제품에는 없고 구매하지 않은 제품에는 있을 때, 관여도가 높을 때, 마음에 드는 대안들이 여러 개 있을 때, 소비자들은 자신의 구매에 대하여 심리적 불안감을 느끼게 된다. 불만족이 기대와 성과 간의 차이에서 오는 것이라면 인지적 부조화는 과연 의사결정을 잘한 것인가 하는 의구심에서 오는 긴장감이므로 불만족과는 그 성격이 전혀 다르다.

인지적 부조화는 심리적 긴장감을 일으키므로 소비자는 선택한 대안에 대한 긍정적인 정보를 그리고 선택하지 않은 대안에 대해서는 부정적인 정보를 추구하여 부조화를 해소하려고 한다. 따라서 마케팅 관리자는 판매 직후 소비자에게 서신이나 안내책자를 발송하거나 전화 통화 등으로 구매자의 선택이 현명했음을 확인시켜 줌으로써 구매 후 인지적 부조화를 감소시키려는 소비자의 의도를 도와줄 수 있다.

제4절 소비자 정보처리과정

소비자가 의사결정에 관련된 여러 가지 정보에 의식적 또는 무의식적으로 노출되면 주의를 기울이고 그 내용을 지각하여 반응하게 된다. 이러한 일련의 반응은 그것이 긍정적이거나 부정적으로 기억 속에 저장되어 미래의 의사결정에 이용된다. 이러한 과정을 '정보처리과정'이라 하며, 이러한 과정을 통하여 소비자의 신념과 태도가 형성되거나 변화된다. 정보처리과정을 통하여 형성되거나 변화된 신념과 태도는 구매의사 결정과정 중에서 대안의 평가에 즉각 이용되기도 하고, 그 정보와 관련된 의사결정을 즉각 하지 않을 때에는 기억 속에 저장되었다가 차후에 관련 의사결정을 할 때 이용되기도 한다.

따라서 소비자 정보처리과정은 [그림 5-4]에서 보는 바와 같이 노출 → 주의 → 지각 → 반응 → 기억 및 저장으로 이루어지며 그 과정을 개별적으로 설명하면 다음과 같다.

그림 5-4 소비자 정보처리과정

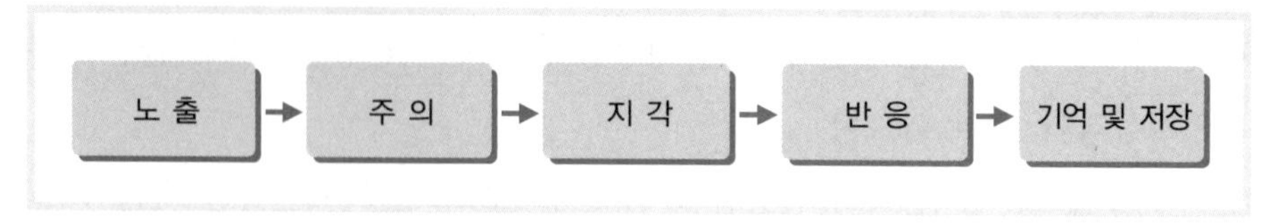

1. 노출

정보처리과정은 소비자가 정보에 노출되는 것으로부터 시작된다. 노출은 우연적일 수도 있고 의도적인 것일 수도 있다. '우연적 노출(accidental exposure)'은 TV를 볼 때 여러 가지 광고에 노출되는 것과 같이 소비자가 의도하지 않은 상태에서 정보에 노출되는 경우를 말한다. '의도적 노출(purposive exposure)'은 소비자가 의사결정을 위하여 외부로부터 직극적으로 정보를 탐색하는 경우를 말한다. 또한 소비자들은 자신이 어느 정도 관련되어 있는 제품군에 관한 자극에는 자신을 의도적으로 노출시키지만 그렇지 않은 자극은 회피하는 선택적 노출을 한다. 즉 유럽여행을 계획하고 있는 여행객이 TV를 켜니 우연찮게 유럽여행 광고를 하여 시청하게 될 때 '우연적 노출'이라 할 수 있다. 반면 유럽여행을 계획하고 있는 여행객이 즐거운 여행을 해볼 계획으로 여행관련 책자를 사서 보는 것은 '의도적 노출'이다.

2. 주의

소비자는 자극에 노출되면 주의를 기울인다. 그러나 소비자는 자신이 노출된 모든 자극에 주의를 기울이지는 않는다. 이를 '선택적 주의(selective attention)'라 한다. 즉 소비자가 자신을 정보에 의도적으로 노출시킨 경우에는 자연스럽게 주의를 기울이지만, 우연적으로 노출되었을 때에는 그 정보에 대해 어느 정도 관여도가 있는 때에만 주의를 기울이게 된다. 예를 들면 어떤 소비자가 해외여행을 하려고 한다면 많은 광고 중에서 해외여행 광고에 주의를 기울이게 되며 TV에서 방영되는 해외여행관련 소식에도 특별한 주의를 기울이게 될 것이다.

3. 지각

지각은 소비자가 주어진 자극의 내용을 이해하고 해석하여 나름대로의 의미를 부여하는 과정이다. 소비자들은 동일한 자극에 대하여도 각기 다른 해석을 한다. 그 이유는 지각적 부호화과정이 각기 다르기 때문이다. '지각적 부호화'란 자극의 요소들을 언어, 숫자 혹은 회화적 이미지로 변형하여 의미를 전달하는 과정을 말한다.

또한 소비자들은 지각적 조직화와 지각적 범주화를 통하여 자극을 효율적으로 지각한다. '지각적 조직화'란 자극을 구성하는 여러 요소들을 따로따로 지각하지 않고 전체적으로 통합하여 지각하는 것을 말한다. '지각적 범주화'는 소비자가 유입자극을 기억 속의 기존 스키마(schema)와 관련지우는 것을 말한다. 스키마는 특정 대상에 관련된 정보들 간의 네트워크이다. 예를 들면 음료를 영양음료와 이온음료로 나누며 이온음료는 건강에 좋고 스포츠 후에 마시는 음료라는 기억 속의 스키마가 있다고 가정하자. 이때 포카리스웨트라는 음료광고에 처음 접한 경우 이를 이온음료 제품으로 범주화시킨다면 자극을 보다 효율적으로 이해할 수 있게 될 것이다.

4. 반응

소비자가 정보처리의 결과로서 해당대상에 대하여 반응을 보이게 되는데 '인지적 반응(cognitive responses)'과 '정서적 반응(emotional responses)'이 있다.

인지적 반응은 소비자가 정보처리과정에서 자연스럽게 떠올린 생각들을 말하며 정서적 반응은 자극을 접하면서 갖게 되는 여러 가지 느낌이나 감정을 말한다. 예를 들면 어느 호텔의 광고에서 객실가격이 비싸다고 느끼는 것은 인지적 반응이고 객실의 디자인이 세련되었다고 생각하는 것은 정서적 반응이다.

이러한 인지적 반응과 정서적 반응은 모두 제품에 대한 신념이나 태도에 영향을 미치게 되는데 인지적 반응은 주로 신념의 형성에, 정서적 반응은 태도의 형성에 많은 영향을 미치고 있다.

5. 기억 및 저장

소비자 정보처리과정의 마지막 단계는 기억 속에 저장하는 단계이다. 정보처리과정을 거쳐서 형성된 신념이나 태도는 당면한 의사결정에 이용되거나 기억 속에 저장되어 차후의 의사결정에 이용된다.

그러나 소비자는 처리한 모든 정보를 항상 기억에 저장하지 않는다. 때로는 의도적으로 저장을 위한 노력을 포기하기도 하고 의지는 있어도 미래의 의사결정에 이용될 정도로 확실하게 저장되지 못하는 경우도 빈번하게 발생한다. 따라서 마케팅 관리자는 자사의 정보가 소비자의 기억 속에 저장될 수 있도록 인지시켜야 한다. 심벌이나 리듬과 같이 소비자의 기억을 돕는 도구 등을 이용하는 것도 자사의 정보를 소비자의 기억 속에 저장시키는 데 흔히 이용되는 방법 중의 하나이다.

제6장 시장세분화, 표적시장, 포지셔닝

제1절 시장세분화

1. 시장세분화의 의미와 목적

시장세분화(market segmentation)는 전체 시장을 일정한 기준에 의해 동질적인 세분시장(homogeneous segments)으로 구분하는 과정이다. 전체 시장을 세분시장으로 나누는 이유는 기업의 입장에서 볼 때 모든 소비자들의 다양한 욕구를 충족시켜 줄 수 없기 때문이다. 대부분의 기업들이 갖춘 현실적인 자원, 기술, 경영능력으로는 이들의 다양한 욕구를 충족시키는 데 한계가 있기 때문이다. 구체적으로 전체 시장은 고객의 수가 너무 많고 광범위하게 분포되어 있으며 그들의 욕구가 다양하고 구매관습이 다르기 때문이다. 따라서 마케팅 관리자는 전체 시장에서 모든 경쟁기업들과 경쟁하기보다는 자사가 경쟁우위를 가지고 있는 제품이나 서비스를 가지고 가장 유망한 세분시장에서 경쟁하는 것이 유리하다. 이 점에서 시장세분화를 실시하는 목적을 보다 구체적으로 기술하면 다음과 같다.

① 기업은 시장세분화를 통해 다양한 소비자의 요구를 파악해 그들의 요구를 보다 더 잘 충족시킬 수 있다. 즉 하나의 제품이나 서비스로 전체 시장을 공략하기보다 각 세분시장이 원하는 차별적 제품 및 서비

스의 개발을 통해 그들의 요구를 보다 더 잘 충족시킬 수 있다는 것이다. 각 호텔들이 이탈리아식 식당(Italian Style Restaurant), 스페인식 식당(Spanish Style Restaurant), 프랑스식 식당(French Style Restaurant), 한식 식당(Korean Style Restaurant), 중국식 식당(Chinese Style Restaurant), 일식 식당(Japanese Style Restaurant)과 같이 각 세분시장의 욕구에 맞는 차별화된 제품 및 서비스를 제공하고 있다.

② 기업은 시장세분화를 통해 숨어 있는 소비자 욕구를 파악하여 새로운 시장기회를 효과적으로 포착하도록 도와준다. 마케팅 관리자는 각 세분시장이 '원하는 바'(와 경쟁자들의 제품들)를 검토함으로써 보다 효과적으로 소비자를 만족시키기 위한 방안을 결정할 수 있다. 국내 TGI Friday 레스토랑은 최근 들어 많은 소비자들이 배고픔을 해소하기 위해 찾는 고객뿐만 아니라 건강을 추구하는 소비사의 수가 급증하고 있다는 사실에 그들에게 맞는 메뉴를 개발해 좋은 반응을 얻고 있다.

③ 마케팅 관리자는 시장세분화를 통하여 자사제품 및 서비스 간 불필요한 경쟁을 방지할 수 있다.

2. 시장세분화의 절차

일반적으로 시장세분화의 절차는 첫째, 세분시장을 정의하거나 묘사하기 위한 수준(level)을 결정하는 것이다. 즉 얼마나 많은 소비자를 동일 집단으로 묶을 것인가를 결정하여야 한다.

둘째로 전체 시장을 세분하기 위하여 사용할 기준(세분시장 정의변수)을 선정하고 그에 따라 전체 시장을 세분한다. 마지막으로 세분시장 정의변수에 의해 분리된 각 세분시장들을 여타의 변수(세분시장 묘사변수)들로써 묘사하여 세분시장 프로파일을 작성한다.

그림 6-1 시장세분화 과정

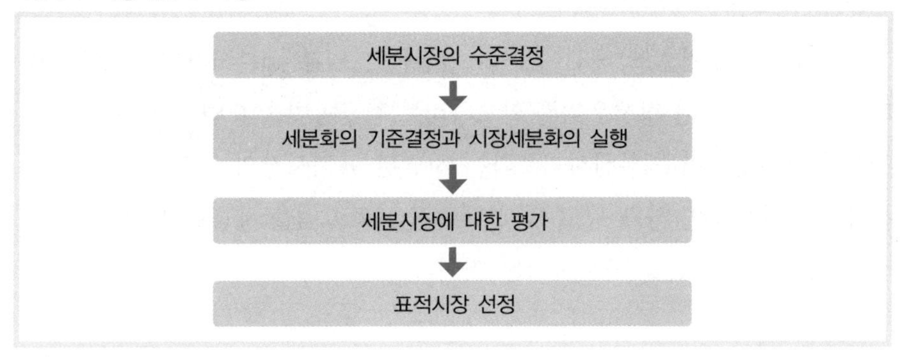

1) 시장세분화 수준의 결정

고객의 욕구를 제대로 충족시켜 주기 위해서 기업은 각 소비자를 별도의 세분시장으로 보고 이들에게 차별적인 제품을 제공하는 것이 이상적이지만, 이는 한정된 마케팅 자원을 효율적으로 투자하려는 기업의 목표와는 상충된다. 이에 따라 기업은 일정한 규모의 동질적 소비자들을 하나의 집단으로 보고, 각 집단별로 상이한 마케팅프로그램을 제공함으로써 기업의 목표와 소비자의 욕구를 동시에 충족시키려고 한다. 그렇기 때문에 마케팅 관리자는 시장세분화 과정에서 우선 어느 수준(시장의 크기)에서 하나의 세분시장으로 볼 것인지에 대한 의사결정을 내려야 한다.

(1) 대량 마케팅(Mass Marketing)

제품시장 내 고객들을 구분하지 않고 전체 소비자들에 대해 하나의 마케팅 프로그램을 제공하는 방법이다. 대량마케팅이 제품시장에서 성공적으로 받아들여질 수만 있다면 대량생산을 통한 원가절감을 통하여 이익을 창출할 수도 있다. 그러나 현재와 같이 고객의 욕구가 다양화되고 기업 간 경쟁이 치열한 상황에서는 하나의 제품과 마케팅프로그램만으로 모든 고객을 만족시키기는 어려우며, 이 방법은 제품수명주기상의 도입기에 제한적으로 사용할 수 있는 접근방법이다.

(2) 세분화 마케팅(Segment Marketing)

고객들의 욕구가 다양해짐에 따라 기업들은 일부 세분시장에 마케팅노력과 자원을 집중하여 경쟁우위를 확보하려는 접근방법을 도입하고 있다. 전체 시장에 마케팅노력을 분산하기보다는 선별된 표적시장의 고객들에 맞는 제품과 유통망을 개발하고 광고 및 판매촉진 프로그램을 제공함으로써 표적시장 내에서 비교우위를 확보하려는 것이다.

(3) 틈새시장 마케팅(Niche Marketing)

틈새시장이란 세분시장을 더욱 세분화한 보다 적은 규모의 소비자집단(subsegment)을 의미한다. 예를 들어 유아용 우유를 다시 연령대에 따라 초유성분의 제품, 3개월 미만, 그리고 3~6개월 사이에 맞는 제품으로 구분하거나, 30대를 겨냥한 화장품을 다시 주름살을 제거하는 화장품이나 기미를 제거하는 화장품 등으로 구분하는 경우이다. 틈새시장은 세분시장에 비해 규모는 작지만 경쟁자가 많지 않으며 독특한 고객욕구를 만족시켜 줌에 따라 소비자가 기꺼이 고가의 제품을 구매하는 경우가 많다. 이에 따라 틈새시장은 규모가 작은 기업들에게 제한된 자원을 집중하여 비교우위를 확보할 수 있는 기회를 제공해 준다.

(4) 미시적(개인) 마케팅(Micro Marketing; Individual Marketing)

개인 수준에서 각 고객의 욕구에 맞춰 제품과 마케팅프로그램을 개발하여 제공하는 방법이다. 컴퓨터 기술의 발전과 함께 대량의 고객정보에 대한 분석과 처리가 가능해짐으로써 개별적인 고객에 맞는 마케팅프로그램을 개발/적용하는 데이터베이스마케팅이 확산되고 있다. 1998년 대우자동차는 '대우자동차에서 생산한 자동차 네 가지를 1년간 무료로 시승하는 행사'의 실시를 통해 110만 명의 고객정보를 확보하였다. 특히 고객정보에는 신차 구입계획에 대한 정보도 포함되어 향후 신차를 구입하려는 고객들에 대한 선별적인 접근이 가능해졌다.

그림 6-2 시장세분화의 수준

2) 시장세분화 기준의 선정

시장세분화는 일반적으로 소비자의 다양한 특성(지리적, 인구통계적, 사이코그래픽 변수)이나 제품구매행태(사용량, 상표충성도, 효익)를 이용해 이루어지게 된다. 그러나 모든 소비자의 특성이 세분화의 기준으로 사용될 수 있는 것은 아니며, 제품구매나 사용과 관련하여 세분시장들 간에 유의한 차이를 보이는 변수만이 세분화의 기준으로 이용될 수 있다. 시장세분화 기준을 선정하는 데 있어 마케팅 관리자는 고객욕구의 차이, 세분시장의 크기, 기업의 재원 등도 함께 고려해야 한다. 예를 들어 시장규모가 너무 작아서 매력도가 낮거나, 각 세분시장에 대한 차별적인 제품개발이 불가능하다면 세분화 자체가 의미를 상실하기 때문이다.

(1) 지리적 특성에 따른 세분화

지리적 특성에 따른 세분화에서는 국가, 도, 지구, 군, 도시, 도시 근교와 같은 여러 가지 지리적 단위를 세분화의 기준으로 사용하는 방법이다. 기업은 지역의 현재욕구와 잠재욕구의 차이에 착안하여 하나 또는 복수지역에서 행동할 것인가, 모든 지역에서 행동할 것인가를 결정하여야 할 것이다. 예를 들면 제너럴푸드사(General food's)의 맥스웰 하우스 커피는 전국적으로 판매되고 있으나 그 맛은 지역마다 다르다. 서부사람들은 동부사람보다 진한 커피를 선호한다.

오늘날 많은 호텔들은 지역별로 소비자들의 요구에 맞도록 제품을 디자인하거나 광고, 촉진, 기타 판매활동을 특화하는 경향이 높아지고 있다. 지리적 세분화과정이 간단하고 시장규모의 측정이나 시장에의 접근이 매우 용이한 장점이 있다. 그러나 반대로 지리적 변수에만 소비자의 구매행동을 설명할 수 없는 위험이 있다. Hyatt호텔은 전 세계 체인호텔의 메뉴를 자체적으로 개발한 고유 메뉴 70%에 지역별 특별 메뉴 30%의 구성비로 제공하고 있다. 국내 많은 호텔들도 미주, 유럽, 일본, 중국 등 대륙 및 국가에 따라 이용객을 세분화하고 있으며, 그들 기호에 맞는 제품 및 서비스 개발의 중요한 자료로 활용하고 있다.

(2) 인구통계적 특성 변수에 따른 세분화

이는 연령, 성별, 가족의 라이프사이클, 소득, 직업, 교육, 종교, 인종, 국적 등의 인구통계적 변수를 기준으로 시장을 몇 개의 집단으로 세분화하는 것이다. 인구통계적 변수는 시장을 구분하기가 용이하기 때문에 가장 널리 활용되고 있다.

① 연령

시장세분화에서 가장 널리 활용되고 있는 인구통계적 변수는 연령이다. 대부분의 상표들이 연령별로 소비자를 세분화하여 표적시장을 선정하고 있다. 예를 들면 맥도날드는 어린이용으로 장난감이 달린 즐거운 식사를 제공하고 있다.

이러한 장난감은 때때로 시리즈의 일부로 되어 있어서 그 세트 전부를 모으기까지 어린이들이 다시 찾아가는 동기부여가 되고 있다. 한편 이 점포는 건강을 생각하는 성인시장을 위해 샐러드를 함께 제공하였다. 고령자시장에 소구하기 위하여 같은 연배의 배우를 이용한 광고를 내보내고 있다.

② **성별**

성별에 따른 세분화는 이제까지 오랜 기간 동안 미용, 화장품 및 잡지, 의복 등의 마케팅에 응용되어 왔다. 최근 들어 서비스와 관련된 여성의 의사결정권과 경제력이 커짐에 따라 서비스업계에서도 시장구분의 중요한 기준변수로 이용되고 있다. 예를 들면 호텔업계에 있어서 1970년대 여성은 모든 사업여행자의 1% 에도 미치지 못하였다. 그러나 최근에 이르러 이 숫자는 약 40%에 달하고 있다. 현재는 호텔업계에서도 객실을 디자인할 때 여성을 고려해 설계하고 있다.

③ **소득**

소득도 구매력을 결정하고 차이를 가져오는 중요한 요인으로 시장을 세분화하는 데 많이 활용되고 있다. 특히 소득에 따른 세분화는 생필품보다는 비교적 가격의 폭이 넓고 제품의 상징성을 가지고 있는 경우에 시장을 세분화하는 데 효과적이다. 이 기준에 의해 나누어진 세분시장들 간에는 구매력의 차이가 크게 나타나게 된다. 그 대표적인 제품으로는 자동차, 주택, 의류, 여행, 호텔 등을 들 수 있다. Four Season 호텔은 고소득층에, Courtyard by Marriott는 중간소득층을, Model 6은 고소득층을 표적시장으로 겨냥하고 있다.

그러나 상징성이 높은 제품이라고 해서 소득에 따른 시장세분화만으로 세분시장 간의 이질성을 적절히 나타내는 데 실패할 가능성이 높다는 점에 유의해야 한다.

예를 들면 Model 6은 고소득층에 소구하고 있지만 저소득층의 신혼여행 상품으로 구매될 수 있다. 최근 Park Hyatt 호텔, 롯데호텔 등이 객실과 면세점 등을 호화롭게 꾸며 고소득층에 소구하고 있지만 소득에 따른 시장세분화의 문제점을 충분히 직시할 필요성도 있다.

(3) 사이코그래픽적 세분화

사이코그래픽적 세분화는 구매자를 사회계층, 생활양식, 개성 등의 특성을 기초로 하여 몇 개의 집단으로 구분하는 방법이다. 같은 인구통계적 집단에 속하는 사람들이라도 매우 다른 사이코그래픽적 태도를 갖는 경우가 있다.

① 사회계층

사회계층이란 소득, 직업, 재산수준, 교육수준들을 복합적으로 고려하여 소비자의 사회적 지위를 구분하는 것인데 상류층, 중류층, 하류층으로 구분되거나 더욱 세분화되기도 한다.

사회계층이 시장세분화의 기준으로 사용될 수 있는 것은 자동차, 의류와 같이 비교적 가시적 제품의 경우 소비자들이 자신과 동일한 사회계층에 속한 사람들의 구매패턴에 영향을 받기 때문이다. 예를 들면 사회계층에 따라 시장세분화는 의류, 가구, 여가활동, 독서습관, 소매업자 등을 선호하는 데 크게 영향을 미치고 있다.

리츠칼튼(Ritz-Carlton)이 제공하는 오후의 홍차는 중상류층과 상류층을 겨냥하고 있다. 공장 근처의 레스토랑은 노동자계층을 표적으로 삼고 있다. 이러한 상류층에 속하는 각각의 고객은 그 밖의 고객과 한자리에 있기를 꺼려할 것이다.

② 라이프스타일

라이프스타일이란 '사람들이 살아가는 방식(a way of living)'을 말하며 개인의 행동(activity), 관심(interest), 그리고 의견(opinion)을 통해 나타나게 된다. 따라서 분류된 각 집단에 속하는 사람들은 그들의 활동, 관심, 의견 등에서 유사한 경우가 많다고 한다. 따라서 이와 같이 일반적인 라이프스타일에 관한 정보가 있으면 마케팅 전략에 이용할 수 있음은 물론이다. 그러나 라이프스타일이 세분화 기준변수로 이용될 때에는 보통 인구통계적 특성과 함께 측정된다. 이는 특정 라이프스타일을 지닌 소비자들의 인구통계적 특성이 전략수립에 매우 유용한 정보를 제공해 주기 때문이다. 예를 들면 나이트클럽은 특정 단골고객을 고려하여 설계되고 있다. 즉 이성을 접촉하고 싶어 하는 젊은 독신자, 동성을 만나고 싶어 하는 독신자, 독신의 장벽을 허물고 친구가 되기를 바라는 커플 등이다.

③ **퍼스낼리티**

퍼스낼리티는 '어떤 대상에 대하여 비교적 일관성 있게 그리고 지속적인 반응을 하도록 하는 개인의 독특한 심리적 특성'이다. 사람들은 각자 독특한 퍼스낼리티를 가지고 있으며 어떤 제품의 경우는 자신의 퍼스낼리티와 부합되는 상표이미지를 지닌 상표를 선호하기도 한다.

예를 들면 사우스웨스트항공은 스노모빌(snowmobiles)에서 마음껏 뛰어다니며 즐기기를 희망하는 연령층에게 소구하는 판매촉진을 개발하였다. 이 광고의 방향성은 20대 젊은이들에게 적합한 것이었다. 사우스웨스트항공은 자기들 자신을 아직 젊다고 생각하는 활동적인 연령층에게 소구하고 있다. 이 항공사는 모든 성인들을 대상으로 동심에 호소하고 있다.

(4) 행동변수에 따른 세분화

행동변수에 따른 세분화는 구매자를 제품에 대한 그들의 지식, 태도, 사용 또는 반응을 기초로 각각의 집단으로 구분하는 것이다. 대다수의 마케팅 관리자는 이 행동변수가 세분시장을 구축하는 데 있어 최선의 출발점이라 믿고 있다.

① **구매계기**

구매계기(purchase occasion)는 '구매의도가 발생하고 실제구매가 이루어지며 구매된 제품을 사용하는 상황'을 말한다. 따라서 구매계기에 의한 세분화는 기업이 제품사용법을 밝히는 데 기여할 수 있다. 예를 들면 어린이날은 자녀들을 데리고 놀이동산에 가 즐기는 날로 판매 촉진되어 있다. 이러한 것들을 상황 마케팅(occasion marketing)이라고 부른다.

② **추구편익**

이는 제품사용에 있어 비슷한 편익(benefits)을 추구하는 소비자들을 묶는 방법이다. 편익은 '소비자들이 제품을 소비하여 얻으려는 만족'을 말한다. 소비자들이 제품에서 얻으려는 편익은 기능적 편익과 심리적 편익으로 나눌 수 있다. 기능적 편익은 제품의 속성이나 기능을 통하여 얻어지는 편익을 말하며 경제성, 사용의 편리함 등이 여기에 해당된다. 심리적 편익은 제품이미지, 자기만족, 신분의 표시 등과 같이 심리적 측면을 통하여 얻어지는 편익을 말하며 야성적 이미지, 건강한 이미지, 세련미 등이 여기에 해당된다. 추구편익에 의하여 시장을 세분화하기 위해서는 특정제품 부류에서 소비자들이 추구하는 편익이 무엇이며, 그러한 편익을 추구하는 사람들이 어떠한 유형에 속하고, 나아가 각각의 편익을 제공해 주는 주요 상표들은 무엇인가를 알 수 있어야 한다.

표 6-1 레스토랑시장의 추구편익 세분화

추구하는 편익	가 격	접근성	맛
인구통계적 특성	청소년, 주부 다빈도 이용객	직장인	사업가
기타 행동적 특성	소규모 모임 (친구모임 등)	대규모 모임 (사은행사 등)	연인, 상용목적의 소규모 모임
선호상표	패스트푸드점	대규모 레스토랑	호텔레스토랑
개성	자율적	사교적	높은 자기관여
라이프스타일	쾌락적	활동적	가치 지향적

추구편익에 따른 시장세분화의 예는 〈표 6-1〉을 통해 살펴보았다. 레스토랑시장에서 소비자들이 레스토랑을 선택할 때 사용하는 기준은 가격, 접근성, 맛 등이었으며, 이러한 각각의 추구편익에 따라 인구통계적 · 행동적 · 심리적 특성이 각기 다르다는 것이다.

예를 들면 가격을 추구하는 소비자는 청소년층이나 주부들이고 이들은 자주 이용하는 고객이며, 자율적이고 쾌락적인 기질을 가지고 있다는 것이다. 레스토랑 기업은 이러한 정보를 가지고 있다면 특정 편익을 추구하는 세분시장을 표적으로 하여 그 편익을 충족시켜 줄 수 있는 제품을 개발할 수 있다. 또한 각 세분시장의 인구통계적 특성이나 사이코그래픽적 특성을 이용하여 효과적으로 표적시장에 접근할 수 있을 뿐만 아니라 적합한 촉진메시지도 개발할 수 있을 것이다.

③ 이용경험 여부

이용경험 여부(user status)에 의한 세분화는 시장을 비이용자, 과거의 이용자, 잠재이용자, 최초의 이용자 및 정기적 이용자 등의 집단으로 세분화하는 방법을 말한다. 대형항공사들은 높은 시장점유율을 확보하기 위하여 정기적 이용자를 유지하면서 잠재 이용자를 유치하는 데 매우 관심이 높다. 이를 위하여 정기 이용자에게 고객우대제를 시행하고, 잠재 이용자에게는 또 다른 방법의 마케팅소구를 하고 있다.

④ 이용빈도

이용빈도에 의한 시장세분화는 시장에서 제품 및 서비스의 구매빈도를 기준으로 저빈도 이용자, 중빈도이용 및 다빈도 이용자 등의 집단으로 구분하여 세분화하는 방법을 말한다. 실제로 여행상품은 다빈도 이용자가 시장에서 차지하는 비율이 저빈도 이용자보다 높다.

또한 호텔 이용객들 중의 다빈도 이용객들은 인구통계적 특성, 추구편익, 라이프스타일 등에서 비슷한 특성을 지니고 있기 때문에 이들의 특성을 파악하여 많은 호텔들이 마케팅 전략에 활용하고 있다. 예를 들면 Hilton Hotel은 이용빈도를 기준으로 상용우대프로그램을 만들어 그들에게 많은 이용 혜택을 제공하고 있다.

⑤ 충성도

충성도(loyalty status)란 '특정제품에 대하여 소비자가 지속적으로 선호하는 정도'를 말하며, 이러한 충성도를 기준으로 시장을 세분화하는 방법을 말한다. 기업은 언제나 한 상표를 구매하는 충성심이 강한 소비자들의 특성을 식별함으로써 전체 인구 중 유사한 특성을 갖고 있는 사람들을 표적으로 삼는 것이 효과적이다. 최근에 마케팅 관리자들은 관계마케팅(relationship marketing)을 통해 브랜드 충성도를 구축하려는 시도가 높다. 제조업은 그 고객과의 직접적인 접촉이 없을 경우가 많으나 거의 모든 서비스업계의 마케팅 관리자들은 자기들의 고객과 직접적인 접촉을 하고 있다. 그들은 이제까지 이용해 온 고객의 기초자료를 작성하여 고객과의 의사소통과 고객의 주문을 처리하기 위하여 이 정보를 활용할 수 있다.

어느 레스토랑에서는 그들이 좋아하는 직원, 와인, 테이블 선택, 최종이용, 그리고 그들의 외모까지도 상세하게 기록하여 레스토랑 직원이 그 고객을 식별하기 용이하도록 해놓고 있다. 이러한 레스토랑에서는 가장 중요한 고객에 대하여 특별예약 전화번호가 부여되고 있다. 이 번호로 걸어오는 개인은 즉각 중요고객이라는 것이 식별되어 우대한다.

⑥ 구매준비단계

소비자들은 특정제품을 구매할 때 여러 가지의 준비단계를 거치게 된다. 제품을 아직 모르는 사람, 알고 있는 사람, 관심을 가진 사람, 희망하고 있는 사람, 구매의사를 가진 사람 등 여러 가지 소비자로 구성되어 있다. 따라서 소비자들이 구매준비 단계 중 어느 단계에 얼마나 많은 소비자가 위치하고 있는가를 파악하는 것이 매우 중요하다.

롯데리아는 새로운 신제품인 매운맛 포테이토를 출시하였다. 소비자들은 매운맛 포테이토를 알고는 있었으나 그리 관심을 보이지 않았다. 그래서 매운맛 포테이토를 구매하는 고객에게 CD를 제공하는 등의 직접마케팅 홍보를 실시하였다. 이 홍보는 소비자에게 매운맛 포테이토에 대한 맛의 확신을 갖게 하였고 이는 매출의 증가로 이어졌다.

3) 세분시장에 대한 평가

세분시장이 존재한다면 가장 적합한 표적시장을 선정하기 위해 우선 여러 측면에서 매력도가 평가되어야 한다. 즉 기업이 세분시장을 겨냥하여 마케팅 프로그램을 개발하고 관계를 구축하기 위해 투자할 가치가 있는지를 결정하기 위해 세분시장의 규모와 구매력, 상정가능성 등을 측정할 수 있어야 한다. 이를 통해 측정된 고객은 장기적인 수익측면에서 타산이 맞아야 하며, 기업의 측면에서는 시간이나 인적 자원을 불필요하게 소모시키지 않아야 한다.

또한 선택된 세분시장은 광고나 마케팅 수단을 통해 기업의 노력이 세분시장 내 고객에게 전달될 수 있도록 접근 가능해야 한다. 마지막으로 기업이 실행 가능한 세분시장이어야 한다. 즉 서비스 기업이 세분시장을 유인하고 이들을 대상으로 사업하기 위해 서비스믹스를 설계하고 실행할 수 있어야 한다.

3. 바람직한 시장세분화가 갖추어야 할 조건

일반적으로 시장은 이질적 욕구를 가진 다양한 소비자들의 집합으로 이루어져 있다. 그러나 소비자 개개인의 욕구는 모두 상이하지만 특정 제품에 대한 태도, 의견, 구매행동 등의 면에서 유사한 소비자집단이 존재하고 있다. 이러한 비슷한 성향을 가진 사람들의 집단을 다른 성향을 가진 사람들의 집단과 분리하여 하나의 집단으로 묶는 과정을 시장세분화라고 한다. 즉 시장세분화란 '별개의 제품이나 마케팅믹스를 필요로 하는 각기 다른 욕구, 성격이나 행동을 가지고 있어 구별되는 구매자집단으로 특정시장을 구분하는 과정'을 말한다.

세분화를 실시하기 위한 많은 방법이 존재하고 있다. 그러나 이러한 모든 방법이 효과적이라고 말할 수는 없다. 예를 들면 레스토랑에서 식사하는 사람들을 금발의 고객과 브루넷(Brunette : 피부가 엷게 검고 머리카락과 눈 색깔이 검은색 또는 다갈색)의 고객으로 세분화한다면 머리 색깔은 레스토랑 식사 구입에 영향을 미치지 않는다. 이러한 시장세분화는 레스토랑으로 하여금 어떠한 이익을 가져다주지 않는다. 따라서 시장세분화는 몇 가지 기준을 가지고 시행하여야만 한다.

유효한 시장세분화가 이루어지기 위해서는 몇 가지 기준을 고려하여야 할 것이다.

1) 측정가능성(Measurability)

세분시장의 규모, 세분시장에 속한 소비자들의 구매력 등과 같은 시장을 세분화하기 위한 기준변수는 현실적으로 측정이 가능해야 한다. 그러나 어떤 세분화 변수들은 매우 측정하기가 어렵다. 흡연하는 미성년자들의 세분화 규모와 같은 어느 일정의 세분화 변수를 측정하는 것은 곤란하다.

2) 접근가능성(Accessibility)

마케팅노력으로 세분시장에 있는 소비자들에게 효과적으로 접근할 수 있어야 한다.

3) 실질적 규모(Substantiality)

시장의 규모가 수익성을 낼 만큼 커서 별도의 시장을 개척할 만한 가치가 있어야 한다. 세분시장은 특별한 마케팅프로그램을 경제적으로 지탱해 줄 수 있도록 가능한 한 동질적 집단으로 구성되어야 한다.

4) 실행가능성(Actionability)

세분시장에 효과적으로 마케팅프로그램을 실행할 수 있어야 한다. 예를 들면 소규모 항공사는 개인에 따라 시장부문을 규명할 수 있지만 직원과 예산이 너무도 부족하기 때문에 세분시장별로 개별적인 마케팅프로그램을 작성할 수 없다.

제2절 표적시장 선정

앞 단계에서 제시된 평가기준을 고려하여 서비스 마케팅 관리자는 서비스 세분시장 또는 표적세분시장을 선정하게 된다. 규모가 어느 정도는 되고 성장가능성이 있는 세분시장을 선정해야 한다. 그러기 위해 시장규모를 추정해야 하고, 수요예측을 통해 잠재력이 있는지를 파악하여 결정해야 한다. 또한 경쟁분석도 표적세분시장을 최종적으로 선택하는 데 있어 고려해야 한다. 경쟁분석에서 평가하는 요소는 현재 및 잠재 경쟁자, 대체서비스, 구매자 및 공급자의 상대적 교섭력 등이다. 마지막으로 기업은 선정할 세분시장이 기업의 목적이나 자원에 부합되는지를 판단해야 한다.

1. 표적세분시장 선정 시 고려사항

표적세분시장을 선정하는 데 있어 마케터는 일반적으로 다음과 같은 요인을 고려해야 한다.

1) 세분시장의 크기와 예상매출

새로운 세분시장은 수익을 창출할 수 있을 정도로 충분한 시장규모를 가져야 한다.

2) 기업의 자원

새로운 세분시장은 제품개발, 새로운 유통망, 생산설비, 촉진 등에 소요되는 재원을 기업이 부담할 수 있어야 한다.

3) 기존사업과의 연관성

추가적인 투자를 줄이기 위해 기존 제품들과 생산설비, 유통망, 촉진 등을 공유할 수 있는지, 이를 통해 얼마나 많은 원가절감을 가져올 수 있는지를 검토해야 한다.

4) 경쟁자의 전략

경쟁자가 차별적 제품으로 세분시장에 경쟁우위를 확보하고 있다면 이에 대응할 수 있는 제품을 개발해야 할 것이며, 경쟁자가 비차별적 전략을 쓰고 있다면 세분시장에 신제품을 출시하여 경쟁우위를 확보할 수도 있다.

5) 제품수명주기

제품수명주기 초기단계에서는 소비자들의 욕구가 세분화되지 않아 하나의 제품만으로 소구가 가능하나 성수기로 진입하게 될 때는 소비자들의 욕구가 다양해짐에 따라 이들 욕구를 충족시키기 위해 차별화된 제품이 필요하게 된다.

2. 표적시장 선정 전략

일반적으로 표적세분시장을 선정하는 방법으로는 다음과 같은 대안을 고려할 수 있다.

1) 비차별적 마케팅

시장의 요구가 상이하다고 보지 않고 그것이 공통적이라는 점에 주목하여 세분시장이 동일하다는 가정 아래 전체 시장에 하나의 시장 제공물을 출시하는 경우가 이에 해당된다. 이 경우 기업은 가장 광범하게 구매자를 정의하고 소구할 수 있는 마케팅계획을 작성한다. 그리고 기업은 좋은 이미지를 소비자의 심상에 심어주는 기본적 수단으로 대량 유통과 대량광고를 이용한다. 좁은 제품계열은 생산, 재고 및 수송 등의 각 비용을 낮게 유지할 수 있다. 또한 무차별적 광고 프로그램은 광고비를 낮출 수 있다. 그러나 현대의 마케팅 담당자는 거의 모두가 이러한 전략에 강한 의구심을 갖고 있다. 모든 고객 내지 대다수의 고객을 만족시킬 제품 또는 브랜드를 개발한다는 것이 불가능하기 때문이다.

그림 6-3 표적시장 선정 전략의 3가지 대안

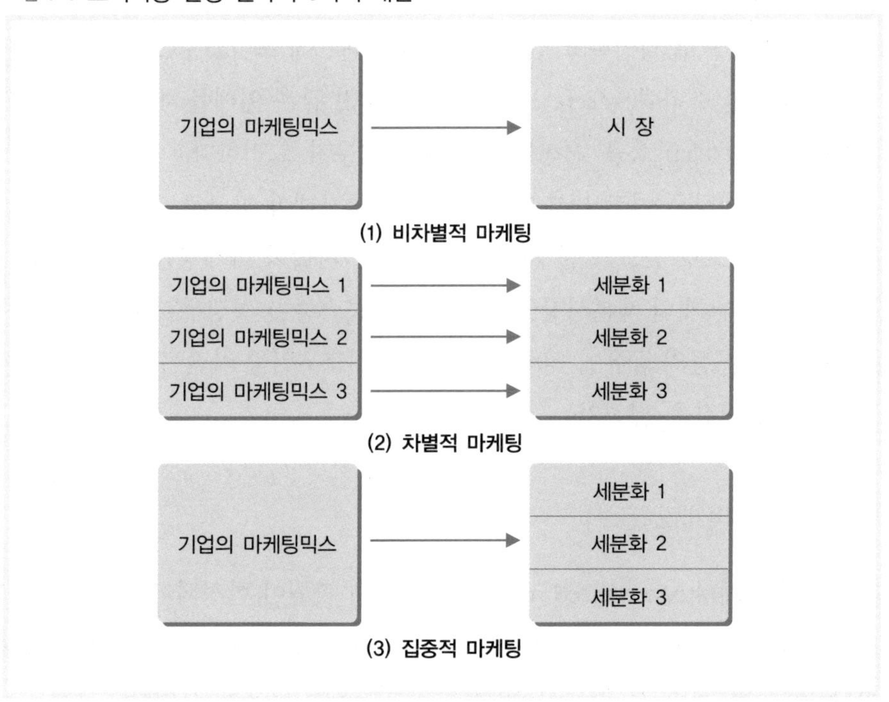

복수의 기업이 최대의 세분시장을 표적으로 삼게 되면 치열한 경쟁은 회피할 수 없게 된다. 소규모의 기업은 일반적으로 거대기업과 직접 경쟁한다는 것이 곤란하다는 것을 알기 때문에 틈새시장 전략(market niche strategy)을 채택하고 있다.

비교적 대규모의 시장세분화는 가격 인하를 비롯한 가격전쟁 가능성을 포함하고 있기 때문에 과중한 마케팅 비용으로 말미암아 커다란 이익을 낳지 않을 수도 있다. 이러한 문제를 인식하여 많은 기업에서는 제품차별화를 평가할 수 있는 비교적 협소한 세분시장 또는 틈새(niche)를 표적으로 삼고 있다.

2) 차별적 마케팅

차별적 마케팅 전략(differentiated marketing strategy)을 이용함에 따라서 기업은 몇 개의 시장세분화를 표적으로 삼고 각 세분시장에 대하여 상이한 제공물을 설계할 수 있다. 예를 들어 프랑스의 아코르 호텔(Accor Hotels)은 12개의 트레이드 네임으로 영업하고 있고, 몇 개의 브랜드에 포함되는 호텔로는 세계 최고급 호텔인 소피텔(Sofitel), 노보텔(Novetel) 및 같은 연배를 대상으로 한 장기체재호텔(Hotelia) 등을 시장에 제공하는 경우가 그러하다.

이러한 마케팅은 여러 세분시장에 동시에 투자해야 하므로 재운이 뒷받침될 수 있을 정도로 규모가 큰 기업에 적절하다. 차별화 마케팅을 채택한 기업들은 흔히 한두 개의 세분시장을 집중적으로 공략하여 경쟁우위를 확보한 후, 유통이나 생산 등의 공유에 의해 경쟁자보다 비교우위를 가질 수 있는 세분시장으로 제품시장을 넓혀가는 것이 보편적이다.

3) 집중적 마케팅

집중적 마케팅(concentrated marketing)은 특히 자원이 한정되어 있는 기업에 소구할 수 있다. 대규모 시장 가운데서 시장점유율을 추구하는 대신에 기업은 하나 또는 몇 개의 소규모 시장에서 큰 점유율을 획득하게 된다.

집중적 마케팅을 실시하는 기업의 예에서 많이 찾아볼 수 있다. 로즈우드 호텔(Rosewood Hotels)은 고가의 호텔객실 시장에 중점을 두고 있다. 모텔 6은 저가격 객실시장에 집중하고 있다. 집중적 마케팅을 통하여 기업은 자기들이 제공할 수 있는 세분시장에 있어서 강력한 시장지위를 획득하고 있으나 그것은 이러한 세분시장의 욕구를 충분히 알고 있고 기업이 획득하는 특별한 명성에 의존하는 바가 크다. 기업은 또한 생산, 유통 및 판매촉진 면에서 전문화를 추진하기 위하여 많은 업무상의 경제성을 향유하고 있다. 시장세분화를 지속적으로 선택할 수 있다면 기업은 높은 투입자본수익률을 올릴 수 있다.

그러나 특정세분시장이 변화할 수 있기 때문에 집중적 마케팅은 통상보다도 높은 위험부담을 안고 있다. 이러한 이유에서 기업은 2개 또는 그 이상의 시장에서 영업하기를 원한다.

제3절 포지셔닝 전략

1. 포지셔닝의 개념

기업은 그 표적시장이 될 세분시장을 일단 선정하면 이러한 세분시장 가운데 어떤 포지션(position)을 차지할 것인가를 결정하여야 한다.

제품의 포지션(product's position)이란 중요한 특징에 관하여 소비자가 그 제품을 규정하는 방법이다. 소비자는 제품과 서비스에 대한 필요 이상의 정보로 혼란스러워하고 있다. 그들은 구매의사결정을 단순화하기 위하여 제품을 다음과 같은 범주 안에서 제품과 회사가 자리 잡게 한다. 즉 그들의 마음 한가운데 제품과 회사가 자리 잡게 하는 것이다.

이러한 포지셔닝(positioning)은 사람들의 행위가 그들의 가치관에 의해 지배된다는 기본적인 가정에 입각한다. 다시 말하면 지각이 선호로 이어진다는 것인데 더 쉽게 말하면 특정제품계층에 관한 학습, 즉 지각과 상표에 대한 태도 및 구매행동 사이에는 어떠한 관계가 있다고 보는 것이다. 이처럼 포지셔닝 개념은 태도세분화의 지각부분과 직접적인 관련이 있기 때문에 포지션이 이루어지지 않으면 소비자는 제품이나 상표에 대한 명확한 지각을 할 수 없게 된다. 따라서 어떤 제품의 명확한 포지션을 소비자의 마음속에 설정하려면 제품, 소비자, 유통업계, 경쟁 및 광고활동 등을 다른 것과 구별되는 독특한 방식으로 조합하고 전략을 입안하여야 한다.

2. 포지셔닝 전략

마케팅 관리자는 몇 가지의 포지셔닝 전략을 채택할 수 있다. 그들은 특정 제품의 속성에 따라서 스스로가 제품의 위치를 설정할 수 있다. 모텔 6은 저가격을 간판으로 내걸고 있고, 힐튼은 그 입지(locations)를 홍보하고 있다.

또한 제품은 그것이 충족되는 욕구와 제공하는 편익을 기준으로 포지셔닝할 수 있다. 베니건스(Bennigans)는 놀이장소로서 자사를 광고하고 있다. 이에 많은 여성들에게 모임장소로서 그 이미지가 확산되고 있다. 마케팅담당자는 또한 여성 전용호텔로서 자사를 광고하는 호텔과 같이 이용자의 일정계층에 대하여 포지셔닝할 수도 있다.

제품은 기존 경쟁사에 대하여 포지셔닝된다. 패스트푸드로 가장 큰 시장을 가지고 있는 곳이 맥도날드이다. 맥도날드는 빠르고 값싸게 소비자에게 햄버거를 공급함으로써 소비자들의 사랑을 받았다. 하지만 맥도날드의 약점을 파고든 기업이 있었으니 그 이름 버거의 왕 '버거킹'이다. 기존의 맥도날드는 빠르고 값싸게 공급하는 대신 햄버거를 만드는 재료인 빵, 야채, 소스 등이 모두 표준화되어 있었다. 이에 버거킹은 소비자의 기호에 맞춘 햄버거를 선보였다. 그들은 '귀하의 입맛대로 잡수십시오(Have it your way)'라는 슬로건을 내걸고 특별한 빵과 야채, 소스 등을 준비해서 소비자가 취향에 맞게 햄버거를 먹을 수 있도록 했다. 또 그들은 기름에 튀겨내는 타 패스트푸드와 달리 직접 불에 구워서 느끼하지 않고 담백한 햄버거를 만들어서 큰 인기를 얻었다.

3. 포지셔닝 전략의 선정과 실시

포지셔닝 선정작업은 다음 세 가지 단계로 이루어진다. 즉 포지셔닝을 할 수 있는 경쟁우위의 집합을 명확히 하는 일, 적절한 경쟁우위를 확보하는 일, 그리고 신중히 선택된 표적시장에 대하여 선택한 시장위치를 효과적으로 전달하고 명확히 하는 일이 그것이다. 기업은 경쟁우위를 확보함으로써 경쟁사와 구별될 수 있다. 기업은 유사한 제품에 대하여 경쟁타사보다 값싼 가격을 소비자에게 제시하든가, 또는 보다 값비싼 가격을 정당화할 수 있는 편익을 제공함으로써 경쟁우위를 향유할 수 있다.

1) 제품에 의한 차별화

기업은 제품을 차별화하든가 경쟁사와 유사한 제품을 제공할 수도 있다. 오늘날 거의 모든 제품은 경쟁사의 그것과 차별화를 시도하고 있다.

기업은 어떤 방법으로 자기들의 제공물을 경쟁사의 그것과 구별할 수 있는가? 기업은 물리적 특성, 서비스직원, 입지 또는 이미지 등에 착안하여 차별화하는 것이 가능하다.

(1) 물리적 특성에 따른 차별화

신장 개업한 뉴욕 월도프 아스토리아(Waldorf Astoria), 싱가포르의 래플스(Raffles), 샌프란시스코의 쉐라톤 플레이스(Sheraton Place) 등의 전통적인 호텔은 과거의 위엄을 살려 스

스로 차별화하고 있다. 이러한 물리적 환경은 새로이 건설된 호텔이 대항할 수 없는 무엇인가를 제공하고 있다.

MGM 항공은 1등석 승객만이 이용할 수 있게 설계된 항공여행을 제공하고 있다. 이 항공기는 대형 국내항공의 1등석에서는 찾아볼 수 없는 바(bar)와 침대 및 그 밖의 시설을 갖추고 있다.

(2) 서비스에 따른 차별화

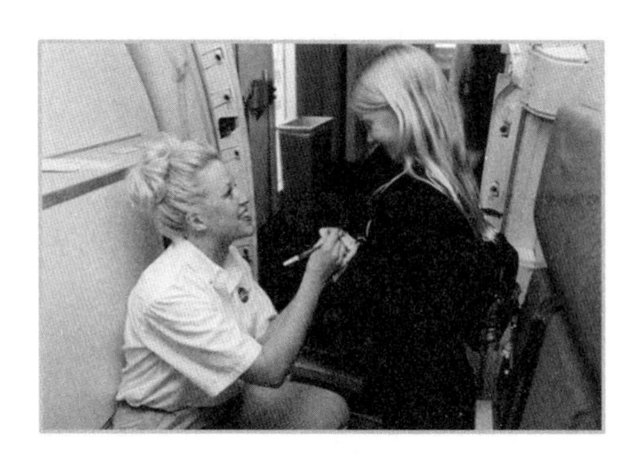

서비스를 중심으로 차별화하고 있는 기업도 있다. 예를 들면 쉐라톤은 객실 내에서 체크인 서비스를 제공한다. 레드 랍스터(red lobster)에서는 고객이 집에서 전화를 걸어 웨이팅 리스트에 자기들의 이름을 써넣게 하여 레스토랑에서의 대기시간을 없앴다. 몇 개의 레스토랑에서는 차별화의 일환으로 직접 가정으로 배달하고 있다. 표적시장에 대하여 편익이 되는 서비스를 제공함으로써 기업은 차별화를 확보할 수 있다.

(3) 직원에 의한 차별화

기업은 경쟁사보다 우수한 직원을 채용하든가, 훈련을 통해 강력한 경쟁우위를 확보할 수 있다. 싱가포르항공이 탁월한 명성을 획득한 것은 주로 승무원들이 우아하기 때문이다.

직원에 따른 차별화는 기업이 그들의 고객과 접촉하는 사람들을 주의 깊고 신중하게 선발하여 충분한 훈련을 해야 한다. 이러한 직원은 유능하지 않으면 안된다. 이들은 필요한 기술과 지식을 갖추고 있을 필요가 있다. 이들은 친절하고 호의적이며 예의바른 태도가 필요하다. 이들은 고객에 대하여 시종 일관 올바른 서비스를 제공하여야 한다. 그리고 이들은 고객의 입장을 이해하여 그들과 원활한 의사소통을 하고 고객의 요구와 문제에 대해 신속하게 대응하여야 한다.

(4) 입지에 의한 차별화

서비스업계에 있어서 입지(location)는 강력한 경쟁우위를 확보할 수 있는 수단이 된다. 예를 들면 고속도로 출구에서 나와 오른쪽에 위치하는 모텔은 1블록 떨어져 있는 호텔에 비하여 이용자의 비율이 2배 이상 높을 수 있다.

(5) 이미지에 의한 차별화

경쟁하는 제공물이 동일한 것으로 보일 때에도 구매자는 기업 이미지와 브랜드 이미지에 따른 차이를 지각할 수 있다. 따라서 기업은 경쟁사와 자기들을 구별할 수 있는 이미지를 확립할 필요가 있다. 기업 이미지와 브랜드 이미지는 제품의 주요이점과 시장위치를 전달할 수 있는 유일의 명확한 메시지를 가져야 한다. 그러나 강력하면서도 명확한 이미지를 확립한다는 것이 기업에게 그리 쉬운 일은 아니다.

4. 적절한 경쟁적 우위성

무엇이 제일의 포지션을 확고하게 만드는가, 그 주요위치란 고품질 서비스, 최저가격, 최적의 가치, 최적의 입지 등을 말한다. 표적시장에 있어서 중요한 포지션을 차지할 수 있게 끊임없는 노력을 기울이고 항상 그 표적시장의 요구에 맞추어 공급하는 기업은 명성을 얻게 되고, 잊혀지지 않는 존재가 된다.

마케팅 관리자들은 그 기업을 한 가지 이상의 차별화요인으로 포지셔닝하여야 한다고 생각하고 있다. 어느 레스토랑에서는 최고의 스테이크와 서비스 제공이 요구될지 모른다. 어느 호텔은 최고의 가치와 최적의 입지를 요구할지 모른다. 오늘날 대량시장(mass market)은 많은 작은 세분시장으로 세분화될 때 기업은 보다 많은 세분시장에 소구하기 위하여 자기들의 포지셔닝 전략을 확대하려고 한다.

일반적으로 기업은 포지셔닝과 관련하여 3가지의 과오를 범할 수 있다.

첫 번째 과오는 낮은 포지셔닝을 하든가, 또는 기업에 대하여 포지셔닝을 하지 못하는 경우이다. 몇몇 기업에서 구매자는 그 기업에 대하여 애매한 생각을 갖고 있다든가, 또는 기업에 대하여 특별한 것을 실제에 있어서 알고 있지 못하다는 것을 발견하고 있다.

두 번째 과오는 높은 위치설정을 하든가, 또는 구매자에 대하여 기업이 너무나 좁은 현실의 모습을 제시하고 있다는 것이다.

셋째로 기업은 구매자가 기업에 대하여 혼동을 일으킬 이미지를 부여하는 등 혼란을 일으킬 포지션을 차지할 수 있다는 것이다.

브랜드에서 어떤 차이를 돋보이게 할 것인가? 모든 브랜드의 차이가 의미가 있고 가치가 있는 것은 아니다. 또한 모든 차이가 뛰어난 차별화로는 될 수 없다. 각각의 차이는 고객에게 이익을 주지만, 기업에게는 비용증가를 안겨줄 수 있다.

따라서 기업은 경쟁사와 자기들의 차별화하는 방법을 다음과 같은 기준을 토대로 신중하게 선정하여야 한다.

① 중요성(important) : 이 차이는 표적구매자에 대하여 뚜렷하게 가치 있는 이익을 가져다준다.

② 독특성(distinctive) : 경쟁사는 이 차이를 제공하지 못하든가, 또는 그 기업이 보다 명확한 방법으로 이 차이를 제공할 수 있다.

③ 탁월성(superior) : 이 차이는 고객이 같은 이익을 얻는 그 밖의 방법보다 탁월하게 제공한다.

④ 전달가능성(communicable) : 이 차이는 구매자에게 전달가능하고 가시적이다.

⑤ 선발권(preemptive) : 경쟁사는 이 차이를 용이하게 모방할 수 없다.
⑥ 경제적 이점(affordable) : 구매자는 이 차이에 대하여 여분으로 지불할 수 있다.
⑦ 수익성(profitable) : 기업은 이 차이를 도입함으로써 이익을 얻는다.

기업이 이러한 포지셔닝 전략을 기획하여 가능한 경쟁우위의 목록을 3개로 좁혔다고 가정해 보자. 기업은 가장 개발할 가치가 있는 것을 선정하기 위하여 어떤 틀이 필요해진다.

5. 선정된 포지션과 커뮤니케이션

포지셔닝의 특징과 내용이 명백하면, 기업은 이 포지션을 표적고객에게 전달하여야 한다. 기업 마케팅믹스의 모든 노력이 이 포지셔닝 전략을 뒷받침하는 것이어야 한다. 따라서 기업이 서비스의 탁월성을 구축하기로 결정하였다면 서비스지향 직원을 채용하여 이들의 훈련계획을 작성하고, 좋은 서비스를 제공하기 위하여 직원에게 충분한 보수를 지급하며, 이러한 서비스의 탁월성을 전달하기 위한 판매 및 광고메시지를 개발할 필요가 있다. 지속적으로 포지셔닝 전략을 계획하고 실시하는 것이 그리 용이한 일은 아니다. 많은 반대세력의 움직임이 더욱 활발해진다. 기업이 활용하는 광고대리점은 선정된 포지션을 좋아하지 않을 수도 있고 또한, 반대할 수도 있을 것이다.

새로운 경영자는 포지셔닝 전략을 이해하지 못할 것이다. 직원의 훈련 및 판매촉진 등의 중요프로그램에 대하여 부정적일 수도 있다. 유효한 포지셔닝을 실현하기 위해서는 경영자, 직원, 유통업자 등에 의하여 지속적으로 뒷받침되는 지속적인 장기프로그램이 필요하다.

제7장 내부마케팅

제1절 내부마케팅의 의의 및 추진과정

1. 내부마케팅의 개념

내부마케팅이란 내부시장의 직원이 활발한 마케팅방식의 접근(활발한 마케팅방식의 조정된 방법으로 수행되는 다양한 활동)을 통하여 서비스 마인드와 고객지향행동에 가장 적절한 동기부여를 하는 것이다. 내부마케팅은 기업의 직원을 관리하기 위하여 마케팅의 역할을 활용하는 것이다. 내부마케팅은 기업내부의 직원을 대상으로 한 마케팅이다.

서비스기업에서 직원은 제품을 제공하고, 그 제공을 통하여 직원은 그 제품의 일부가 된다. 경쟁타사제품의 가시적인 부분에 대한 차별화에는 곤란한 일이 많다. 같은 가격대의 병원이나 법률상담에 있어서도 마찬가지이다. 제품차별화는 때때로 그 서비스를 제공하는 사람으로부터 생기는 일이 있다. 서비스기업에 있어서 모든 마케팅활동은 마케팅부문 이외의 직원에 의하여 실시된다. 서비스기업의 마케팅프로그램은 기업에 많은 고객을 유치하는 일이다. 서비스기업의 직원은 처음 찾아온 고객을 단골고객으로 만들지 않으면 안된다. 단골고객의 인원수와 이익에는 긍정적인 상관관계가 있다. 어느 연구에 따르면 단골고객이 5% 증가하면 순이익을 25%에서 125%까지 증가시킬 수 있다.

서비스 매니지먼트 그룹의 노만(R. Normann)은 거의 모든 서비스기업에 있어서 중요한 일은 인간의 에너지를 활동하게 하고 집중시키기 위한 약간의 혁신적인 조정방법이라고 말하고 있다. 노만은 '진실의 순간(moments of truth)'이라는 용어를 만들어냈다. 그것을 후에 스칸디나비아항공의 칼존(Jan Carlzon) 사장이 보급시켰다. 직원과 고객의 접촉은 어느 시기에 결정적 순간이 생긴다는 것이다. 노만은 이것이 생기게 되면 이미 회사로부터 직접 영향을 받는 일은 없게 된다고 말하고 있다. 그것은 기업의 대표자에 의하여 실행되는 기능, 동기부여 및 도구이며, 서비스 제공 과정을 형성하는 고객의 기대와 행동이다.

노만은 투우사가 투우장에서 수소와 대치할 때의 순간을 표현하기 위하여 사용한 용어를 차용한 것이다. 주도면밀한 훈련과 준비를 했음에도 투우사의 잘못된 동작 하나 또는 수소의 예기치 않았던 움직임이 재해를 초래한다. 마찬가지로 직원이 고객을 접대할 때 직원의 부주의로 발생한 잘못과 고객의 무리한 요구사항으로 인해 그것이 충족되지 못할 때 고객에게 불만을 안겨줄 수 있다는 것이다.

서비스기업은 직원이 그 제품의 일부를 구성한다는 점에서 독특하다. 따라서 기업들은 진실의 순간에 있어서 세련된 접객을 할 수 있는 유능한 직원을 두어야 한다.

사람들이 마케팅에 대하여 갖는 생각은 통상 회사 외부인 시장에 돌려지는 일체의 활동으로 인식되고 있다. 그러나 서비스기업에 있어서 최초의 마케팅 노력은 내부직원에 관심을 집중하여야 한다. 직원은 근무하는 회사와 판매하는 제품에 대하여 열정이 있어야 한다. 그렇지 않다면 고객을 감동시킨다는 것이 불가능하기 때문이다. 외적 마케팅은 고객을 기업으로 데려오기는 하나, 직원이 기대 이하의 서비스밖에 할 수 없다면 외부마케팅은 아무런 의미도 없게 된다. 따라서 마케팅 관리자는 직원이 훌륭한 서비스를 제공할 수 있게 하고, 그것을 적극적으로 수행할 수 있는 기법을 개발하는 것이 매우 중요한 과제이다.

2. 내부마케팅의 추진과정

보편적으로 내부마케팅은 [그림 7-1]과 같은 과정으로 실시된다.

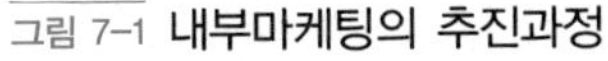
그림 7-1 내부마케팅의 추진과정

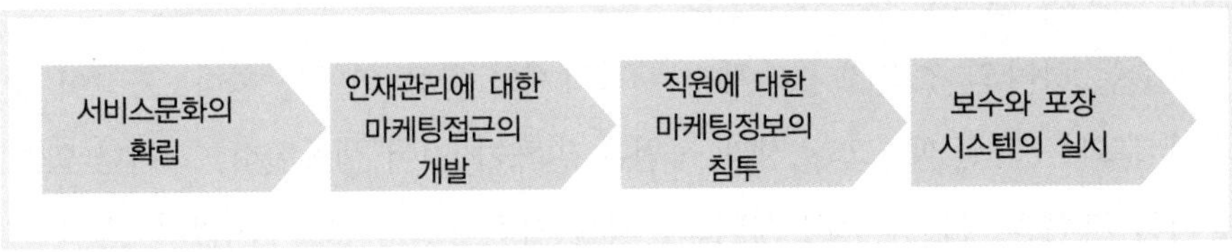

1) 서비스문화의 확립

모든 조직에는 문화가 있다. 몇몇 기업에 있어서 그것은 매우 미미한 것일지도 모른다. 적절히 관리된 기업의 경우 조직 내에 있는 누구라도 그 문화를 잘 받아들이고 있다. 강력한 문화는 다음 2가지 방법을 통하여 조직을 지원하고 있다. 첫째로 그것은 행동을 이끈다. 직원은 어떻게 행동할 것인가, 그리고 그들에게 무엇이 기대되고 있는가를 알고 있다. 둘째로 강한 문화는 직원에게 목적의식을 부여하고 그 기업에 대하여 호감을 갖게 한다. 직원은 회사가 무엇을 성취하려 하는가, 그리고 목표를 달성하기 위하여 어떻게 지원하면 되는가를 알고 있다.

반면, 기업문화가 약한 기업에서는 공통의 가치와 규범이 거의 없든지, 전혀 존재하지 않는다. 직원은 방침과 규칙에 때때로 속박을 받고 있다. 이러한 방침과 규칙은 고객서비스라는 측면에서는 별 의미가 없는데, 결과적으로 직원은 이 규율과 규칙 범위 밖의 문제에 대하여 어떤 결정을 내릴 때는 불안감을 갖게 된다.

확립된 가치가 존재하지 않으므로 직원은 기업이 어떻게 행동하기를 바라는지를 알지 못한다. 그리고 직원은 행동양식을 찾는 데 시간을 소비하게 된다. 직원이 해결책을 생각해 냈을 때에는 그것을 그 문제에 적용하기 전에 그 문제에 대한 책임을 상층부에 보고할 필요성을 느낄지도 모른다. 결정이 내려지는 과정 중 고객은 대답을 받기까지 몇 분, 며칠, 또는 몇 개월을 계속 기다리지 않으면 안된다. 강한 문화를 가진 기업의 직원은 무엇을 할 것인가를 알고 있고, 그것을 실행한다. 고객은 질문에 대한 신속한 응답과 문제에 대한 신속한 해결을 얻을 수 있다.

문화는 하나의 조직을 결속시키는 접착제와 같은 역할을 한다. 조직이 강력한 문화를 가질 때, 그 조직과 직원은 일체가 되어 행동한다. 그러나 약한 문화를 가진 회사는 반드시 서비스문화를 가진다고는 말할 수 없다. 강한 서비스문화는 직원에게 고객지향으로 행동하도록 방향을 제시한다. 그리고 그것은 고객지향의 조직을 구축하는 제1보이다.

종래의 조직구조는 삼각형의 모양을 하고 있다. 예를 들면 호텔에 있어서는 최고경영책임자(CEO : Chief Executive Officer)와 최고집행책임자(COO : Chief Operating Officer)가 이 삼각형의 정점에 위치한다. 총지배인은 그다음에 위치하고 각 부문의 장 · 중간관리자(supervisors), 접객직원, 고객 순으로 아래로 계속되고 있다.

기업이 서비스문화를 갖게 되면 조직도는 그 반대가 된다. 고객은 조직의 최상위에 위치하고, 경영관리자는 그 구조의 최하위에 위치하게 된다. 이런 부류의 조직에서는 모두가 고객에게 서비스하기 위하여 일하고 있다. 기업의 경영관리자는 총지배인이 고객에게 서비스하는 것을 지원하고, 총지배인은 고객에게 서비스하는 부문을 지원하며, 부문의 장은 중간관리자가 고객에게 서비스하는 데 있어서 보다 나은 시스템을 만들어내고, 그리고 중간관리자는 고객에게 직접 서비스를 제공하는 접객직원을 지원하게 된다.

고객지향적인 조직을 구축하기 위해서 경영자는 시간과 예산지원에 확고한 의지가 있어야 한다. 고객지향 시스템으로 바꿔 나가기 위해서는 직원에게 권한을 위양하는 것뿐만 아니라 고용, 훈련, 보수체계, 고객의 고충처리에 관한 개선을 필요로 한다. 경영자는 고객 및 접객직원과 대화시간을 많이 가져야 한다. 경영자는 이러한 변화에 깊이 관여하고 있어야 한다.

그림 7-2 고객만족을 위한 역조직구조

2) 인재관리 마케팅

(1) 우수인재의 확보

최고의 서비스를 수행할 수 있는 인재를 고용하는 것은 서비스 마케팅에 있어서 가장 중요한 요인 중의 하나이다. 그러나 많은 서비스기업은 이러한 것이 중요하지 않은 것처럼 생각하고 있다. 많은 기업들은 자신들이 고용하는 종사원을 잘못 정의하고 있고 대단히 낮은 기준을 가지고 있다. 많은 기업들은 직원을 고용하는 면접 및 선발과정에서 일부직원에게 의존하며 때로는 이러한 업무가 완전히 인사부서에 위임되기도 한다. 서비스기업은 그들을 변화시킬 수 없는 현실이라고 가정함으로써, 상상할 수 없는 이직률에 봉착하고 있다.

경영자는 직원을 채용 · 유지하기 위하여 마케팅 원리를 활용하여야 한다. 경영자는 고객의 욕구를 조사하는 것과 마찬가지로 직원의 욕구에 대해서도 연구 · 조사하여야 한다. 모든 직원은 같을 수가 없다. 어떤 직원은 수입을 보충하기 위하여 일을 찾고 있고, 또 다른 직원은 유일의 수입원이 될 일을 찾고 있다. 마케팅 관리자는 직원고용시장을 세분화하기 위하여 마케팅 조사를 실시할 수 있다. 즉 기업을 위하여 최고의 직원세분화를 선택하고 그 세분시장을 유인하기 위한 마케팅믹스를 전개한다.

직원을 위한 마케팅믹스란 업무, 급여, 복리후생, 입지, 통근, 주차장, 근무시간, 위신과 명기되어 있는 승진기회와 같은 무형의 보수 등의 대우를 말한다. 고객이 상품을 구입할 때 서로 다른 속성을 추구하는 것과 마찬가지로 직원도 각기 다른 이익을 추구한다. 어떤 사람은 유연한 근로시간에 매력을 느낄지 모르고, 어떤 사람은 건강보험이 잘 되어 있는 데 마음이 끌릴지 모르며, 또한 어떤 사람은 탁아시설에 매력을 느낄지도 모른다.

업무와 가사와의 유연한 근무시간, 직원이 스스로의 이익패키지를 설계할 수 있는 카페테리아형(cafeteria-style)의 이익프로그램 및 탁아시설을 특정 직원층을 유인하기 위하여 이용할 수 있다.

광고는 장래의 직원을 염두에 두고 개발되어야 한다. 즉 현재와 미래의 직원과 고객을 위하여 좋은 이미지를 확립하는 것이다. 직원은 고객이 어느 기업을 선택하든가, 다른 기업으로 변경하든가 하는 것과 마찬가지로 사용자를 선택하고 변경한다. 고객과 직원을 잃으면 기업으로서는 값비싼 대가를 치르게 된다. 시장에서의 위치와 기업이익을 확보하기 위하여 마케팅접근을 이용하는 것은 우수한 직원을 유치하여 유지하는 데 큰 도움이 된다.

직원 전직에 관련된 비용은 1980년대 말 1인당 평균 2,100달러로 추정되고 있다. 즉 어느 호텔기업이 100%의 전직률로 200명의 직원이 전직하게 되면 40만 달러 이상의 비용이 들어가게 된다. 현재는 틀림없이 그 이상의 비용이 들어간다. 따라서 전직률을 감소시키면 몇 백만 달러가 절약되는 것이다.

(2) 채용과정

경영자는 고객서비스에 대한 기대에 기초하여 각각의 직위에 이상적인 지원자들의 프로필(profile)을 만들고, 모집에 있어서 이러한 프로필을 이용한다. 경영자는 면접진행에 있어서 좀더 많은 종사원을 참여시켜 좀더 유능한 지원자에게 여러 차례 면접하는 방식을 통해 특정한 직위에 가장 적합한 지원자를 찾을 수 있도록 많은 지원자와 면접을 하여야 한다.

스위스항공(Swiss Air)은 채용희망자를 신중히 심사하고 개인면접후보자를 선정하여 5~6시간의 선발과정을 실시한다. 이 과정에서 통과된 지망자에게 3개월간의 견학 및 실습을 시킨다. 서투른 직원으로 인한 착오를 커버하기보다 우수한 직원을 선발하는 데 투자하는 편이 낫다는 것을 인식하고 있으므로, 스위스항공은 각 채용대상자에게 막대한 자원을 투자하고 있다. 스위스항공은 우수한 직원을 고용하는 중요성을 이해하고 있는 것이다.

(3) 팀워크

서비스업무는 고객의 욕구에 부응하는 것이며 이러한 업무를 효과적으로 수행하지 못했을 때 종사원은 사기가 저하되고 좌절하기도 한다.

꽉 찬 레스토랑, 매우 바쁜 은행지점에서와 같이 서비스해야 할 고객이 너무 많은 경우 정신적 · 신체적으로 상당한 압박감에 압도당할 수 있다.

서비스 제공자들의 동기를 지속적으로 유지하는 하나의 중요한 방법은 팀워크이다. 서로 돕고 이해하며 같이 작업하는 동료 간에 서로 영향을 미치는 공동체는 고객에게 가장 완벽한 서비스를 제공할 수 있는 큰 자원이 된다.

이러한 팀워크는 종사원의 사기를 향상시켜 주며 재미를 느낄 수 있게 한다. 이러한 팀에의 참여는 개인적 업무수행에 있어 종사원의 관심을 부추긴다.

(4) 교육

직원은 자기 기업에 관한 내용이나 다루고 있는 상품이나 고객이 좋아할 다른 제품에 대하여 아무것도 알지 못하는 경우가 많다. 직원이 자기가 근무하는 회사와 판매하는 제품에 대하여 열의가 없으면 열의 있는 고객을 창조한다는 것이 곤란할 것이다. 직원이 유능하다면 회사로부터 정기적으로 정보를 획득하여야 한다. 회사의 연혁, 현재의 사업, 경영이념과 비전은 직원이면 알아두어야 할 사항이다. 기업의 성공에 기여하는 정열을 직원에게 불어넣는 것이다.

몇몇 업계에서 탁월한 서비스를 제공하고 있다고 알려진 우량기업에는 크로스 트레이닝(cross training)연수교육을 실시하고 있다. 이러한 연수교육은 직원을 여러 부서에서 연수하게 한다. 따라서 다른 부서가 어떤 역할로 업무를 집행하는가를 알게 하고 부서 간의 협력을 위한 업무를 익힐 수 있으며 또한 전 직원에게 일정연수교육의 경험을 갖게 함으로써 공통된 문화를 공유하게 한다.

이러한 순환효과(circular effect)에 관한 연구결과는 다음 사항을 명백히 해주고 있다. 즉 직원의 업무에 대한 만족도, 대처방안 및 안정성이 높아짐에 따라 그들의 고객에 대한 집중도 함께 늘어나고 있다는 것이다.

미국의 맥도날드 햄버거 모의대학이나 KFC 모의대학은 종업원 교육훈련의 사례로 유명하다. 또한 호텔 신라는 초기의 과감한 투자를 통해 1980년대에 서비스 교육센터를 개장하여 많은 졸업생을 배출함으로써 상당한 성과를 거두었다고 내부평가를 받았다.

체계적인 훈련프로그램은 조직을 고객중심으로 바꾸는 데 매우 효과적인 방법이다. 스칸디나비아항공(SAS)은 고객중심적 조직 구조개편을 위해 2만 명 이상 종업원의 훈련을 실시했다. 이러한 대규모 투자는 성공적 기업으로 거듭나는 최고의 프로그램으로 평가받고 있다.

제2절 마케팅정보의 활용

1. 직원에 대한 마케팅정보의 침투

고객과의 가장 효과적인 커뮤니케이션 방법은 접객직원을 활용하는 것이다. 그들은 호텔의 헬스클럽이나 비즈니스센터와 같은 부가적 제품(additional products)을 추천할 수 있기 때문이다. 그리고 그것이 고객의 이익이 될 때 매출액을 올릴 수 있다. 고객이 무엇인가의 문제로 당황하기 전에 직원은 그것을 해결할 수 있는 기회가 때때로 있다. 유감스럽게도 대부분의 회사는 접객직원을 고객과의 의사소통 사이클에서 제외시키는 경우가 있다. 마케팅 관리자는 이제부터 열릴 행사나 광고캠페인, 새로운 판매촉진에 대하여 부 · 과장급과는 상의도 하고 지시하고 있으나, 직원에게까지 이러한 정보를 알릴 필요는 없다고 생각하고 있다.

경영자의 행동은 직원과 의사소통을 취하는 하나의 방법이다. 모든 직위의 관리직은 직원이 그들의 행동을 모범으로 보고 있다는 것을 인식하여야 한다. 만약 총지배인이 바닥에 버려져 있는 휴지를 줍는다면 다른 직원도 같은 일을 하게 될 것이다. 직원들이 하나의 팀으로서 협동하는 중요성에 대하여 강조하는 경영자는 그 개인적인 행동을 통하여 팀워크에 대한 소망을 달성할 수 있다. 직원들의 업무에 관심을 보인다든가, 돕는다든가, 직원들의 이름을 기억한다든가, 직원식당에서 함께 식사를 하는 행동은 경영자의 말에 대한 신뢰를 갖게 할 것이다.

서비스기업은 사내에서 커뮤니케이션의 한 방법으로 인쇄물을 사용하는 것이 좋다. 대다수의 복수사업부제 기업은 직원용 사내 신문을 발행하고 있으며, 대규모 호텔에서는 대개 사내 신문을 발간하고 있다. 매스 커뮤니케이션과 더불어 개인적인 커뮤니케이션은 신제품이나 판매촉진홍보의 효과적인 전달방법으로서 중요하다.

베리(L. L. Berry)는 주주용과 직원용의 2가지 연차보고서를 만들 것을 권고하고 있다. 현재로서는 많은 기업이 그의 권고에 따라 이를 실행하고 있다. 맥도날드는 CM을 포함한 비디오테이프에 의해 말하는 연차보고를 시작하였다. 이러한 독특하고 창조적인 접근에 따른 연차보고는 주주와 직원에 대한 바람직한 의사소통수단이 되고 있음을 입증하고 있다. 이 비디오테이프가 최초로 작성되었을 때 주요뉴스 미디어의 무료광고에 의하여 거액의 가치를 낳았던 것이다.

경영자와 직원의 계속적인 의사소통은 필요불가결하다. 그것은 단순한 집단회의가 아니라 직원과 경영층 간에 갖는 정기적인 개별 회의를 말한다. 모든 접객직원은 몇 백 명이라는 고객과 매일같이 의사소통을 하고 있다. 경영자는 이러한 직원과 만나서 고객의 욕구를 파악하고 고객에게 서비스를 제공하는 직원이 보다 능률적으로 일하게 하기 위하여 기업은 무엇을 할 것인가를 결정하여야 한다.

서비스기업은 특수한 시장의 고객을 효과적으로 유치하는 판매촉진을 개발하기 위하여 시간과 노력을 쏟고 있다. 그런데 만약 고객이 판매촉진에 대하여 아무것도 알지 못하는 직원을 만나서 아무런 정보도 얻을 수 없다면 불만을 품은 채 떠나버리고 말 것이다.

기업은 제품지식을 직원에게 학습시키기 위하여 최신장비와 훈련을 도입할 수 있다. 최신장비에는 데이터베이스의 개발이 있다. 기업의 제품과 서비스를 학습하여야 할 직원으로서는 정보를 간단하게 입수할 수 있다. 따라서 직원에게는 회사의 제품을 이용할 것을 권장하고 있다.

직원은 신제품이나 제품의 변경, 마케팅홍보, 서비스 제공과정의 변경에 관한 정보를 항상 받고 있어야 한다. 마케팅계획의 모든 단계에서 내부마케팅을 포함할 때에는 그 실시계획에 그 홍보를 직원에게 알리는 활동이 포함되어 있지 않으면 안된다. 처음에 모든 직원은 광고에 나오는 자기회사의 광고를 보고 있다. 미디어에 광고가 나가기 전에 기업은 그 광고를 직원과 공유하여야 한다. 또한 경영자는 홍보의 목적과 실시에 대하여 설명하여야 한다.

2. 평가 및 포상과 표창제도

직원은 효과적인 업무수행방법을 알고 있어야 한다. 커뮤니케이션은 이들의 업무업적에 대하여 어떤 대가를 부여하도록 설계되어야 한다.

내부마케팅 프로그램은 서비스의 기준과 조직이 어느 정도로 이 기준에 합치하는가를 측정하는 방법을 포함하고 있다. 어떤 서비스의 측정결과도 직원에게 알려져서는 안된다.

많은 서비스기업은 기업의 여러 가지 요소에 관한 고객만족도를 조사하고 있다. 어느 연구자는 고객으로부터 수집한 정보를 직원에게 전달하는 것만으로도 이들의 태도와 업무의 업적이 달라지는 것을 발견하였다.

고객서비스의 측정결과가 직원에게 전달되고 좋은 서비스를 한 직원이 표창을 받든가 하면 그 측정 자체는 직원의 태도에 플러스 효과를 가져다준다. 고객지향직원을 원한다면 그와 같은 고객서비스를 하는 우수직원을 찾아내는 방법을 생각해 내어 그러한 노력에 대하여 직원을 보상하고 표창해야 한다.

현재 고객만족을 기준으로 하여 포상을 하기 시작한 회사가 몇 개사 있다. 그러나 이 몇몇 회사는 예외에 속하고, 대부분의 회사는 그렇지 않다. 회사가 고객지향직원을 원한다면 고객에게 서비스를 제공하는 직원에 대하여 포상을 하여야 한다. 고객만족득점에 따라서 실시하는 포상제도와 상여금은 고객서비스를 기준으로 직원을 포상하는 하나의 방법이다.

3. 비정형업무

훌륭한 내부마케팅 프로그램은 비정형업무를 처리할 수 있는 권한을 직원에게 부여하여야 한다는 것이다. 비정형업무란 업무수행에 있어 돌발상황으로 나타나는 업무를 말하는데, 예를 들면 호텔이 만실인 상태에서 체크아웃을 늦춰 달라는 요구, 그리고 차내에 열쇠를 두고 온 레스토랑 이용객의 도움 요청 등이다.

훈련프로그램이나 매뉴얼은 고객에 대한 일상적 업무와 정형업무에 있어서 직원이 대응할 수 있게 한 것이다. 내부마케팅 프로그램은 고객에 대하여 친밀감을 가지고 적극적으로 서비스하는 직원을 지원하는 것이다. 그런데 모든 업무가 정형업무에만 국한되지는 않았다.

비정형업무를 처리하는 능력은 일류 서비스기업과 일반적인 평범한 기업을 구분하는 척도도 된다. 이곳에서 비정형업무란 특수한 일로서 일상업무에서는 직원이 처음으로 경험하는 고객대응을 말한다. 일어날 수 있는 비정형업무의 종류는 매우 다양하기 때문에 트레이닝 매뉴얼로서 그것을 커버할 수는 없다.

경영자는 고객의 문제를 해결하는 결정권을 직원에게 부여하지 않으면 안된다. 경영자는 직원의 의사결정능력을 신뢰함으로써 직원을 고용하고 훈련시킬 수 있다는 스스로의 능력에 대한 자신감을 보여주어야 한다.

적극적으로 잘 훈련되고 권한 위양이 이루어진 직원보다도 엄격한 방침과 절차에 의존하는 서비스기업에는 최대의 고객만족 같은 것을 달성할 전망은 거의 없다. 이를 루이스(Robert C. Lewis)는 매우 적절하게 표현하고 있다.

즉 내부마케팅 개념을 성공시킬 것인가 어떤가는 절대적으로 경영에 달려있다. 직급이 낮은 직원의 상사가 고객에 대하여 민감하지 않다면 그 직원에게 고객에 대하여 민감해지기를 기대하는 것은 무리다. 첫째로 방침과 절차를 중요시하는 운영지향 경영자는 고객과 관계없이 실행한다든가, 기업의 내부마케팅 노력을 기반부터 무너뜨린다든가, 업무가 도전적이 된다든가, 업무로부터 자존심과 개인적 만족을 얻는 일이 거의 없는 기계적인 업무로 바꾸든가 한다. 또한 엄밀히 특수한 절차를 따르지 않으면 안될 업무에 직원을 붙들어 놓음으로써 운영지향 경영자는 직원의 손발을 묶어 고객을 만족시킬 능력을 제한하고 있는 것이다.

비정형업무에 관한 것은 장래에 있어서 더 중요한 문제로 다가설 것이다. 서비스업계에서는 현재 고객에 관한 정형업무의 기계화가 추진되고 있다. 컴퓨터에 의한 체크인, 체크아웃이 이루어질 것이다. 따라서 직원은 비정형업무를 더 빈번하게 처리하게 될 것이다. 자신이 사용할 줄 아는 고객은 고객서비스의 향상과 신속성을 보장하는 전자기계를 이용하게 될 것이다. 자신이 사용할 수 없는 고객은 직원에게 의존하려 할 것이다. 작업장의 자동화가 더 한층 추진됨에 따라서 직원은 질문에 응답하고 고객문제를 해결하는 데 있어서 현재 이상으로 중요한 역할을 수행하게 될 것이다.

직원도 비정형업무를 처리할 수 있게 준비하여야 한다.

파라슈라만(A. Parasuraman)은 다음과 같이 말하고 있다. "몇 가지 정형업무의 대응에서 만족할 수 있었던 고객서비스는 비정형업무의 대응에서 단 한 번의 잘못으로 허물어지고 말았다. 어떤 많은 명문화된 절차 · 지침 또는 매뉴얼이 있었다 하더라도 잘못이 일어나는 것을 방지할 수는 없다. 그것을 할 수 있는 것은 고객만족에 대한 진정한 조직적 대처밖에 달리 길이 없다." 강한 서비스문화에 있어서의 직원은 비정형업무의 대응에 필요한 판단을 내릴 수 있게 된다.

제8장 관계마케팅

제1절 관계마케팅의 의의

1. 관계마케팅의 정의

관계마케팅은 신규고객의 획득보다는 기존고객의 유지와 향상에 초점을 맞추는 사업철학이다. 관계마케팅의 철학은 고객의 측면에서는 고객이 가치를 찾아 계속적으로 제공자를 바꾸기보다는 한 조직과 지속적으로 관계를 맺는 것을 선호한다는 것을 전제로 하고 있고, 기업의 측면에서는 새로운 고객을 유인하기 위한 비용보다 기존고객을 유지하는 비용이 훨씬 저렴하다는 사실에 기초하여 고객을 유지하기 위한 전략을 수립 · 실행하고 있다.

마케팅의 양동이 이론에 따르면, 마케팅은 커다란 양동이와 같다는 것이다. 판매, 광고 및 촉진 프로그램 등은 양동이에 물을 쏟아붓는 것으로 이들 프로그램들이 효과적으로 지속되는 한 양동이는 항상 가득 찬 상태로 있을 수 있다. 그러나 이와 반대로 양동이에 구멍이 있고 이를 방치한다면 양동이의 구멍은 점점 커져 양동이를 채우는 양보다 세는 양이 많아 양동이의 물은 모두 빠져나간다는 것이다. 양동이 이론은 양동이의 구멍을 틀어막는 데 초점을 맞춘 관계전략의 중요성을 보여주는 것이라고 할 수 있다.

2. 관계마케팅의 목표

관계마케팅은 조직에 이로운 몰입된 고객기반을 구축하고 유지하는 것이라고 할 수 있다. 이 목표를 달성하기 위해 고객 및 다른 이해관계자와의 긴밀한 관계를 구축하고 유지 · 강화하는 것을 필요로 한다. 따라서 관계마케팅은 보다 장기지향적(toward the long term)이다.

관계마케팅은 첫째, 기업의 고객 유인이라는 목표가 장기적 관계를 맺을 고객을 유인하고 시장세분화를 통해 기업은 지속적인 고객관계를 구축할 만한 최상의 표적을 파악하고 그들이 원하는 편익을 지속적으로 제공함으로써 고객의 수는 늘어날 것이고 유인된 관계고객은 다른 고객을 유인하는 데 긍정적인 영향(즉 구전)을 준다는 것이다.

둘째, 기업의 관계구축이 의미하는 것은 우선, 어떤 기업과 관계를 구축한 고객은 기업이 지속적으로 높은 가치가 있는 제품 및 서비스를 제공해 주는 관계를 유지하려 할 것이며 기업은 고객의 변화하는 욕구를 이해하고 기꺼이 제품 및 서비스의 향상을 통해 관계를 투자하려 한다는 것을 고객이 느끼게 되면 고객은 경쟁사로 거래선을 옮기려 하지 않을 것이라고 믿는 것이다.

마지막으로 고객향상이라는 목표가 의미하는 것은 단골고객이 시간이 지남에 따라 보다 많은 제품 및 서비스를 자사로부터 구입한다면 보다 좋은 고객이 될 수 있다는 것이다. 단골고객은 기업의 견고한 기반이 될 뿐만 아니라 미래의 성장가능성을 반영해 준다는 것이다.

3. 관계마케팅의 이점

고객/기업 관계의 양 당사자는 고객유지를 통해 모두 편익을 누릴 수 있다. 단골고객이 되는 것은 조직에게만 유리한 것이 아니라 고객 자신도 장기적인 관계를 통해 편익을 얻을 수 있다.

1) 고객에게 주는 편익

① 상대적으로 경쟁사에 비해 높은 수준의 가치를 제공받을 수 있다.
② 서비스 제공자와 장기적 관계를 구축함으로써 소비자의 스트레스가 줄어들 수 있다. 즉 안정감을 느껴 생활의 질적 측면에서 유리한 측면이 있을 수 있다.
③ 고객은 서비스 제공자와 관계를 유지함으로써 보다 중요한 다른 일에 더 많은 신경을 쓸 수 있게 된다.
④ 고객의 측면에서는 장기적인 관계를 맺고 있는 서비스 제공자가 자신의 사회적 지원시스템이 될 수도 있다. 즉 지속적인 관계구축을 통해 의사가 고객의 절친한 친구가 될 수도 있다.

2) 기업(조직)에게 주는 편익

단골고객을 유지하고 개척함으로써 얻는 조직의 편익은 매우 많다. 그리고 이러한 편익은 기업의 당기순이익에 직접 연결될 수도 있다.

(1) 구매의 증가

소비자가 어떤 기업에 대하여 알게 되고 경쟁사에 비해 상대적으로 그 기업의 서비스품질에 만족한다면 그 기업과 보다 많은 거래를 하려 할 것이다. 그리고 소비자가 성숙해짐에 따라 보다 많은 서비스를 보다 자주 필요로 하게 된다.

(2) 보다 낮은 비용

신규고객을 유인하는 데는 초기에 많은 비용이 들어간다. 단기적으로 볼 때 이러한 초기비용은 때때로 신규고객으로부터 얻는 수익을 초과할 수 있다. 그러나 신규고객을 유지하는 비용은 시간이 지남에 따라 점점 낮아진다.

(3) 구전을 통한 무료광고

제품을 평가하기가 복잡하고 어려운 경우 구매하는 데 위험이 따른다. 많은 서비스에서 소비자들끼리 서비스경험에 대해 서로 충고를 해주곤 한다. 특히 만족한 단골고객은 강력한 긍정적 구전을 제공한다. 이러한 구전광고는 여타 유료광고보다 효과적이어서 신규고객을 개척하는 비용을 감소시킨다.

(4) 종사원 유지

간접적으로 기업이 안정적인 고객기반을 갖고 있을 경우 그렇지 않은 기업에 비해 종사원은 그 회사에서 근무하는 것을 좋아한다.

(5) 기업가치 증대

고객유지나 충성도가 높으면 전반적인 기업의 가치가 올라간다.

제2절 관계마케팅 전략

1. 고객유지전략

고객유지의 기본전략은 시간의 경과에 따라 철저하게 고객과의 관계를 점검하고 평가하는 것이다. 따라서 정기적인 고객관계조사나 기본적인 시장조사는 고객유지전략의 기초가 된다. 잘 설계된 고객데이터베이스도 고객유지전략의 기본이다. 조직의 기존고객(이름, 주소, 전화번호 등), 이들의 구매행동, 이들이 창출하는 수익, 이들에게 봉사하는 관련비용, 이들의 선호도, 관련 시장세분화의 정보(예를 들어 인구통계적 특성, 라이프스타일, 사용패턴 등)가 고객데이터베이스의 기본내용이다.

이와 같은 두 개의 기본적인 방법(고객조사와 데이터베이스)을 결합하여 고객관계에 관한 프로필을 작성할 수 있다. 고객에 관한 지식을 서비스 제공물과 결합함으로써 기업은 고객을 유지할 수 있을 것이다.

1) 고객유지전략의 세 가지 수준

고객유지를 위한 마케팅은 〈표 8-1〉과 같이 세 수준에서 이루어질 수 있으며, 이들 연속적인 수준은 기업을 고객에 보다 가까이 다가서게 하는 연결고리로서 작용할 수 있다. 수준이 높아질수록 경쟁우위가 증가하며, 보다 높은 수준의 고객화된 서비스를 제공할 수 있다고 주장한다.

표 8-1 고객유지전략의 세 가지 수준

수준	유대의 유형	마케팅 지향성	고객화의 정도	주요 마케팅믹스	지속적 경쟁 우위의 가능성
1	재무적	고객	낮음	가격	낮음
2	재무적 및 사회적	단골고객	중간	인적 커뮤니케이션	중간
3	재무적 사회적 구조적	단골고객	중간 이상	서비스 제공	높음

자료 : Valarie A. Zeithaml, Mary Jo Bitner, *Service Marketing*, McGraw-Hill Book Co., p. 241.

(1) 제1 수준 : 재무적 유대(Financial Bonds)

제1 수준에서는 많은 양을 구매하는 고객에게 저가격을 제시하고 오랫동안 거래한 고객에게는 가격할인을 해주는 등의 방법을 통해 기업과 관계를 맺고 있는 수준이다. 그러므로 이 수준은 진정한 의미에서는 관계마케팅이라 말하기 어렵다. 항공업에서 자주 이용하는 사람에게 재무적 보상을 제공하는 상용고객우대제도가 그러하다.

여러 기업에서 재무적 보상을 자주 사용하는 이유는 시행하기가 쉽고, 적어도 단기적으로 이익을 가져다주는 경우가 흔히 있기 때문이다. 그러나 재무적 보상은 다른 관계전략과 결합하지 않으면 경쟁자로부터 자사를 장기적으로 차별화시키는 데 도움이 되지 못하기 때문에 장기적인 이점이 되지는 못한다. 즉 가격과 기타 재무적 보상이 고객에게 중요하긴 하지만 마케팅믹스 중에서 가격변수만이 고객화된 것이기 때문에 경쟁업체가 모방하기 쉽다는 것이다.

(2) 제2 수준 : 재무적 및 사회적 유대

제2 수준 전략은 가격 보상보다 더 많은 요인을 통해 기업과 소비자를 연결하는 것이다. 제2 수준에서도 가격은 여전히 중요하다. 하지만 제2 수준에서는 재무적 유대뿐만 아니라 사회적 유대(social bonds)를 통해 마케팅 관리자와 소비자가 장기적인 관계를 구축하는 것이다. 기업은 고객을 얼굴 없는 고객으로 받아들이는 것이 아니라 얼굴 있는 고객으로 간주하여 개별적인 욕구를 이해하려 한다. 서비스는 고객의 개별적인 욕구에 맞추어 고객화하고, 마케팅 관리자는 고객과 접촉하면서 그들을 머물게 할 수 있는 방법을 찾아내는데, 이에 따라 마케팅 관리자와 고객 사이에 사회적인 관계가 형성된다.

사회적 유대는 전문직 서비스 제공자(예 : 변호사, 회계사, 교사)나 개인적인 서비스 제공자(예 : 미용사, 의사) 사이에는 흔한 일이다. 치과의사의 경우 환자가 진찰실에 들어오기 전 몇 분 동안 환자의 기록을 살펴봄으로써 환자의 개인적 특성(직업, 가족사항, 관심, 치과진료기록) 등에 대한 기억을 떠올릴 수 있다. 회상한 환자의 개인적 특성이 대화에 길들여지면, 치과의사는 환자에 대해 개인적 관심을 보여주는 것이며, 사회적 유대를 맺을 수 있게 된다.

소비자가 매번 동일한 종사원과 상호작용할 수 없는 경우에도 조직은 기술을 통해 사회적 유대를 맺을 수 있다. 리츠칼튼 호텔의 개인화된 고객정보시스템이 여기에 해당한다. 리츠칼튼 호텔 240,000명의 단골고객 모두에 대한 정보를 가지고 있어서 고객의 욕구를 예측할 수 있고, 심지어 고객이 도착하기 전에 미리 고객화된 요소를 준비할 수 있다. 컴퓨터로 처리된 정보는 특정

고객에 대한 새로운 사실이 학습될 때마다 갱신되며 호텔의 모든 체인에서 이용할 수 있다. 이렇게 함으로써 고객은 특별한 대접을 받는 것 같은 기분을 느끼게 되고 호텔 체인과 사회적 유대감을 갖게 된다.

때때로 고객과의 관계보다 고객들 간의 관계로 인해 고객과 조직 간의 사회적 유대가 생기는 경우도 있다. 특히 이러한 경우는 헬스클럽, 컨트리클럽, 교육기관 등과 같이 고객이 서로 상호작용하는 서비스환경에서 자주 발생한다. 고객과 기업 간의 지속적인 사회적 유대는 고객이 다른 조직으로 전환하지 못하는 중요한 요인이 된다.

사회적 관계 하나만으로 고객을 기업에 영구히 붙들어 맬 수는 없지만 재무적 보상에 비해 경쟁자가 모방하기 어렵기 때문에 매우 유용하다. 다른 서비스 제공자로 전환할 강력한 유인이 없는 경우라면 사회적 유대관계는 고객을 관계 속에 붙들어 매는 역할을 한다. 특히 가격 보상과 결합되어 사용될 경우 사회적 유대관계 전략은 효과적일 수 있다.

(3) 제3 수준 : 구조적 유대

제3 수준 전략은 고객과 기업 간의 재무적 및 사회적 유대관계뿐만 아니라 보다 구조적인 면과 관련이 있어 경쟁자가 모방하기 가장 힘든 수준이다. 구조적 유대(structure bonds)는 서비스 제공자가 고객에게 보다 개별화된 서비스를 제공하는 서비스 제공시스템을 설계함으로써 창출될 수 있다. 구조적 유대관계는 대부분 기술에 기반을 두고 고객의 생산성을 높여줄 수 있는 고객화된 서비스를 제공함으로써 창출된다.

페더럴 익스프레스사는 파워십(powerships)을 고객에게 제공하고 있는데, 이 시스템을 통해 고객은 주소와 발송자료에 관한 정보를 제공하고 소포의 위치를 확인할 수 있고, 기업은 이러한 시스템을 통해 고객과 유대관계를 맺으면 시간을 절약할 수도 있으며 매일매일의 발송기록도 보다 잘 파악할 수 있게 된다. 그러나 고객의 관점에서는 이러한 유대를 싫어할 수도 있다. 고객은 한 공급자와 너무 밀접하게 연결되면 미래에 다른 공급자로부터 받을 수 있는 가격할인과 같은 이점을 누리지 못할 수 있다고 생각하기 때문이다.

2. 서비스 불만과 만회 전략

1) 서비스 만회가 주는 이점

고객만족을 위해 기업은 처음부터 늘 탁월한 서비스를 수행하기 위해 노력하고 있지만 서비스의 불량은 발생할 수밖에 없다. 만약 서비스의 불량이 발생하면 이에 대한 빠른 만회가 이루어져야 한다.

만약 서비스에 대한 불량을 그대로 방치한다면, 고객은 더 이상 그 기업의 서비스를 이용하지 않을 것이며 나아가 나쁜 구전을 통해 기업의 이미지는 더욱 나빠질 것이다.

여러 연구에 따르면 만족한 고객은 그들의 긍정적 경험을 4~5명에게 전달하는 반면, 불만족한 소비자는 나쁜 경험을 9~10명 정도에게 전한다고 한다. TARP(Technical Assistance Research Programs)의 연구에 따르면 불만이 반복구매의도에 미치는 영향이 매우 크다고 한다. 100달러 이상의 제품이나 서비스에 대해 불만을 갖고 있는 사람은 단지 19%에 불과하다. 제품이나 서비스가 1달러에서 5달러일 경우의 비율은 46.5%로 올라간다. 만약 불만이 만족스럽게 해결되었을 때 재구매 의향은 54.3%(100달러 이상의 경우), 70%(1~5달러)까지 올라간다. 흥미롭게도 전혀 불만을 얘기하지 않은 불만족 고객의 재구매 의향이 가장 낮았다는 점이다.

2) 탁월한 서비스 만회에 대한 지침

기업은 서비스 실패에 대한 문제해결로부터 최대의 편익을 얻기 위해, 기업들은 체계적이고 지속적인 만회과정을 가져야 한다. 많은 기업들이 지닌 특수한 상황은 다양하지만, 만회과정은 다음과 같은 구성요소를 포함하고 있다.

(1) 서비스 문제의 확인(Identify Service Problems)

아무리 작을지라도 모든 고객실망들을 캐내려는 노력은 만회의 탁월성에 대한 명성을 형성하기 위해 필수적인 첫 단계이다. 문제들을 성공적으로 드러내는 일은 고객불평들을 포착하기 위해 광범위한 그물을 던져야 한다. 서비스 문제들이 포착되지 않을 가능성을 최소화하기 위해 기업들은 고객불평을 모니터하고, 고객조사를 실시하고 서비스과정을 모니터하기 위한 효과적인 시스템을 가져야 한다.

① 고객불평의 모니터링(Monitor Customer Complaints)

고객들이 제시한 코멘트를 검토하는 일은 서비스결함들을 확인해 내기 위한 한 가지 접근법이다. 무료전화, 코멘트카드, 제안함 등과 같은 커뮤니케이션 경로들의 보편화에서 알 수 있듯이 많은 기업들이 이러한 접근법을 사용하고 있다. 이러한 경로가 없을지라도 고객들은 요구받지 않은 피드백을 제공할 수 있다. 모든 기업은 고객불평들을 포착하고 분석하기 위한 지속적인 시스템을 활용할 수 있다.

제기능을 발휘하기 위해서 지속적인 불평처리시스템은 접수된 불평을 해결하기 위해 신속한 내부조치를 촉발시켜야 한다. 그것은 또한 불평하는 고객들에게 사과하고, 고객 불만족에 대한 기업의 인지를 알려주고, 고객에게 신속한 교정조치를 취해야 한다. 고객불평에 반응하기 위한 시스템은 그들의 효과성과 감응성에 관계없이 서비스만회 탁월성에는 불충분하다. 문제를 경험하는 고객들일지라도 불평을 전달할 효율적이고 직선적인 방법(efficient, hassle-free way)을 지각하지 못하거나 불평제기가 전혀 효과가 없을 것이라고 생각하여 불평하지 않을 수 있다.

무료전화와 같은 경로의 가용성도 기업이 관심을 갖지 않을 것이라고 생각되는 경우(이러한 신념은 계속 통화 중인 전화, 별 도움이 되지 않고 동정적이지 않은 반응으로 더욱 강화됨)라면 불만족한 고객들이 불평을 제기하도록 격려하지 못한다. 더욱 심각한 문제들을 경험하고 있는 고객들만이 스스로 불평을 제기할 가능성이 있다. 사실 TARP가 실시한 조사에 따르면 결함 있는 제품이나 서비스에 기인하여 평균 142달러의 잠재적 손실을 당면한 고객들의 31%가 불평을 제기하지 않고 있다.

기업이 문제점들을 확인하기 위해 자발적으로 제기되는 불평에만 의존해서는 서비스만회 탁월성을 달성할 수 없다. 고객들이 번거로움을 감수하면서까지 제기해 주지 않는 불평들을 인식하는 한 가지 방법은 조사를 통해서 그들을 찾아내는 것이다.

② **고객조사의 실시(Conduct Customer Research)**

공식 또는 비공식 조사를 통해 불평을 제안받는 일은 자발적으로 제기되는 불평들을 모니터하는 데 보완적 역할을 한다. 불평을 제안받기 위해 주도권을 잡는 일은 고객들의 자발적인 불평을 기다리는 일에 비해 보다 높은 수준의 배려와 관심을 인식시켜 준다. 통상 대단히 회의적이어서 무료전화를 걸거나 코멘트카드를 작성할 수고조차 기피하는 불만족한 고객들은 그들의 불평을 넓게 전파하는 성향이 두드러진다.

서비스문제들을 확인해 내기 위한 고객조사는 질적이거나 양적일 수 있고 관찰법과 질문법을 통해 접근될 수 있다. 엠버시스위트 호텔(Embassy Suites Hotel)은 매일 350명의 고객들과 개방형 면접을 실시하며 매년 6,000명의 고객들에 대한 구조화된 실사로 보완한다. 최근 말콤 볼드리지 상(The Malcolm Baldrige National Quality Award)을 받은 GM(General Motors)의 캐딜락사업부는 문제들을 발견하기 위해 25개의 '청취소거래점(listening post dealer-ships)'에서 정기적으로 고객초점집단들을 수행하고 있다. 그리고 또한 이러한 거래점들이 접수한 모든 수리의뢰와 불평을 분석한다.

메리어트 호텔(The Marriott Corporation)은 24시간 '직통전화(hot line)'를 고객들에게 쉽게 가용하도록 하는 데 덧붙여 종사원들이 관찰자-조사자의 역할을 수행함으로써 서비스문제들을 발견하고 해결하는 데 있어서 예방적이 되도록 훈련을 실시하고 있다. 라운지에서 동료들과 회의를 하려던 상용고객이 프라이버시의 미흡을 큰소리로 걱정했을 때 그것을 어쩌다 듣게 된 주의 깊은 종사원은 즉시 프런트데스크에 연락하여 고객이 동료들과 사적으로 회의할 수 있는 빈 방을 찾아주었다. 이 일화가 보여주듯이 서비스종사원들은 문제가 발생하는 즉시 재빨리 인식하는 주의 깊은 관찰자들이 되도록 훈련되고 격려되어야 한다. 마케팅 부사장인 도우(Roger Dow)는 “고객접촉 종사원은 문제를 인식하여 평가하고, 고객을 위해 해결하고, 그 고객을 지키기에 충분히 고객과 가까이 있는 유일한 사람이다. 주의 깊은 종사원들은 서비스결함과 고객들을 즐겁게 놀라게 할 기회들을 발견할 수 있는 가장 유리한 위치에 있다”고 지적한다.

서비스결함들을 발견하기 위한 또 다른 관찰법은 미스터리 쇼퍼(mistery shopper)[2)]들을 고용하는 일이다. 결국 항공여행으로부터 자동차수리까지, 오락으로부터 장비대여까지, 환대로부터 건강관리까지 모든 유형의 서비스들은 미스터리 쇼퍼들에 의해 관찰받을 수 있다.

③ 서비스과정의 모니터링(Monitor Service Process)

종사원들이나 미스터리 쇼퍼들의 눈을 통해 서비스를 관찰하는 일은 서비스 모니터링의 한 가지 형태이다. 그러나 그러한 거래별 모니터링(such transaction specific monitoring)을 통해 확인된 문제들은 반드시 고객에게 가시적이며 직접적으로 경험되고 있다. 이러한 문제들을 인식하고 해결하는 일이 중요하지만, 강력하고 예방적인 만회과정은 고객들이 그러한 문제를 경험하기에 앞서서 예상해야 한다. 잠재적인 문제점들을 발견하는 일은 문제예방을 통해 만회의 필요성을 극소화함으로써, 그리고 갑자기 불거져 나온 문제들을 효과적으로 다루려고 준비하는데 추가적인 시간을 할당케 함으로써 만회노력에 있어서 기업에게 유리한 출발점을 제공한다.

서비스문제들을 예상하는 일은 전반적인 서비스과정에 대한 내부적, 무대이면의 모니터링(internal, behind-the-scenes monitoring)을 필요로 한다. 내부적

2) 서비스를 경험하고 평가하기 위해 고객으로 가장한 조사자들.

모니터링을 위한 한 가지 접근법은 서비스문제가 야기될 가능성이 있는 실패점들(fail points)을 확인하기 위해서 서비스 청사진(a service blueprint)을 면밀히 검토하는 것이다. 서비스시스템설계에 탁월한 컨설턴터인 킹먼-브런디지(Jane Kingman-Brundage)는 고객들, 일선종사원(front-line employees)들, 지원종사원(support employees)들 사이의 관계를 묘사하기 위해 서비스지도(service maps)라고 부르는 서비스 청사진의 변형을 사용했다. 서비스지도란 서비스를 제공하는 데 관련된 과업들의 시간적 전후를 묘사하고 고객이 한 작업집단으로부터 다른 작업집단으로 넘겨지는 중요한 점들을 강조하고 있다. 고객들이 한 서비스 종사원 또는 기능으로부터 다음으로 넘겨질 때 실수가 야기되기 쉬우므로 서비스지도는 실패점들을 밝히는 데 특히 도움이 된다.

서비스 청사진 및 지도들과 함께 사용될 수 있는 다른 접근법은 과거의 실패들을 체계적으로 추적하고 분석하는 일이다. 일단 잠재적인 실패점들이 확인되고 나면 문제의 징조가 나타나는지를 신중하고 지속적으로 관찰하게 되며, 문제가 발생했을 때 대처하기 위한 유관성 계획(contingency plans)들을 설계해야 한다.

물론 모든 서비스문제들이 고객들의 경험에 앞서서 확인될 수는 없다. 그러나 서비스과정에 대한 체계적인 모니터링을 통해 많은 문제들이 확인될 수 있다. 시간에 간신히 맞춰 병원에 도착해서야 의사가 한 시간 늦겠다는 말을 듣게 되는 환자들, 방문약속 시간을 훨씬 넘겨서까지 수리기사를 기다리고 있는 기구수리 고객들, 공항에 도착하자마자 자신의 항공편이 한 시간 전에 취소되었다는 사실을 알게 된 항공사 고객들을 생각해 보라. 이와 유사한 상황들에서 좌절한 고객들은 흔히 침묵 속에서 고통받도록 방치된다. 기꺼이 용감하게 불평하는 고객들은 전혀 준비되어 있지 않고 퉁명스런 서비스담당자와 부딪치게 된다. 그러나 이러한 상황들에서 기업은 ― 미래 고객에게 연락하여 문제를 경고하고 사과하는 일을 포함해서 ― 고객좌절을 예상하고 그것을 경감시키기 위해 단계적 조치를 취할 수 있다.

예방적 만회노력을 설계하고 실행하지 않는 일은 고객이 문제의 발생을 인식하고 피할 수 없는 것으로 양해해 주는 기본적인 문제보다 고객의 입장에서 더욱 심각한 결점이다. 서비스과정에 대한 선행적 모니터링(anticipatory monitoring of the service process)은 — 예방적 만회노력이 거의 없는 시장들에서 — 그러한 실패를 극소화하고 중요한 경쟁우위를 제공하는 데 도움이 될 것이다.

(2) 문제의 효과적인 해결(Resolve Problems Effectively)

고객의 서비스 기대는 신뢰성(기업이 고객에 대해 약속을 지키는 것)이 가장 중요한 관심사이지만, 만회서비스 동안에는 과정차원들이 더욱 중요하다.

① 인적 요소의 배양(Nurture the People Factor)

탁월한 만회는 서비스의 과정에 있어서 탁월성을 필요로 하는데, 이는 다시 탁월한 사람들을 필요로 한다. 종사원들의 만회노력이 고객신뢰를 재창출할 것인지 이중일탈로 악화시킬 것인지를 결정짓는다. 따라서 문제상황을 고객과 기업을 위해 긍정적인 것으로 전화시킬 가능성을 극대화해 주는 종사원 행동을 자극하기 위한 제안들은 다음과 같다.

㉠ 만회를 위해 종사원들을 훈련시킨다

서비스 문제들에 대한 종사원의 반응들은 재수에 맡겨둘 수 없다. 일부 종사원들은 선천적으로 문제를 경험하는 고객들을 다루는 데 있어서 감응적(감응성)이고, 믿을 만하고(보장성), 동정적(감정이입)이지만 대부분은 그렇지 않다. 상례적인 거래들에서 모범적인 행동을 보여주는 종사원들조차 문제상황들을 다루는 데에는 신통치 못할 수 있다. 예외적인 일들에 효과적으로 반응하는 데 있어서 서비스인력의 무능력이나 비자발성은 보편적인 문제이다. 비트너(M. J. Bitner) 교수와 그의 동료의 연구에 따르면 불만족스런 서비스 접점의 거의 43%가 종사원들에 의해 잘못 처리되는 실패상황들이었다.

서비스인력이 자신의 상례적인 역할과 만회역할을 똑같이 효과적으로 수행할 수 있도록 하기 위한 적절한 훈련은 절대적이다. 세서(W. E. Sasser)가

말했듯이 규칙들을 준수하며 과업을 상례적으로 처리하는 모든 상황을 동일하게 처리하는 데 덧붙여 일선종사원들은 그 반대로 할 수 있어야 한다. 규칙을 벗어나고 주도권을 행사하고 임기응변에 능해야 한다. 양자를 다 할 수 있는 인력을 키우는 일은 열성적이고 의식적인 노력을 필요로 하며 서비스실책들로부터 만회할 기업능력의 핵심이다.

ㄴ 종사원에게 재량을 준다(Empower Employee)

종사원들에게 고객을 만족시킬 권한을 주는 일은 효과적인 문제해결자가 되도록 그들을 훈련시키는 일만큼 중요하다. 재량권의 허용 없는 훈련은 강력한 만회노력에 도움이 되지 않는다. 페더럴 익스프레스에서는 거래의 평균금액이 16달러에 불과하지만 서비스담당자가 하나의 고객문제를 해결하기 위해 100달러까지 지출할 재량권을 허용받고 있다.

시애틀(Seattle)의 성공적인 식당체인인 SGE(Satisfaction Guaranteed Eateries)의 모토는 '종사원은 고객을 행복하게 하기 위해 어떤 것도 할 수 있고 할 수 있어야 한다'이다. 실수하거나 지체되면 종사원은 식탁을 치우는 버스보이(busboy)에 이르기까지 모든 종사원이 필요할 경우 무료 와인이나 디저트를 제공하거나 또는 전체 계산을 면제해 줄 수 있다.

ㄷ 종사원들을 지원한다(Facilitate Employees)

만회노력으로 명성 있는 기업들은 훈련과 재량권 허용에 덧붙여 고객서비스 담당자들이 문제들을 효과적으로 해결할 능력을 증대시키기 위해 기술과 정보로 지원해 준다. 페더럴 익스프레스사의 서비스담당자들을 지원하는 여러 시스템 중에서 전화시스템은 특이하다. 이 시스템은 기업 내 15개 서비스센터로 온 전화들을 즉시 다음의 가용 센터로 연결해 주어 대부분의 경우 두 번째 벨이 울리기 전에 수신되도록 한다(매일 오는 29만 통의 전화 중 포기율이 0.005% 미만이다). 또한 자신의 전화가 포기된 고객들을 추적하여 서비스담당자들이 그들을 다시 접촉하여 사과하고 도와줄 수 있도록 한다.

아메리칸 익스프레스사도 잘 훈련되고 재량권을 허용받은 고객서비스담당자들을 갖고 있는데, 그들은 고객이 전화를 통해 호소하는 문제들의 85%를 즉석에서 해결하도록 지원하기 위한 기술에 많은 투자를 한다.

고객서비스담당자들은 또한 최선의 서비스를 제공하기 위해 심리적인 지원도 필요로 한다. 상이한 요구와 행실들을 가진 고객들에게 매일 일상적인 서비스를 제공하는 일은—이러한 서비스를 받는 사람들이 전형적으로 친근한 마음가짐이 없는 퉁명한 고객들이므로—아주 힘들고 많은 스트레스를 받는다. 따라서 기업들은 서비스만회담당자의 긴장을 경감하도록 돕기 위한 방법을 찾기 위해 통합적으로 노력해야 한다. 고객서비스담당자에게 즐겁고 안정적인 작업환경을 제공하는 일도 도움이 될 것이다. DE사(Digital Equipment Corporation)의 고객지원센터에서는 전화담당자들이 산봉우리를 볼 수 있도록 창가에 앉고 경영자들은 창문이 없는 사무실에서 근무한다.

㉣ 종사원들을 보상한다(Reward Employees)

만회서비스담당자들에 대한 훈련, 재량권 허용, 지원시스템의 제공은 그들을 준비시키지만 반드시 문제해결에서 탁월하도록 설득하지는 않는다. 적절한 보상은 모범적인 만회서비스를 제공하기 위해 종사원들의 잠재력을 최대한 발휘하도록 촉구하는 데 필수적이다. 탁월한 만회노력을 보상하는 일은 또한 경영자 의지의 진실성을 보여주고 새로운 종사원들의 회의심을 사라지게 하는 데 기여한다.

SGE(Satisfaction Guaranteed Eateries)식당의 종사원들은 처음 불만족한 고객들에게 자유롭게 보상하도록 허용되었을 때 그들은 주저하면서 조심스럽게 재량권에 접근했다. 그들은 무료 식사와 음료를 제공하는 일에 대해 경영자가 처벌하지 않을 것이라는 사실을 믿기 어려웠다. 이러한 회의심을 극복하는 일은 예외적으로 훌륭한 문제해결과 불평감소율에 대해 종사원들에게 인심좋은 현금보상을 포함하여 강력한 긍정적 보상을 제공하는 것이다.

모든 서비스담당자들이 문제해결에 능숙하도록 동기부여하고 훌륭한 종사원들이 더욱 훌륭하게 되도록 격려하기 위한 보상시스템은 다음과 같아야 한다.

- 상이한 만회탁월성의 수준에 따라 다양한 가시성과 인정의 정도로서 여러 수준의 보상을 구사한다.
- 누구나가 기꺼이 성실하고 전면적인 만회노력을 하여 수상할 수 있도록 작은 상들을 상대적으로 많이 제공한다.
- 큰 상은 적은 수로 제공하고 그러한 수상의 기준을 보다 엄격하게 적용한다.
- 탁월한 만회의 예시로서 그리고 동료들에 대한 자극으로서 큰 상 수상자들의 구체적인 업적들을 널리 알린다.

(3) 고객희생을 보상한다(Make Amends for Hassle Factor)

서비스문제는 고객에게 불편함일 수 있지만 최악의 경우는 커다란 부담이다. 그러나 강도에 불구하고 — 문제가 결국 해결되었을지라도 — 고객에게는 어느 정도의 금전적 비용(예컨대, 구제받기 위해 재방문해야 하는 비용)이나 비금전적 비용(예컨대, 좌절과 시간손실) 또는 양자가 발생한다. 다시 말해서 고객들이 서비스문제를 경험할 때마다 서비스가 처음부터 올바르게 수행되었다면 감수할 필요가 없는 희생을 감수하도록 강요받는다. 핀스타하(Timothy Firnstahl)는 이러한 고객희생을 '혼란요인(hassle factor)'이라고 불렀다.

탁월한 서비스만회 노력은 이러한 희생에 대해 보상해야 한다. 기업들은 단순히 서비스를 다시 제공하는 것 이상을 고객에게 해주어야 한다. 앞에서 논의한 제안들을 따라 고객들이 불평을 제기하기 쉽게 하는 일, 문제들을 발견하고 교정하는 데 예방주도적이 되는 일, 신속하고 즉석에서의 준비가 가능하도록 종사원들에게 재량권을 허용하는 일 등이 혼란요인을 경감시키는 데 도움이 된다. 그러나 단순한 경감은 고객을 완전히 보상하지 못한다. 진정으로 예외적인 문제해결과정(보상)은 고객들로 하여금 그들이 포기했을 때보다 만회경험을 통하여 더 많은 것을 얻었다고 느끼게 할 것이다.

미니에폴리스의 퍼스트은행(Minneapolis's First Bank System)이 고객기업의 급여처리를 잘못했을 때 모든 직원에게 수표 15달러와 사과문을 보냈다. 또한 질문에 응답하고 문제를 해결해 줄 수 있는 은행담당자의 성명과 전화번호를 알려주었다.

엄청나게 판매되고 있던 도요타의 렉서스(Toyota's Lexus) 승용차가 미국에 도입된 지 3개월 후 두 명의 소유자로부터 불평을 받았다(당시 8,000대 팔린 것 중 2대). 한 불평은 제동 등의 결함에 관한 것이며 다른 불평은 빡빡한 크루즈컨트롤 장치에 관련된 것이었다. 도요타는 즉시 잠재적 결함부품을 대체하기 위해 8,000대 모두를 리콜하였다. 소유자들은 차를 거래점까지 가져오는 번거로움(통상적인 희생)을 감수할 필요도 없었는데, 그것은 회사가 차를 가져가서 수리하고 돌려주었기 때문이다. 디트로이트(Detroit)에서 150마일 떨어진 그랜드 래피드(Grand Rapids)에서 10명의 소유자에게 그 모델을 판매했던 디트로이트의 딜러는 그랜드 래피드로 일단의 기술자를 항공편으로 파견하고 정비소를 임대하여 차를 수거하여 고치고 세차하여 돌려주었다. 일부 사람들은 도요타가 과잉반응했고 필요 이상의 일을 했다고 주장할지도 모른다. 그러나 도요타는 고객들의 신뢰를 강화하고 고객들의 기대를 초과하고, 고객관계를 구축하고, 새로운 승용차를 위해 호의적인 구전광고를 자극할 기회를 잘 활용한 것이다. 간단히 말해서 도요타는 탁월한 서비스 마케팅을 실시했던 것이다.

(4) 만회경험으로부터 배운다(Learn from Recovery Experience)

문제해결 상황들은 단순히 잘못된 서비스를 바로잡고 고객들과의 유대를 강화할 기회 이상이다. 그들은 또한 아주 값지지만 보통 간과되기 쉬운 고객서비스를 개선할 진단적 · 처방적 정보(diagnostic, prescriptive information)의 원천이다. 코닝사의 존 파레이(Corning's John Farley)는 문제해결 상황을 '개선의 방법을 배울 수 있는 기회'로 간주한다. 즉 기업은 모든 만회경험으로부터 가급적 많은 것을 배울 수 있고 배워야 한다. 효과적인 학습이란 서비스결함의 근본 원인을 발견하여 교정하고, 서비스과정의 모니터링을 재조정하고 문제들을 추적하기 위해 정보시스템을 실행하는 것을 포함한다.

① **근본원인분석을 수행한다**(Conduct Root-cause Analysis)

고객들이 경험한 서비스실패들은 전형적으로 서비스시스템에서 훨씬 더 심각한 문제들의 징조이다. 고객들을 진정시키고 실패를 보상하기 위해 필요한 모든 것을 하는 일은 물론 강력한 만회노력의 중요한 부분이다. 그러나 실패의 재발을 예방하는 것이 목표라면 그것만으로는 충분치 않으며, 만회노력은 실패의 근본 원인들을 발견하고 바로잡도록 노력해야만 한다.

실패로부터 배워라. 즉 장기적 해결책이 필요할 때 신속하게 처리하려고만 하지 마라. 신속하고 임시적인 조치는 얼마가지 않아 다시 문제를 발생시킬 수 있고 장기적으로 더 많은 코스트를 발생시키며 시장에서 효과적으로 경쟁할 기업능력에 부정적으로 영향을 미칠 수 있다. 따라서 문제와 결함들의 재발이 고객에게 영향을 미치지 않도록 예방하기 위해서는 근본 원인 분석을 상례적으로 수행하도록 하라.

핀스타하(Timothy Firnstahl)는 그의 식당 내에서 벌어지는 종사원의 실수들이 시스템실패의 징조라고 확신하며, 종사원 실수에 의해 촉발된 만회노력들은 근저에 있는 시스템실패들을 밝히고 교정하기 위한 심층적 탐색을 포함한다고 하였다.

② **서비스과정 모니터링을 수정한다**(Modify Service-process Monitoring)

서비스과정을 모니터링하는 일은 서비스문제들을 예방적으로 확인하기 위해 이미 설명한 전략이다. 과거실패들을 체계적으로 추적하고 분석하여 얻은 지식은 모니터링과정이 더 효과적이 되도록 하기 위한 변화를 제안해 줄 수 있다. 예를 들어 병원에서 비감응적인 간호사들(unresponsive nurses)에 관한 고객불평의 반복패턴에 따라 개선가능성을 발견하기 위해 환자-간호사 접점들(patient-nurse encounters)을 보다 면밀하게 분석할 수 있다. 이 예가 보여주듯이 적절하게 서비스과정을 모니터하는 방법을 수정하고 근본원인 분석을 수행하는 일은 상호 관련된다. 전자는 재발하는 서비스문제들의 근본원인을 탐색하는 데 도움이 될 수 있으며, 개별적인 서비스문제의 근본원인 분석을 실시하는 일은 서비스과정에서 앞으로 모니터링해야 하는, 이전에 인식하지 못했던 실패점들을 밝혀줄 수 있다.

③ 문제추적 시스템을 구축한다(Set Up Problem-tracking System)

각 만회서비스 사례에 관련된 정보(예컨대, 문제를 경험하는 고객, 문제의 성격, 문제에 대해 취해진 조치들에 관한 정보)를 취합하기 위한 지속적인 시스템은 기업의 서비스만회 노력으로부터 얻을 수 있는 편익을 극대화하는 데 필수적이다. 서비스문제들의 근본원인을 조직적으로 탐색하고 서비스 신뢰성을 개선할 기회를 발견하는 일은 이러한 문제추적 시스템 없이는 어려울 것이다. 그러한 시스템은 기업의 만회경험들이 제공하는 학습기회를 활용하기 위해 확고한 근거로서 작용한다.

추적시스템은 잠재적 문제를 신속하게 발견하고 서비스개선을 위한 새로운 통찰을 얻기 위해 지속적으로 최신화되어야 한다. 이를 위해 고객서비스 담당자들은 정보를 직접 투입해야 한다. 이러한 시스템에 대한 직접적인 접속은 또한 만회노력에서 담당자를 도와줄 관련된 정보(예컨대, 한 불평고객이 경험한 문제들의 과거기록)의 검색을 용이하게 해야 한다. 끝으로 시스템 내의 정보를 극도로 활용하기 위해서 경영자는 서비스문제들의 유형과 빈도를 요약한 정기적인 보고서를 받아 토의하고 그에 따라 행동해야 한다.

페더럴 익스프레스사나 아메리칸 익스프레스사와 같이 만회서비스의 탁월성으로 유명한 기업들은 정교한 직접-접속정보시스템들(sophisticated direct-access information system)을 갖고 있다. 문제추적시스템을 개설하거나 기존의 것을 개선하려는 기업들은 전문화된 기업들로부터 충고와 기술적 지원을 제공받을 수 있다. 고객불평들에 관한 기록, 추적, 분석을 위한 소프트웨어 시스템들도 가용할 수 있다.

제9장 수요와 공급능력 관리

제1절 공급능력 관리

1. 공급능력 관리의 필요성

서비스의 특성인 소멸성과 생산과 소비의 동시성으로 인해 수요 및 공급의 관리에서 재고로 보관할 수 없다는 근본적인 문제가 발생된다. 제조업과 달리 서비스업은 성수기를 대비하여 비수기에 생산할 것을 쌓아놓을 수 없다. 이러한 보관의 어려움은 서비스의 소멸성, 생산과 소비의 동시성이라는 근본적 특성에 기인한다. 또한 서비스기업은 주어진 한 시점에서의 공급능력이 고정되어 있기 때문에 관리의 중요성이 대두되고 있다.

구체적으로 서비스기업에서 공급능력을 제한하는 핵심요인은 시간, 인력, 장비, 시설, 그리고 이들의 조합이 될 수 있다.

일부 서비스기업에서 서비스생산을 제한하는 가장 근본적인 조건은 시간이다. 예를 들어 변호사, 컨설턴트, 미용사들은 기본적으로 자신의 시간을 판매한다. 만약 이들의 시간이 생산적으로 사용되지 않는다면 이익은 감소할 것이며, 가령 초과수요가 존재한다 할지라도 이를 충족시킬 만한 시간이 창출될 수 없다. 그렇기 때문에 서비스 제공자의 입장에서 볼 때 시간은 제약조건이다.

많은 서비스 제공자를 고용하고 있는 기업의 관점에서 볼 때, 채용하고 있는 사람의 수나 수준이 공급능력의 주요 제약조건이 될 수 있다. 법률사무소, 대학, 컨설팅회사, 세무회계법인 및 보수관리업 등에 속한 직원들은 자신들이 가진 공급역량을 최대로 가동하고 있기 때문에 수요를 충족시키지 못하는 경우가 있을지도 모른다. 그러나 초과수요란 항상 발생하는 것이 아니고 때에 따라 수요가 낮은 경우도 발생한다면, 서비스 제공자를 추가로 고용하는 것이 반드시 바람직한 해결책이라고 보기는 어렵다.

또한 장비(equipment)가 중요한 제약조건이 되는 경우도 있다. 즉 트럭 혹은 항공운송업에 있어서 서비스수요를 맞추는 데 필요한 것은 장비가 될 수 있다. 예를 들면 UPS와 페더럴 익스프레스나 기타 택배서비스 업체들은 성탄절 연휴기간 동안 이러한 문제에 직면하곤 한다. 또한 헬스클럽도 이 같은 제약을 받게 되는데, 특히 하루 중의 특정 시간대(출근 전, 점심시간, 일과 후)와 연중 특정 달에 수요가 집중되기 때문이다. 통신회사들은 주요 시간대나 연휴 동안 많은 사람들이 전화를 사용하려 하기 때문에 장비의 제약을 받게 된다.

마지막으로 대부분의 서비스기업들이 한정된 시설(facilities)에 의해 제약받는다. 마케팅 관리자은 판매할 수 있는 객실수에 의해, 항공사는 항공기의 좌석수에 의해, 교육기관은 강의실과 각 학급의 좌석수에 의해, 음식점은 이용가능한 테이블과 좌석수에 의해 제약을 받는다.

이러한 수요 및 공급의 문제를 해결하는 계획을 수립하는 첫 단계는 서비스 공급능력의 주요한 제약조건을 이해하고 이러한 요인들이 결합하여 어떠한 결과를 초래하는지를 이해하는 것이다.

표 9-1 서비스유형별 공급능력의 제약조건

제약의 본질	서비스유형
시간	의료, 컨설팅, 법률, 정보
인력	보험, 회계사무소, 교육서비스, 의료서비스
장비	배달서비스, 전화
시설	병원, 호텔, 학교, 극장

2. 공급능력의 활용에 대한 이해

일반적으로 서비스기업에서는 무형성과 더불어 보관의 어려움 때문에 [그림 9-1]과 같이 네 가지의 상황이 생길 수 있다.

그림 9-1 공급능력대비 수요의 변동

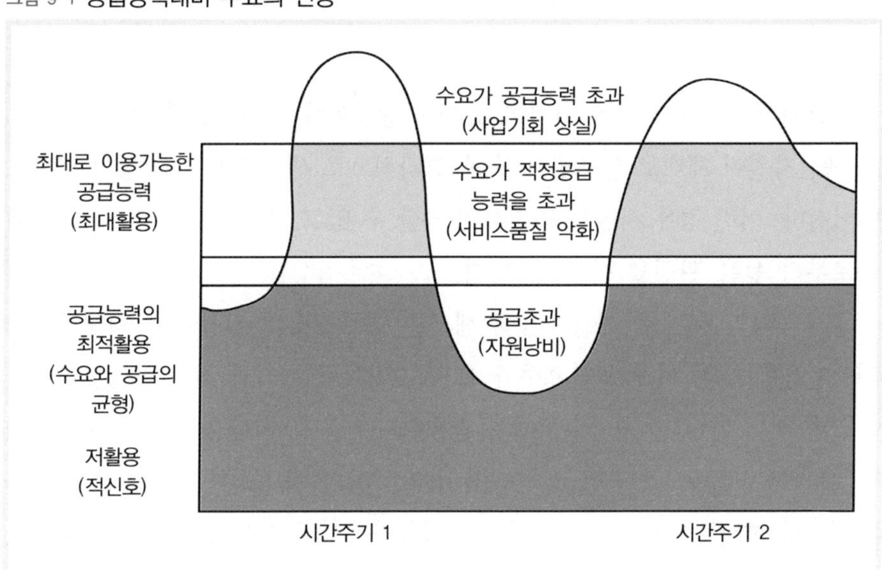

1) 수요가 공급능력 초과

수요가 최대 공급능력을 초과하는 상황이다. 이 경우 고객의 일부가 서비스를 구매할 수 없게 되어 사업기회를 상실한다. 한편, 서비스를 구매한 고객도 인원혼잡 및 시설부족으로 서비스에 대해 불만을 가질 수 있다.

2) 수요가 적정공급능력을 초과

서비스를 구매하지 못한 고객은 없지만 시설의 과도한 사용, 혼잡 및 직원의 업무과다로 질 낮은 서비스를 공급할 수 있다.

3) 수요와 공급의 균등

종사원과 시설이 이상적인 수준에서 서비스를 제공하는 상황이다. 직원에게도 업무과부화가 없고, 시설 및 가동률이 적절히 유지되어, 고객은 지연 없이 양질의 서비스를 제공받을 수 있다.

4) 공급초과

수요가 적정공급수준에 미치지 못하는 상황이다. 노동, 장비 및 시설과 같은 생산자원이 제대로 활용되지 못해, 결과적으로 생산성 및 수익성의 저하로 이어진다. 이런 경우 시설을 충분히 활용할 수 있고 기다리는 일도 없고, 직원들로부터 높은 관심을 받을 수 있다.

공급능력의 문제를 해결하기 위해서는 공급능력의 활용에서 최대활용과 최적활용에 대한 이해가 필요하다. [그림 9-1]처럼 최적과 최대 공급능력이란 동일한 것이 아니다. 최적수준에서 활용한다는 것은 자원을 완전히 이용하지만 무리하지 않는 것이며 고객이 적시에 양질의 서비스를 제공받고 있음을 의미한다. 한편 최대수준이란 서비스 이용가능성의 절대적 한계를 나타낸다.

프로야구 경기의 경우 최적활용과 최대활용이 동일하다. 프로야구의 오락적 가치는 관중이 모든 좌석을 채웠을 때 증대되며, 이 팀의 수익성도 증대된다. 반면에 대학강의의 경우에는 학생들로 모든 자리가 꽉 차는 것이 항상 바람직한 것은 아니다. 이런 경우 공급능력의 최적활용 수준이 최대활용 수준보다 낮다. 또 다른 경우 공급능력을 최대로 활용하는 대중음식점에서처럼 고객이 많이 기다려야 하기 때문에 불만을 초래할 수도 있다. 이런 경우에는 음식점의 최적활용 수준이 최대활용 수준보다 낮을 수도 있다.

전화, 헬스클럽 등의 장비가 제약요인 서비스와 호텔, 항공기, 레스토랑 등의 시설이 제약조건인 서비스의 경우에는 특정시점에서의 최대공급능력은 분명하다. 전화의 회선수, 레스토랑의 경우 좌석수 등은 모두 일정하게 정해져 있다. 이와 같이 장비나 시설이 최대공급능력을 초과하는 경우 발생하는 문제를 파악하는 것은 상대적으로 매우 쉬울 수 있다.

반면, 제약조건이 시간이나 직원의 수일 경우에는 시설이나 장비보다 유연하기 때문에 최대 공급능력을 구체화하기가 매우 어렵다. 서비스 제공자 개인의 최대 공급능력을 초과하였을 경우 그 결과로 품질저하, 고객불만족 및 종사원 이직 등의 현상이 나타날 수 있지만 이러한 결과의 원인이 공급능력의 초과에 있다는 점을 파악하기는 쉽지 않다. 컨설팅회사가 일을 하나씩 더 할당하여 직원들의 최대능력 이상으로 일을 부담케 하는 것이나 건강관리클리닉이 과도한 예약을 받아서 그 직원들의 최대능력 이상으로 일을 부담하게 하는 일은 흔히 있을 수 있다.

3. 공급능력의 관리방안

관리자가 수요와 공급능력을 적응시키기 위해서 공급능력을 변화시키든가, 수요를 바꾸든가 하는 두 가지의 방법을 사용한다. 예를 들면 항공사는 혼잡한 경로에는 보다 대형의 항공기를 취항하게 함으로써 이용자가 많은 비행경로에 있어서 공급능력을 바꿀 수가 있다. 만약 대형의 항공기를 이용할 수 없는 것이라면, 할인요금을 모두 없앰으로써 수요를 떨어뜨릴 수도 있다.

여기에서는 공급능력관리에 대하여 기술하고, 그다음에 수요의 관리에 초점을 맞추어 설명하고자 한다.

기업의 경영자는 장기적으로 공급능력과 수요를 일치시킬 책임이 있다. 그러나 각 부문관리자는 단기간에 수요의 변동에 공급능력을 대응시킬 책임이 있다.

여기에서 해설하는 내용은 단기적 수요관리를 지원하는 것을 위주로 한다. 관리자가 단기적으로 공급능력을 조정하기 위한 실행방안은 다음과 같다.

1) 소비자 참여

서비스경영에 소비자를 참여시킴으로써 직원 1명이 서비스 가능한 고객수를 늘릴 수 있기 때문에 경영능력 · 관리능력의 확대로 연결된다. 이 방법은 확대영역에 따라 두 가지로 구분할 수 있다. 첫째는 서비스 제공시스템의 어느 일정 부분에 소비자가 전적으로 참여하는 것이다. 이 방법은 최근에 와서 음료서비스의 관리에서 널리 도입되어 사용하고 있다. 예를 들면, 패스트푸드점에서는 소비자가 스스로 음료수를 가지고 오게 하여 직원은 보다 많은 고객에게 서비스할 수 있게 하고 있다. 특히 요리는 그 고객의 주문에 의하여 만들어지는 것인데, 고객은 요리가 만들어지기까지 기다려야 하는 레스토랑에서 효과적이다. 호텔 뷔페가 가장 좋은 사례이다. 과제는 고객이 기다리고 있는 동안 지루하게 기다리고 있다는 것을 느끼지 않게 하는 것이다.

둘째는 바쁜 시간이나 성수기(성업기)에만 부분적으로 공급능력을 확대하기 위해 소비자를 참여시키는 것이다. 호텔이나 레스토랑이 평소와는 달리 휴일에 더 많은 고객을 유치하기 위해 이 방법을 많이 도입하고 있다. 통상적인 고수요기, 아침시간대에 조식뷔페를 상시적으로 시행하여 공급능력을 확대하고 있다. 또한 휴일이나 기념일(예 : 어버이날, 어린이날), 대규모 회의가 있는 날에는 일시적인 특별뷔페를 도입하여 공급능력을 확대하고 있다. 최근 들어 호텔은 대교모 회의나 컨퍼런스, 결혼식 등의 대규모 행사를 위해 협소한 호텔 내부시설에서보다는 야외행사로 협소한 공급능력을 극복하고 있다.

2) 시설의 차용 또는 공유

업무는 범위와 기구로 인하여 제한을 받아서는 안된다. 화요일부터 목요일까지 연속 3일간 사용하는 예약이 들어왔을 때, 수요일 밤은 시설공간(function space)이 예약되어 있거나, 또는 수요일 밤에 그 단체에게 디너를 제공할 수 없다는 이유로 그 예약을 거절하지 않을 수 없는 경우도 있다. 이러한 경우 그 단체의 비즈니스를 잃는 것보다 호텔 외부의 특별한 장소에서 디너를 체험하게 하는 제안을 하는 등 창조적인 해결방법도 있다.

제휴관계에 있는 호텔과 레스토랑은 업무상 융통성이 있다. 홍콩의 캔턴(Canton)거리에 있는 옴니(Omni)는 3개의 호텔을 소유하고 있다. 이들의 호텔은 상호 간에 업무제휴를 맺고 있다. 시설의 공급능력이 가득 찼을 경우 다른 기업과의 상호관계는 서로에게 유익하다. 케이터링회사(catering firms)는 그들이 통상 이용하는 수량만큼 기구를 구입한다. 바쁜 시기에는 외부에서 기구를 빌린다. 빌리든가(renting), 공유하든가(sharing), 자기 시설 밖으로 단체객을 유도하든가 하는 것은 단기적인 수요에 대응하여 공급능력의 확대를 가능하게 한다.

3) 직원의 다직능교육

서비스기업에서는 모든 서비스에 대한 수요증가와 감소가 같은 수준에서 이루어지고 있지는 않다. 다른 부문에서는 통상의 수요밖에 없는데도 다른 부문이 갑작스러운 수요증가를 초래하는 경우가 많다. 경영자는 평소에 직원을 다직능으로 교육(cross-train)시켰다면 내부이동을 통해 직원의 공급능력을 확대시킬 수 있다.

호텔 내 레스토랑에서는 하룻밤에 30~40명 정도의 고객만을 접대하는데 가령 80석이 있다 하더라도 2명의 서비스 직원으로 충분하다. 그러나 그러한 적은 수의 직원으로는 60명의 고객에게 서비스를 제공할 때, 특히 그들이 동시에 도착했을 때에는 문제가 발생한다. 만약 평상시 2명의 레스토랑 직원으로 서비스할 수 있는 이상의 수요가 있을 경우 레스토랑지배인은 다직능 서비스 훈련을 받은 프런트 직원과 연회담당직원을 불러올 수 있다. 또한 지배인은 근무예정직원이 병이 났을 경우에 대체직원으로 보충할 수 있다.

직원에 대한 다직능교육은 직원을 필요에 따라 적절하게 이동시켜 공급능력을 늘리고, 업무관리에 유연성을 부여함과 동시에 직원이 질병에 걸리는 등의 경우에는 공급능력을 떨어뜨리지 않아도 되게 하는 조직구성을 가능하게 한다.

4) 시간제 근무자 활용

경영자는 특히 바쁜 날이나 식사시간대, 계절적 업무량 변동에 따라 1년 중 바쁜 달 등의 기간에 시간제(part-time) 근무자를 활용할 수 있다. 여름의 휴양지는 여름 동안만 일하는 시간제를 고용한다. 수요가 낮은 시기는 직원을 줄이든가, 혹은 폐쇄하는 것도 가능하다. 시간제 근무자는 호텔과 레스토랑이 공급능력을 효율적으로 증감시키는 것을 가능하게 한다.

또한 시간제 근무자는 필요한 때 불러내어 활용할 수도 있다. 호텔은 통상 대규모 행사 시 필요로 하는 연회웨이터의 명단을 보유하고 있다. 시간제 근무자는 기업의 수요에 대응하여 필요로 하는 연회웨이터의 명단을 보유하고 있으며, 기업이 수요에 대응하여 필요로 하는 근무자수를 적절히 조정할 수 있게 한다.

5) 가동률이 낮은 기간

계절변동에 영향을 받는 리조트사업은 수요의 과잉과 부족을 초래한다. 위에서 검토한 여러 가지 대책은 수요가 최대화한 경우에 공급능력을 어떻게 확대할 것인가 하는 것이었다. 그런데 수요가 낮은 기간은 공급능력을 가능한 한 떨어뜨려 업무의 효율적 수행을 생각하여야 한다. 공급능력을 떨어뜨리는 하나의 방법으로는 수요가 낮은 시기에 개·보수 및 관리를 계획하는 것이다. 수요가 낮은 시기를 골라서 직원에게 휴가를 받게 하고, 다른 활동에 동원할 수도 있다. 직원교육(training)도 수요가 적은 시기를 골라 계획할 수 있다.

6) 영업시간의 연장

영업시간을 연장함으로써 공급능력을 확대할 수 있다. 예를 들면, 리조트 콘도미니엄의 슈퍼마켓은 성수기에는 레스토랑과 오락시설에 대해 영업시간을 연장함으로써 그 공급능력을 확대하고 있다.

7) 최신기술의 이용

최근 서비스기업들이 최신기술의 도입을 통해 공급능력의 확대를 도모하고 있다. 레스토랑의 경우 POS(point of sales) 시스템을 도입하여 고객에게 신속하고 정확하게 서비스를 제공함으로써 서비스지연을 방지하고 있다.

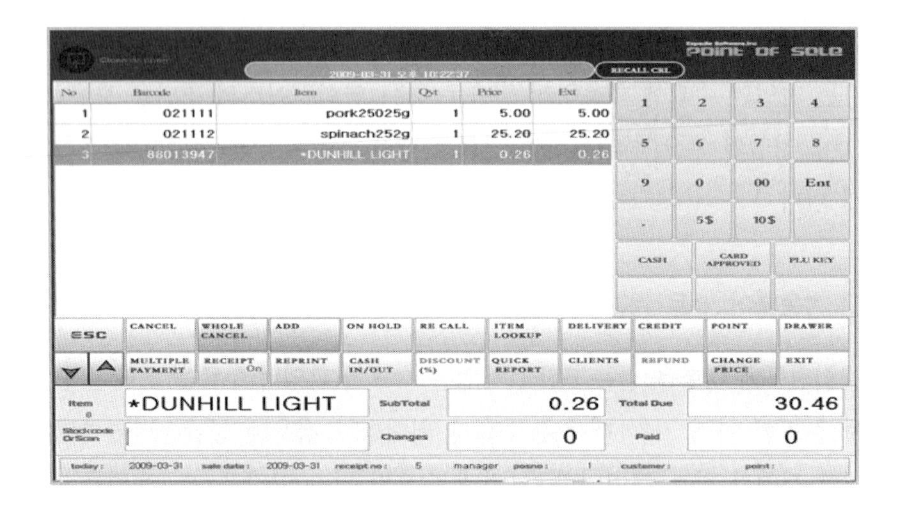

8) 서비스장소의 조절

서비스기업이 서비스 제공장소를 조절하는 것은 고객으로 하여금 고정된 장소를 방문해서 서비스를 받도록 하는 것이 아니라 고객이 있는 곳으로 이동하여 서비스를 제공하는 것이다. 특히 시설적 측면에서 제약이 따르는 서비스기업에서 공급능력의 확충방안으로 많이 활용하고 있다. 예를 들면, 흔히 레스토랑이 배달서비스를 하는 경우도 공간적 제약을 극복하기 위한 하나의 방안으로 사용하는 가장 좋은 사례라고 할 수 있다.

제2절 수요관리

1. 수요에 대한 이해

서비스산업의 수요의 변화를 통제하고 조절하기 위해서는 수요패턴을 명확하게 이해하는 것이 무엇보다 중요하다. 즉 서비스기업은 경영전략을 수립하기에 앞서 시간에 따라 변화하는 수요의 유형과 그에 영향을 미치는 요인들을 분석해 내야 한다.

이를 위해서는 구체적으로 ① 시간에 따라 변화하는 수요의 유형 ② 수요의 변동성 ③ 수요변동의 원인 요인의 파악 ④ 세분시장별 수요패턴을 파악하여야 한다. 따라서 마케팅 관리자는 다음과 같은 방법을 통해 자사가 직면한 서비스 수요의 유형을 찾아낼 수 있을 것이다.

1) 기업에서 제공하는 서비스에 대한 수요가 주기적으로 어떻게 변화하는가를 파악하고자 할 때

단위시간 동안의 수요의 수준을 도표화할 필요가 있다. 전산화된 고객정보시스템을 갖춘 조직의 경우 매우 정확하게 수요 수준을 도표화할 수 있을 것이다. 그렇지 않은 조직은 수작업으로 수요패턴을 도표화할 필요가 있다. 일별, 주별, 월별로 수요수준을 추적하고, 만약 계절별로 변동폭이 큰 경우에는 적어도 전년도에 수집된 정보와 비교하여 도표화하여야 한다. 은행이나 호텔의 경우 하루 중의 시간적 변동이 또한 의미가 있을 수 있다. 어떤 경우에는 수요패턴을 도표화하지 않고도 직관적으로 명확하게 파악할 수 있다.

2) 수요변동주기를 파악하고자 할 때

수요수준을 도표화했을 때, 일별, 주별, 월별, 계절별 등의 수요패턴을 살펴본 결과 예측가능한 주기가 존재할 때와 존재하지 않을 때로 나누어 살펴보는 것이 유리하다. 예를 들어 외식사업인 경우에는 월별, 주별, 일별, 시간별로 변화하는 수요를 알 수 있다.

만약 예측가능한 주기가 존재한다면, 그렇게 나타나게 한 원인을 파악해야 한다. 세무회계사들은 분기별과 세금만기일이 됐을 때의 수요를 예측한다.

예측하기 어려운 수요변동 즉, 수요패턴이 불규칙적으로 나타나 예측하기 어려운 경우도 종종 있다. 그러나 이러한 경우에도 종종 그 원인을 찾을 수 있다. 예를 들어 날씨의 변화는 여가, 쇼핑 혹은 유흥시설의 이용에 영향을 미칠 수 있다. 먼 미래의 날씨를 예측하는 것은 불가능할지라도 하루 혹은 이틀 후의 날씨를 고려해 수요를 예측하는 것은 가능할 수 있다.

3) 세분시장별 수요패턴이 어떻게 다른가를 파악하고자 할 때

만약 어느 조직이 고객거래에 관해 상세한 기록을 가지고 있다면 세분시장별로 수요를 분석해 낼 수 있으며, 이를 통해 패턴 내에 존재하는 또 하나의 패턴을 알아낼 수 있다. 또한 어떤 세분시장에서는 수요가 예측 가능한 반면 또 다른 세분시장의 수요는 상대적으로 불규칙적이어서 예측하기가 어렵다는 것을 분석을 통해 알 수 있다. 예를 들면 의료기관의 경우 예약 없이 방문하거나(walk-in), 오늘 당장 진료를 원하는 환자들이 월요일에 몰리는 경향이 있는데 이들 중 몇몇은 주중 다른 요일에 진료를 받아도 괜찮은 사람들이다. 이러한 패턴이 있다는 사실을 알 경우 병원들은 예약스케줄을 월요일을 제외한 다른 날에 주로 잡은 후 월요일은 당일의 예약과 예약 없이 방문하는 외래환자들을 받을 수 있도록 한다.

2. 수요관리의 방안

모든 서비스산업은 공급능력을 제한받고 있다. 따라서 서비스를 제한된 공급능력에 맞게 수요를 관리할 필요성이 있다. 즉 서비스 마케팅 관리자는 공급능력에 맞추어 수요를 관리하여야 한다. 수요관리에 관한 주요내용은 다음과 같다.

1) 가격의 활용

가격설정은 수요를 관리하는 방법 가운데 하나이다. 모든 제품에 있어서 가격과 수요는 반대의 상호관계에 있다. 경영자는 가격을 내려서 제품에 대해 한층 많은 수요를 창조할 수 있다. 수요를 창조하기 위하여 레스토랑은 수요가 떨어지는 날에는 특별서비스를 실시한다. 리조트호텔의 경우 성수기에는 초과수요에 대응하기 위하여 할증요금을 받고 비수기의 수요가 부족한 상태에서는 수요의 창출을 위해 할인요금을 받고 있다. 또한 항공사와 철도도 마찬가지로 여름 성수기와 비수기 때의 요금을 달리하여 수요를 조절하고 있다.

2) 예약 이용

호텔과 레스토랑은 수요를 관리하기 위하여 때때로 예약을 이용한다. 공급능력 이상의 수요가 있을 경우, 경영자는 공급능력을 보다 이익률이 높은 세분시장을 위하여 확보해 둘 수 있다. 공급능력과 수요가 일치한 때에 예약에 의하여 경영자는 공급능력을 초과하는 예약을 거절할 수 있다.

레스토랑의 예약은 수요관리에 도움이 되나, 그로 인하여 공급능력을 저하시키는 일도 있다. 중류급의 가격으로 서비스를 제공하는 대규모 레스토랑은 통상적으로 예약을 접수하지 않는다. 단체가 10분 늦게 도착하든가 2팀의 부부 중 1팀은 시간에 맞추어 도착하고 다른 1팀이 나타날 때까지 기다리고 있는 일도 있을지 모른다. 고객의 도착시간과 출발시간은 예정대로 지켜지지 않으므로 테이블을 20분 이상이나 공석인 채로 두는 일도 있다. 고급레스토랑에서의 고객은 예약을 하고, 도착한 때에는 좌석이 준비되어 있기를 기대한다. 중류급 레스토랑의 고객은 그런 것은 기대하지 않으며, 인기가 있는 레스토랑에서는 다음 테이블을 비울 때까지 기다리게 하여 공급능력을 증대시키는 것이 허용된다.

행렬을 이용함으로써 경영자는 단시간 좌석수요를 재고화(在庫化)시켰다가 좌석을 비우면, 즉시 고객을 안내하여 쓸모없는 시간을 줄일 수 있다. 단골고객에게는 독일의 맥주홀에서 볼 수 있는 기다란 테이블로 안내하는 레스토랑도 있다. 고객은 서로 알지 못하는 사이지만 함께 앉는다. 이러한 시스템은 공급능력 문제해소에 도움이 되나 일반적으로 이용되는 것은 아니다.

3) 초과 예약

테이블이나 객실을 예약해 둔 사람의 모두가 당일에 나타난다는 보장은 없다. 계획이 변경되기도 하고 예약한 사람이 나타나지 않는 경우도 있다. 초과예약은 호텔과 레스토랑, 철도회사, 항공회사가 수요와 공급능력을 일치시키기 위하여 이용하는 기법 가운데 하나이다.

이용가능한 객실수를 한도로 예약을 접수한 경우에는 결과적으로 공실이 생기는 일이 많다. 예를 들면, 보증 없는 예약 가운데 20%, 보증한 예약 중 5%의 고객은 나타나지 않는 것이 보통이다. 만약 이러한 호텔이 80실은 보증한 예약이고, 40실은 보증 없는 계약이라면, 12실의 공실이 평균적으로 생긴다. 이는 평균객실요금 75달러의 호텔에서는 객실과 식음료수입에 있어서 50만 달러 이상의 손실을 의미한다.

초과예약(over-booking)은 신중히 관리되어야 한다. 호텔이 예약을 정당하게 실행할 수 없을 때에는 예약을 거절당한 고객뿐만 아니라, 이들이 소속하는 기업이나 여행사가 보내는 장래수요를 상실할 위험성이 있기 때문이다.

정확한 초과예약(over-booking)방침을 개발하는 일은 고객을 다른 숙박시설로 빼앗기지 않게 하기 위해서이다. 이에는 상이한 형태별 예약에 대한 노쇼(no-show : 당일 예약한 사람이 나타나지 않는 것)의 비율을 파악하는 것이 필요하다. 단체예약의 경우 과거 어느 정도의 비율로서 그 객실을 이용하였는가를 확인하여야 한다.

4) 대기행렬 이용

수요가 공급능력을 웃돌 경우 고객은 즐거운 마음으로 기다리기를 바라며, 열을 지어 설 것이다. 때때로 고객은 다른 선택의 여지가 없기 때문에 기다리기로 결심할지 모른다. 예를 들면, 레스토랑 고객에게 40분은 기다려야 한다는 것을 전달하면, 어딘가 다른 곳을 찾아가든가 할 것이다. 호텔고객은 체크인 시 그러한 선택을 할 수 없다. 택시를 타고 고객은 예약한 호텔에 도착하고 있다. 고객은 이미 비즈니스관계의 상대방에게 체재하는 호텔이 어느 곳이라는 것을 알려놓고 있다. 그러므로 그들은 최종적으로는 체크인에서 20분을 참고 기다리게 된다.

레스토랑에서 기다리는 자발적 행렬은 수요를 관리하기 위한 효과적인 방법이다. 가장 바람직한 행렬의 관리란 고객이 기다리고 있다는 느낌을 갖게 하는 것이다.

대기시간은 항상 약간씩 늘려 잡을 필요가 있다. 30분간 대기할 것으로 예측되면, 고객에게 20분 대기라고 알리기보다 35분 대기로 전달하는 편이 좋다. 만약 대기시간이 길어지면 고객을 잃게 될까 우려하여 약간씩 짧게 말하는 경영자도 있다.

일단 고객이 대기시간을 받아들이면 그들은 앉아서 음료수를 마시고 있을지 모르나 계속 시계를 들여다보는 경향이 있다. 약속한 시간 내에 그들을 부르지 않을 때에는 카운터로 뛰어 들어가 자기들의 이름이 리스트의 어디쯤에 있는가를 묻는다. 전달된 시간 이상으로 길게 기다린 후 테이블에 앉게 되면 고객은 정서불안정 상태로 빠져들어 서비스의 결점을 이것저것 찾으려는 경향이 있다. 레스토랑은 이러한 제1보의 실패를 회복하기가 곤란하고, 고객의 대다수는 불만족한 경험을 했다는 불쾌한 기억을 간직한 채 레스토랑을 떠난다.

만약 레스토랑 측이 고객에게 35분간은 기다려야 한다고 말하고 30분 이내에 좌석으로 안내되면 고객은 기뻐할 것이다. 만약 고객이 기다릴 수 없어 돌아가겠다고 한다면, 레스토랑 측은 어느 시간대가 그렇게 기다리지 않아도 된다는 것을 알려줄 수도 있다.

일반적으로 서비스의 수준이 높으면, 고객은 보다 긴 시간을 기다릴 것이다. 20분 대기는 착석 레스토랑에서는 받아들여지고 있으나, 패스트푸드 레스토랑에서는 5분을 기다리지 않는다. 패스트푸드 레스토랑은 수요에 맞추어 공급능력을 확대하든가, 고객을 잃든가, 2가지 중의 하나가 될 것이다.

서비스 전문가인 데이비드 마이스터(David Maister)는 대기행렬과 관련에 대하여 다음과 같은 시사점을 제공하고 있다.

(1) 마음을 빼앗기고 있는 시간은 빼앗기고 있지 않은 시간보다 짧게 느낀다

쇼보트 호텔(Showboat Hotel)에는 프런트에서 체크인 순번을 기다리는 고객이 지루하지 않게 마술사를 두고 있다. 이 마술사의 묘기는 고객이 기다리는 시간을 지루하지 않게 하고 차라리 즐겁게 해준다. 오락공원에는 어린이가 줄서 있는 행렬에 말을 거는 특별한 직원이 있어서 기다리는 시간이 빨리 지나가도록 한다. 레스토랑은 고객이 기다리는 동안 칵테일 라운지로 안내하여 칵테일과 대화를 즐기게 하여 기다리는 시간이 빨리 지나가게 한다.

리오 호텔(Rio Hotel)은 뷔페행렬에 텔레비전 모니터를 설치하고 있다. 이 모니터는 그 호텔이 제공하는 각종 오락과 레스토랑 등을 안내하며 판매를 촉진한다. 이러한 것들은 경영자가 어떻게 하면 고객의 마음을 빼앗는 시간을 많이 갖고 기다리는 시간을 즐겁게 만들것인가를 위한 좋은 사례이다.

(2) 불공평한 대기시간은 공평한 시간보다 길다

고객은 만약 그들이 기다리는 동안 불공평한 대우를 받으면 곤혹스러워한다. 한정된 수의 대형 테이블만 가지고 있는 레스토랑은 그러한 테이블의 공급능력을 최대로 활용하려 들 것이다. 예를 들면 레스토랑은 4명의 일행을 6인용 테이블로 안내하기보다 그들의 앞에 4명의 일행이 몇 팀 있다 하더라도 6명의 일행을 테이블로 안내한다. 이는 때로는 앞줄에 있는 4명의 일행으로부터 분노를 살 수도 있다. 다음 순번이기 때문에 그들이 당연히 안내되어야 한다고 생각한다. 이러한 경우 레스토랑 측은 행렬의 다음 일행에게 무엇이 일어나고 있는가를 설명한다.

불공평한 대기시간의 다른 사례로서는 체크인을 위하여 20분간 기다리다가 자기차례가 와서 고객행렬의 맨 앞에 당도하였다고 하자. 그가 예약의 구체적인 내용을 꺼내어 말하려 할 때 전화벨이 울렸다. 그 프런트 직원은 재빠르게 전화를 들어 10분간이나 그 전화의 상대방과 통화를 하는 경우가 있다. 메리어트는 이러한 방해가 생겨 고객의 불공평한 대기시간을 피하기 위하여 프런트데스크에 있는 전화를 모두 철거시켰다.

마이스터는 고객의 공평감은 어떤 사정하에서도 반드시 관리될 필요가 있다고 말한다. 어떤 우선규칙이 있다 하더라도 서비스 제공자는 그러한 규칙이 고객의 공평한 감각에 적합하게 규칙을 조정하든가, 고객에게 그런 규칙은 적절한 것임을 이해시킬 필요가 있다.

5) 수요 변경

연회와 회의의 수요는 때때로 변경가능하다. 판매관리자는 10월 하순부터 11월 초순에 판매회의를 가질 예정으로 어느 날짜가 이용가능한가를 호텔에 확인하였다. 10월 24일이나 11월 7일도 모두 가능하나 10월 31일을 제안하였다고 하자. 회의 전날 객실 20실과 당일의 회의실이 필요하다. 호텔은 10월 31일은 만실이 될 것으로 이미 예측한 바 있으나, 현재로서는 객실을 확보할 수 있다. 그러나 현명한 관리자라면 10월 31일은 움직일 수 없는 날짜인가를 물어본다. 만약 변경가능하다면 만실이 되지 않을 것으로 예측되는 기일로 변경하게 할 것이다.

6) 판매담당자의 영역변경

호텔에서는 판매책임자가 판매담당자를 특정영역에 할당한다. 만약 앞으로 2개월간이 판매가 부진한 시기라면, 판매책임자는 단기간의 수요에 주목하여 이 기간 동안 비즈니스 획득 노력을 집중적으로 쏟는다. 예를 들면 1년이든가, 그 이상 전부터 예약하는 대규모 단체시장으로부터 1개월이든가, 그 이내에 예약하는 법인시장으로 판매담당자의 활동영역을 변경시켜 목표를 달성하기도 한다.

7) 판매촉진행사의 창조

판매촉진의 목적은 그림의 수요곡선을 왼쪽으로 비켜놓는 일이다. 카지노는 수요가 낮은 시기에 수요에 대처하는 하나의 방법으로서 슬롯(slot)경기대회와 테이블게임 경기대회를 개최한다. 콜로라도주 스팀보트 스프링즈에 있는 쉐라톤 인(Sheraton Inn)에서는 'The Way It Wuz Days'라는 여름의 판매촉진행사를 개발하였다. 이러한 캠페인은 지역기업과 공동으로 실시하였는데 계절적인 겨울 스키휴양지에 여름수요를 가져다주었다.

제10장 서비스증거 관리

제1절 서비스증거의 의의

1. 서비스증거의 중요성

서비스는 무형성으로 인해 유형재와는 본질적으로 구별이 된다. 유형재는 대상(object)인 반면 서비스는 본질적으로 성과이다. 고객은 이러한 무형성 때문에 보거나, 시험해 보거나, 자체적으로 평가할 수 없다. 따라서 이러한 서비스와 관련된 여러 가지 서비스증거의 관리는 매우 중요한 문제라고 할 수 있다.

쇼스택(G. Lynn Shostack)은 유형재가 본질적으로 대상이기 때문에 재화 마케팅은 추상적인 연상들(abstract associations)을 강조하는 경향이 있지만, 서비스는 무형재이므로 서비스 마케팅은 유형적 단서들(tangible clues)의 조작을 통해 서비스의 실체(realities)를 제고하고 차별화하는 데 초점을 맞추어야 한다고 지적하였다. 또한 베리(L. L. Berry)는 “서비스 마케팅 관리자의 기본적 임무는 서비스에 관해 적절한 메시지가 전달되도록 유형적 측면들을 관리하는 것”이라고 하였으며, 어퍼와 풀턴(Gregory D. Upah & James W. Fulton)도 ‘상황연출(situation creation)’이라는 용어를 제안하면서 “그것은 고객이 서비스를 경험하는 동안 바람직한 태도와 행동을 배양하도록 실체적 환경을 설계하는 일”을 의미한다고 하였다. 또한 코틀러(P. Kotler)도 “구매자들에게 어떤 영향을 미치기 때문에 공간을 의식적으로 설계해야 한다”고 주장하면서, ‘분위기(atmospherics)'를 마케팅의 중요한 도구로 제안하였다. 이처럼 많은 학자들은 서비스 마케팅의 품질증거가 서비스 마케팅의 중심개념이 된다고 주장하고 있다.

실제로 고객들은 서비스를 볼 수 없기 때문에 그 서비스와 연상되는 것, 즉 서비스 시설, 장비, 종사원들, 커뮤니케이션 체제들, 다른 고객들, 가격표 등의 여러 가지 유형요소는 볼 수 있다. 이러한 유형요소는 모두 무형적인 서비스에 대한 중요한 단서(clues)가 된다.

고객들은 서비스의 본질적 특성인 무형성으로 인해 보지 않고 그것을 이해하려 하기 때문에, 그리고 그들이 무엇을 구매하고 있으며, 구매결정에 앞서 왜 구매하는지를 알고 싶어 하기 때문에 서비스에 관한 단서인 서비스품질 증거에 특히 주목한다. 좋든 나쁘든 이러한 유형적 요소는 커뮤니케이션을 수행한다. 만일 잘못 관리된다면 단서들은 서비스에 관해 완전히 잘못된 메시지를 전달하여 전반적인 마케팅 전략을 심각하게 저해할 수 있으며, 잘 관리되는 단서들은 고객에게 서비스품질 지각에 강력한 강화요인으로 작용한다.

2. 서비스증거의 유형

서비스를 보다 잘 이해하기 위해 고객들은 어떤 서비스증거를 사용하는가? 마케팅 관리자들은 어떤 서비스증거를 관리해야 하는가? 이러한 서비스증거는 물리적 환경, 커뮤니케이션, 가격의 세 가지 범주로 나눌 수 있다.

1) 물리적 환경

베이커(Julie Baker)는 서비스들이 제공되는 물리적 시설의 성격과 중요성을 나타내기 위해 〈표 10-1〉과 같이 물리적 환경(physical situation)에 대한 유용한 패러다임을 개발하였는데 기본적으로 세 범주로 구분할 수 있다.

그림 10-1 서비스품질 증거의 요소

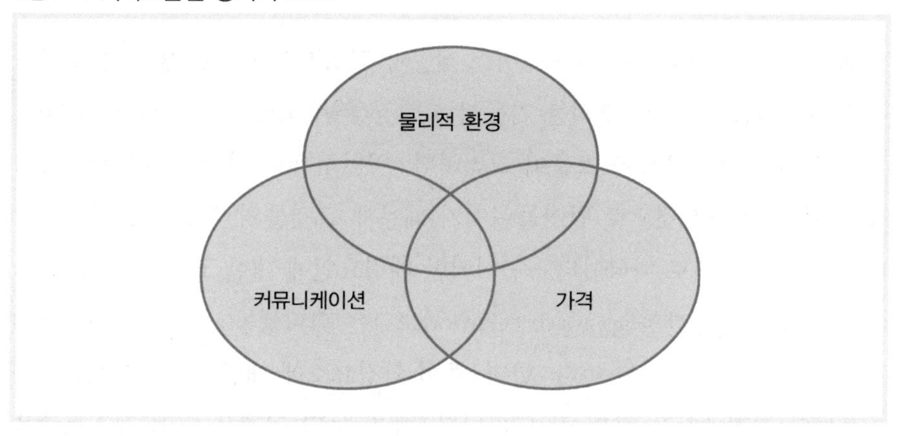

표 10-1 물리적 환경의 구성인자

배경요인	서비스지각에 직접적인 관련이 없는 배경상황	– 대기온도 – 소음 – 청결
디자인 요인	서비스지각에 직접적인 영향을 미치는 자극	– 미학적 요인 • 건축 • 색상 • 규모 • 설비 • 형태 – 기능적 요인 • 장식 • 안락함
사회적 요인	서비스 제공상황에 관련된 인적 요소	– 청중(다른 고객) • 고객의 수 • 고객의 용모 • 고객의 행동 – 서비스 종사원 • 종사원의 수 • 종사원의 용모 • 종사원의 행동

(1) 배경요인

배경요인(ambient factors)은 서비스 제공과 직접적인 관련은 없지만 소비자가 불만족했을 때 즉각 주의를 기울이는 배경상황(background condition)이다. 예를 들면 대기온도와 소음이 그러하다. 일반적으로 배경요인은 소비자에게 대체로 당연한 것으로 받아들여지기 때문에 그것들의 영향은 중립적이거나 부정적인 형태로 나타난다. 즉 이러한 배경요인에 대한 고객인지(customer awareness)는 접근행동(approach behavior)보다는 회피행동(avoidance behavior)을 불러일으킬 가능성이 높다. 한편, 주변 환경요소에 대한 고객 지각은 접근행동보다 기피행동으로 더 잘 나타난다. 예를 들면 고객은 어떤 레스토랑을 시끄럽기 때문에 피할 수 있다. 이때 배경요인의 소음은 소비자에게 회피행동을 유발시킨 요인이 되었다.

(2) 디자인 요인

디자인 요인(design factors)은 배경요인보다 고객들에게 훨씬 더 명백한 시각적 자극들(visual stimuli)이다. 따라서 디자인 요인들은 긍정적 고객 지각을 산출하고 접근행동을 격려할 수 있는 잠재력을 비교적 많이 갖고 있으며, 효과적으로 전달하기가 쉬운 가시적 자극물이다. 다시 말해서, 디자인 요소는 고객에게 긍정적 지각을 형성하고, 접근행동으로 이끌 수 있는 많은 잠재력을 가지고 있다. 디자인 요소는 구조, 색상 등과 같이 미학적인 것과 배치, 편안함과 같은 기능적인 것으로 분류할 수 있다. 디자인 요소는 서비스 설비의 실내·외부 모두에 적용된다.

호텔을 예로 든다면 호텔입구에 웅장하게 서 있는 휘황찬란한 간판, 호텔로비에 아름답게 걸려 있는 거대한 크리스털 샹들리에, 아늑한 객실의 안락한 침대, 투숙객의 심상과 어울리는 벽지 등이 해당된다.

(3) 사회적 요인

사회적 요인(social factors)은 고객과 서비스종사원의 서비스 환경에 대한 인간적인 부분을 말한다. 서비스 환경 내에서의 고객에 대한 종사원의 수, 외모, 그리고 행동 등은 접근행동이나 기피행동을 야기할 수 있고, 주어진 고객의 서비스기대에 영향을 미친다.

서비스는 제공에서 서비스종사원의 직접적 개입으로 서비스의 성과가 발생되고, 고객이 그 성과에서 본질적 서비스와 서비스 제공자 간에 구별이 쉽지 않기 때문에 서비스종사원의 외모는 매우 중요한 요인이 된다. 살로몬(Michael Solomon) 교수는 "서비스에서의 유일한 차이는 상품이 대체로 사람이기 때문에 사람이 제대로 포장되어야 한다. 사람이 어떤 이미지를 커뮤니케이션하려면 우선 그의 의상이 그러한 이미지에 어울려야 한다"고 지적하였다. 실제로 고객은 단정치 못한 웨이터가 있는 식당은 지저분한 식당으로 지각한다.

2) 커뮤니케이션

커뮤니케이션(communication)은 서비스에 대한 또 다른 형태의 서비스품질 증거이다. 서비스에 대한 좋은 혹은 나쁜 커뮤니케이션은 기업 내에서 스스로 발생하기도 하고 혹은 다른 관련단체에 의해 발생되기도 하며 다양한 매체에 의해 제공되기도 한다. 고객유치를 위한 기업 광고를 행하는 것, 회원에게 제품 및 서비스에 대한 안내브로슈어를 발송하는 것 등 무수히 많다. 이들의 커뮤니케이션은 서비스에 대한 전반적인 정보를 제공하는 역할을 한다.

따라서 커뮤니케이션은 마케팅 전략을 강화하기도 하며 혹은 마케팅 전략을 혼란스럽게 하기도 한다. 효과적인 커뮤니케이션을 하기 위해서 서비스기업은 두 가지 방법을 사용하고 있는데, 첫째는 기존의 서비스품질 증거를 강조하는 것이고, 둘째는 새로운 서비스품질 증거를 개발하는 것이다. 또한 이들 기업들은 커뮤니케이션을 통해 서비스품질 증거를 효과적으로 관리하기 위해서 서비스와 메시지를 더욱 유형화하려고 한다.

(1) 서비스의 유형화

서비스의 유형화(tangibilities the service)는 추상적인 서비스를 최대한 물리적으로 만들어 소비자가 쉽게 인지할 수 있도록 구체화하는 것이다. 서비스를 구체화하는 한 가지 기법은 모든 커뮤니케이션에서 서비스와 연상되는 서비스품질 증거를 강조하는 것이다. 즉 기업들은 서비스와 연상되는 유형적 측면들을 커뮤니케이션 전략에서 앞세울 수 있다. 예를 들면, 항공사의 TV 광고는 식사하고 영화를 보면서 즐거운 시간을 갖고 있는 여행객들을 묘사함으로써 소비자들이 '기내에' 있는 것처럼 느끼게 한다. 항공기의 유형적 측면은 운송수단이기보다 목적지로 제시한다.

두 번째 기법은 의미에 관한 커뮤니케이션을 강화하기 위해 서비스의 유형적 표상들(tangible representations)을 창출하는 것이다.

여행사의 TV 광고는 휴양지에서 춤추는 것, 갑판에서 게임을 즐기는 것 등을 보여주는 것으로 보통 소비자들이 여행에서 즐거운 시간을 보낸다는 것을 소비자에게 주입하고 있다

세 번째 기법은 성공적인 커뮤니케이션이 될 수 있도록 소비자에게 서비스의 의미와 편익(meaning and benefits)을 부가하기 위한 서비스품질 증거를 만드는 것이다. 맥도날드(McDonald)가 'Happy Meal' 프로그램에서 맥도날드의 사진으로 장식된 특별한 상자를 설계하여 햄버거와 프렌치 프라이를 넣음으로써 즐거움과 식사를 연결시켰다.

(2) 메시지의 유형화

마케팅 관리자는 서비스에 관한 메시지를 보다 유형적인 것으로 만들 수 있다. 메시지 유형화(tangibilities the message)의 한 가지 접근방법은 긍정적인 구전 커뮤니케이션을 조성하는 것이다. 서비스 공급자를 잘못 선택한 결과가 심각할 때(지각적 위험이 클 때) 고객은 구전커뮤니케이션에 대해 특히 수용적이 되는 경향이 있다. 이는 고객들이 대체로 의사, 변호사, 대학강좌를 선택

할 때 다른 사람들의 의견을 모색하는 이유이다. 따라서 현명한 마케팅 관리자는 서비스에서 구전커뮤니케이션을 수용하려는 고객들의 이러한 성향을 적극적으로 활용한다. 즉 서비스기업에서 만족한 고객들의 코멘트를 광고에서 부각시키는 것이 대표적이다.

기업들은 또한 서비스를 보증함으로써 약속의 진실성을 강조할 수 있다. 예를 들면, "당신이 우리 서비스에 대해 만족하지 않으면, 지불된 전액 또는 당신이 공정하다고 생각하는 부분을 돌려드리겠습니다"와 같은 것을 들 수 있다.

메시지를 유형화하기 위한 다른 접근법은 감각적인 광고를 사용하는 것이다. 이 경우 마케팅 관리자들은 물리적 증거(physical evidence)를 사용하여 광고메시지가 더욱 구체적이고 보다 신뢰성 있게 광고메시지를 만든다.

3) 가격

마케팅 관리자들은 다른 모든 요소들이 비용을 초래하는 반면에 가격은 수익을 낳는 유일한 마케팅믹스 요소이기 때문에 가격에 특별히 관심을 갖는다. 그러나 가격은 또 다른 이유 즉, 고객이 제품에 대한 단서로 가격을 사용하므로 제품의 신뢰에 영향을 미칠 수 있다. 가격은 고객의 기대를 높이거나(이것은 비싸니까 좋을 것이다) 낮춘다(지불한 가격대로 얻는다).

따라서 올바른 가격을 설정하는 것은 그들이 무형적이기 때문에 서비스에서 매우 중요하다. 서비스의 무형성은 고객이 구매의사결정을 하기 위해 보다 중요한 것까지도 볼 수 있는 것으로 만든다. 가격은 서비스 수준과 품질의 가시적 척도가 된다.

(1) 가격이 지나치게 낮을 때

지나치게 가격을 낮게 책정하는 서비스 마케팅 관리자는 고객들에게 그들의 서비스 가치를 잠재적으로 깎아 먹도록 한다. 고객들은 저렴한 서비스에 대해 전문성과 기술을 의심하게 된다. 따라서 품질명성이 낮은 기업들이 그러한 결함을 보상하기 위해 저렴한 가격을 구상하는 경향이 높다. 이러한 전략은 통상 가격과 가치가 동일하지 않기 때문에 가치는 전체 코스트에 대해 고객이 제공받는 전체 편익이다. 그러나 가격은 전체 코스트(costs)의 일부에 불과하다. 예를 들어 낮은 가격을 구사하면서 부주의한 종사원과 불결한 매장을 갖고 있는 소매점은 실제로 많은 고객들에게 고비용의 소매점으로 지각된다.

(2) 가격이 너무 비쌀 때

지나치게 낮은 가격처럼 지나치게 높은 가격도 그릇된 단서를 제공할 수 있다. 지나치게 높다고 고객들이 지각하는 가격은 불량한 가치, 고객에 대한 배려의 결여, 바가지라는 이미지를 전달할 수 있다.

가격은 '빈약한 서비스' 또는 '욕구를 한껏 충족시키는 서비스'를 암시할 수 있고, 분명하거나 그렇지 못한 포지셔닝 전략을 암시하고, 고객복지에 관한 관심 또는 그것의 부족을 암시할 수 있다. 서비스의 올바른 가격설정은 서비스에 대해 올바른 메시지를 보내는 일이기도 하며 품질의 증거이기도 하다.

제2절 서비스증거 관리

1. 서비스증거 관리의 의의

서비스증거 관리(evidence management)의 기본적인 역할은 기업의 마케팅 전략을 지원하는 것이다. 여기에 기술된 그 밖의 모든 역할들도 마케팅 전략을 지원하는 전체 역할에 귀속된다. 서비스 마케팅 전략의 개발에 있어서 마케팅 관리자들은 특히 정교하게 조작된 서비스품질 증거들을 통해 고객과 종사원들에게 전략의 심상을 제공할 수 있는 방법과 유형재들이 고객과 종사원들이 어떻게 느끼고 반응하는지를 이해하여야 한다.

서비스증거는 전반적인 서비스 마케팅 전략을 강화하거나 약화시킬 수 있다. 즉 호주국립항공사인 콴타스항공(Qantas Airlines)이 광고에서 코알라를 지속적으로 사용하는 것은 호주로 가며 호주를 잘 알고 있는 항공사로서의 포지셔닝을 강화한 것이다. 반면, 많은 미국의 쇼핑몰은 왕성한 노년층을 유인하려는 전략을 약화시키고 있다. 즉 노년층이 추구하는 유형적 품질들은 어느 쇼핑센터 환경에서도 찾아보기 어렵다. 화장실을 찾기 어렵고 10대들의 배회를 막기 위해 앉을 만한 장소도 거의 만들지 않았다. 상가안내도 역시 오래된 것이며 작은 글씨로 되어 있다. 판매원은 보수가 낮고 제대로 훈련되지 않고 친절하지도 않다.

서비스증거 관리를 위한 마케팅 전략을 지원하는 역할에는 잠재적으로 여러 하위역할들이 있으며, 마케팅들은 이러한 하위역할들을 위해 서비스품질 증거를 사용할 수 있다. 이러한 하위역할은 마케팅 전략으로 일관되고 그것을 강화할 때 매우 효과적이다.

2. 서비스증거의 역할

1) 고객에게 기업에 대한 첫인상을 형성하게 한다

서비스증거는 기업과의 거래 경험이 거의 없거나 전혀 없는 고객들에게 첫인상을 형성하게 한다. 서비스에 대해 다른 정보가 없는 고객은 서비스품질 증거에 크게 의존한다. 퀘벡 몬트리올(Quebec a Montreal)대학의 체뱃(Jean-Charles Chebat) 교수에 연구에 의하면 고객이 전문가적인 안목을 많이 갖고 있을수록 서비스품질 증거에 대해 덜 민감하다고 한다. 애리조나(Arizona)주립대학의 비트너(M.J. Bitner) 교수는 변호사 사무실의 가구, 장식, 의복 등이 그 변호사가 성공한 변호사인지 아닌지, 의뢰비용이 비쌀지 쌀지, 믿을 만한지 그렇지 않은지에 대한 잠재적 소송의뢰인의 신념에 영향을 미친다는 예를 제시하고 있다.

이러한 총체적 서비스증거들은 의뢰인들의 능력(competence), 공헌(commitment), 개인적 서비스에 대한 첫인상의 증진을 돕는다.

2) 고객에게 서비스 제공 시 믿음(trust)을 높여준다

관광기업은 보다 많은 고객에게 서비스를 보여주고 확신을 얻기 위해 서비스증거를 사용하고 있다. 정형화되지 않은 인적 서비스는 신뢰성을 잃을 수 있다. 편의점에서의 수작업을 통한 계산은 틀릴 수 있다. 그러나 POS(point of sales)시스템을 통한 계산은 고객에게 계산의 정확성을 제공해 준다.

3) 기업이 고품질 서비스를 수행할 수 있도록 도움을 준다

서비스증거 관리는 또한 고객의 서비스품질 지각에 매우 중요한 역할을 수행하고 있다. 고객은 서비스 수행과정에서 서비스증거의 질에 대해 평가한다. 서비스품질 증거는 고객으로 하여금 서비스 경험을 평가하는 하나의 단서로써 사용된다. 고품질의 모습이 반드시 비싸거나 우아한 것을 의미하지는 않으며 오히려 청결, 질서, 고객위주의 시스템과 같이 기본적인 것들에 대한 주의를 의미한다. 또한 표적시장과 전반적인 마케팅 전략에 적합한 서비스품질 증거의 사용을 의미한다.

고품질의 서비스를 수행하는 서비스증거들을 성공적으로 관리한 사람으로는 맨해튼(Manhattan)의 소아과 의사인 포퍼(Laura Popper)가 있다. 포퍼는 대기실 벽을 딸기그림으로 밝고 환하게 잘 정돈하였다. 그녀는 전통적인 의사의 흰색 가운을 벗어버리고 화려한 색깔의 옷을 입었고 항상 헐거운 바지를 입었다. 그런 옷들은 아이들과 함께 바닥을 뒹굴기 좋기 때문이다. 포퍼는 다음과 같이 말하고 있다. "개업했을 때, 나는 병실에 관해 많은 생각을 했고, 환자들이 여기서 안락하고 행복하길 원했다. 나는 나의 병실이 내가 누구이며 내가 환자들에게 주고자 하는 것이 무엇인지를 보여주고 싶었다. 나의 진찰실은 장남감으로 가득하다. 아이들은 병실을 떠날 때 울음을 터뜨린다."

서비스증거를 통한 품질향상이 의미하는 것은 경쟁자들이 투자하기에 사소하고 가치 없는 것으로 고려하고 있는 가장 작은 세부사항들에 주의해야 한다는 것이다. 즉 고객들에게 배려와 능력에 관한 보다 강한 메시지를 전달할 수 있는 것들은 바로 이와 같은 가시적인 작은 것들이다.

4) 기업의 이미지를 변화시키는 데 용이한 도구로 사용할 수 있다

관광기업이 서비스를 시장에 맞도록 변화시키고 또한 그 조직의 서비스가 변하고 있다는 것을 확실하게 시장에 알리는 것은 매우 중요하다. 이미지 변신은 단순히 새로운 것을 추가하는 것이 아니라 기존 태도를 변화시켜야 하기 때문에 매우 어려운 과제이며, 서비스의 무형성 때문에 더욱 그렇다. 새롭게 의도하는 메시지를 전달할 유형제품이 없기 때문에 서비스 마케팅 관리자들은 그것을 대신할 매체로서 여타의 서비스품질 증거를 발견해야 한다.

5) 고객에게 감각적 자극을 제공해 준다

서비스증거는 고객에게 신기함, 흥분, 재미 등의 총체적 즐거움을 제공해 주는 역할을 한다. 그들은 고객의 지루함에 정면으로 도전하여 서비스 배경을 무대로 간주하고 서비스 제공은 연극으로 간주한다.

건축물은 감각근거의 마케팅 전략을 위해 가치 있는 원천이지만, 그것은 바깥쪽 포장에 불과하다. 배경요인, 고객시스템, 종사원들의 외모와 태도 등의 안쪽 포장인 최초의 메시지를 강화해야 하며 그렇지 않다면 그 메시지는 거짓말이 될 것이다.

6) 종사원에게 더 많이 교육받을 기회를 제공한다

서비스증거를 관리함으로써 마케팅 관리자는 종사원에게 더 많은 교육받을 기회를 제공한다. 즉 서비스와 서비스 편익에 대한 교육, 서비스 수행을 위한 종사원 행동의 지침, 종사원의 복지와 안락 등에 대해 많은 관심을 갖도록 교육받을 기회를 갖는다.

예를 들면 호텔에서 새로운 예약시스템의 구입, 바(bar)에서 칵테일을 만드는 데 필요한 집기류 구입, 종사원의 복지와 편의를 위한 종사원 휴게실 건설 등은 마케팅 관리자로 하여금 새로운 교육을 필요로 한다.

제11장 제품관리

본 장에서는 제품이란 무엇인가라는 제품의 기본개념을 살펴보고, 제품을 분류하는 제품분류방법에 대해 검토하였다. 그리고 분류된 제품의 형태에 따라서 어떠한 마케팅 전략을 적용하여야 하는지에 대해서도 설명하고 있다. 그런 다음에는 기본적인 제품설계에 부수되는 여러 가지 결정사항, 즉 상표, 포장, 표찰 그리고 제품지원 서비스 등에 대하여 살펴보기로 한다. 끝으로 이러한 개별제품에 대한 의사결정 이외에 기업차원에서 개별제품의 조합인 제품계열, 제품믹스 등을 어떻게 구성하여야 할 것인가에 대한 문제와 기타의 제품관리에 관련된 여러 가지 제품전략에 대해 살펴보았다.

제1절 제품의 개념

제품이 무엇인지에 관한 일반인의 견해는 매우 다양하고 복잡하지만, 마케팅을 제대로 이해하기 위해서는 마케팅믹스의 핵심이 되는 제품에 관해 명확한 개념을 갖추어야 한다.

1. 제품의 정의

제품의 본질을 이해하기 위하여 우리는 '제품이란 무엇인가?'라는 질문을 생각해 보아야 한다. 우리는 흔히 제품을 '우리가 돈 주고 사는 것' 또는 '일상생활에서 우리가 필요로 하는 것', '농어민이 생산하거나 공장에서 생산한 것'이라고 간단히 생각하기 쉽다. 그러나 마케팅의 관점에서는 '교환에 자발적으로 참여함으로써 상대방이 원하는 것을 제공하고 그 대가로 얻게 되는 것'이 결국 제품이다. 따라서 마케팅에서 제품을 '잠재고객들의 욕구와 필요를 충족시켜 고객만족을 창출하기 위하여 설계된 물리적 · 화학적 및 상징적 속성과 부수서비스의 결합체'로 정의하는 광의의 관점을 취한다. 이와 같이 제품을 '교환의 객체로서 포괄적으로 파악한다면 유형의 제품, 서비스, 사람, 장소, 조직, 아이디어, 활동 등 인간의 기본적인 욕구나 필요를 충족시켜 줄 수 있는 모든 수단을 의미하며, 잠재고객의 주의를 끌고 구매되어 소비 또는 사용될 수 있는 대상들이다.

따라서 호텔의 객실, 제주도에서의 휴가, 맥도날드의 프렌치 프라이, 발리섬에서 즐기는 기획여행, 케이터링에 의한 중식, 사적답사 버스관광, 호텔 인근의 현대식 컨벤션센터에서의 회의, 이 모두가 제품이다.

마케팅의 관점에서 제품의 본질을 이해하기 위해서는 두 가지 점에 유의해야 하는데, 첫째는 그것이 이미 설명한 바와 같이 확장된 제품개념(the broadened concept of the product)에서 유형의 제품은 물론이고 무형의 서비스, 정치인이나 배우와 같은 사람, 관광지나 쇼핑센터와 같은 장소, 적십자사나 학회와 같은 조직, 민주주의 등의 아이디어, 건강을 위한 스포츠와 사회활동 등을 포함한다는 것이다. 둘째는 제품을 정의하는 데 있어서 단순히 물리적 · 화학적 속성의 결합으로 파악하는 근시안적 관점이 아니라 고객의 욕구와 필요의 충족이라는 점에서 상징적 속성과 부수 서비스를 함께 고려한다는 점이다.

2. 제품의 세 가지 수준

마케팅 관점에서 제품이란 잠재고객들의 욕구와 필요를 충족시켜 고객만족을 창출하기 위하여 설계된 물리적·화학적 및 상징적 속성과 부수 서비스의 결합체를 지칭하는데, 이러한 제품의 개념은 [그림 11-1]에서와 같이 세 가지 수준으로 나누어 생각해 볼 수 있다. 즉 핵심제품(core product)이란 잠재고객들의 기본적인 욕구를 충족시키거나 문제를 해결해 주기 위해 제공되는 효익들의 결합(bundle of benefits)을 의미하는데, 잠재고객들은 결국 전체 제품의 가장 기본적 수준인 이러한 효익들을 획득하기 위하여 특정한 제품을 구매하는 것이다. 예를 들어 호텔을 이용하는 관광객은 휴식/편안함을 희구하는 것이며, 자신이 원하는 바를 해결하기 위한 한 가지 수단으로서 객실을 구매한다. 따라서 마케팅 관리자는 제품을 설계하는 데 있어서 우선 잠재고객들의 기본적인 욕구와 희구하는 효익을 파악한 후, 어떠한 효익들의 조합으로 제품을 구성할 것인지를 결정해야 한다.

그다음 마케팅 관리자는 핵심제품을 실제제품(actual product)으로 전환시켜야 하는데, 실제제품이란 잠재고객들에게 바람직한 효익의 조합을 효과적으로 제공할 수 있도록 물리적·화학적 및 상징적 속성을 결합한 것이다. 따라서 호텔 레스토랑을 이용하는 이용객에게는 커피·식사 등이며, 호텔의 투숙객에게는 호텔 트윈룸 그 자체가 해당된다.

더욱이 마케팅 관리자는 잠재고객들이 제품을 구매할 때부터 충분한 만족을 얻을 수 있도록 실제의 구매 및 소비활동과 관련하여 여러 가지 부수 서비스를 제공하는데, 이러한 수준의 제품을 확장제품(augmented product)이라 부른다. 예를 들어 호텔을 처음 이용하는 투숙객에게 호텔종사원이 호텔객실 이용법을 알려준다든지, 무료 사우나 이용권을 제공하는 등의 부수 서비스는 모두 제품의 가치를 확대하여 고객만족을 부가적으로 증대시키기 위한 방안으로서 중요하다.

그림 11-1 제품의 세 가지 차원

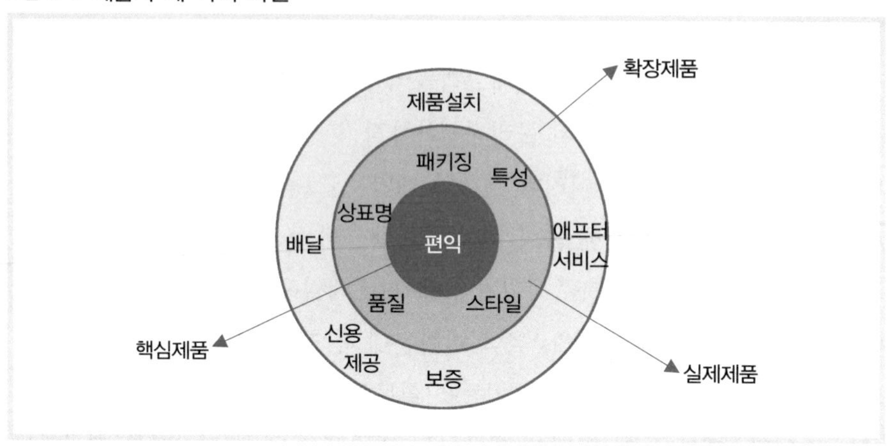

제품의 차원과 관련하여 Theodore Levitt은 마케팅 관리자는 Marketing Myopia (마케팅근시안)에 빠져 다음과 같은 과오를 범하고 있다고 지적하고 있다.

첫째, 소비자들은 유형재에만 관심이 많다고 판단하고 유형제품에만 초점을 맞추다 보니핵심이점을 무시하고 있다. 앞으로의 경쟁은 어느 기업이 무엇을 생산하는가에 있는 것이 아니라 생산된 제품에 서비스, 광고, 고객상담, 금융서비스, 배달, 보관, 기타 관련된 가치들을 어떻게 부가시키느냐에 있다고 지적하고 있다.

3. 제품의 분류

제품을 분류하는 방식은 제품의 특성에 따라 다양하지만 좋은 제품분류는 분류한 제품으로부터 시장세분화와 적절한 마케팅믹스 전략을 도출할 수 있어야 한다. 제품은 크게 나누어 소비재와 산업재로 구분된다. 소비재는 최종 소비자가 소비를 목적으로 구매하는 제품을 말하고 산업재는 기업이 제품이나 서비스를 생산하는 데 필요하여 구매하는 제품을 의미한다.

1) 소비재의 분류

소비재는 통상 소비자의 구매습관에 따라 편의품, 선매품, 전문품으로 분류된다.

① **편의품(Convenience Goods)**

즉흥적으로 빈번하게 구매하며 구매의사결정과정이 극히 간단한 제품들을 말한다. 예를 들면 담배, 휴지, 신문 등이 해당된다.

② **선매품(Shopping Goods)**

고객이 여러 제품의 적합성, 품질, 가격 등을 꼼꼼히 비교한 후 구매하는 제품을 말한다. 예를 들면 가구, 의류, 주요설비 등이 해당된다.

③ **전문품(Specialty Goods)**

상표식별이 분명하고 전문적 용도로 구매되는 제품을 말한다. 주로 상당한 구매 노력을 기울여 제품구매의사결정이 이루어진다. 예를 들면 전문가용 카메라, 음향기기, 자동차 등이 해당된다. 이 제품은 소비자 스스로 제품을 찾아가서 구매하는 경향이 있다.

따라서 판매자는 지리적 편의를 제공할 필요가 없고 대신 전문가 집단의 평가와 제품특성 및 속성 개발에 초점을 맞춰야 한다.

2) 산업재의 분류

소비재와 산업재의 분류기준은 구매 목적이 있다. 소비재는 소비로 인한 욕구충족, 산업재는 창조를 위한 필요에 의해 제품을 구매한다.

(1) 자재와 부품

① **원자재(Raw Materials)**

식품제조용 농산물, 공업용 천연자원 등이 해당된다.

농산품은 예외적인 경우를 제외하곤 광고나 촉진활동이 거의 없다. 따라서 계절, 기후변화에 의한 가격 및 품질변동이 심하기 때문에 장기계약은 없고 주로 계약갱신의 형태로 중간상에 공급된다.

천연자원의 경우 소규모 대량생산자들이 장기계약의 형태로 다수의 구매업체에 제공된다.

자재의존도가 매우 높고 품질의 동질성이 거의 일정하므로 수요창출활동이 제한적이기 때문인데 가격과 납기의 신뢰성이 주요 원인이 되기도 한다.

② **가공재 및 부품(Parts)**

가공재란 원자재를 1차 가공한 후 2차 재가공을 위해 중간단계에 투입되는 제품으로, 원사-[실, 옷감]-의류회사, 철광석-[강판]-자동차 등이 해당된다. 부품은 완성품 자체로 완제품 생산에 투입되는 제품으로 자동차 유리-자동차, 타이어-자동차 등이 해당된다.

대부분의 가공재와 부품은 산업이용자에게 그대로 투입되며, 가격과 품질 및 서비스가 중요하며, 상표와 촉진활동의 중요성이 낮다.

(2) 자본재(Capital Items)

완제품 생산에 부분적으로 투입되는 제품이다. 예를 들면 설비(Installation) 또는 장비(Equipments) 등이 해당된다.

① **설비**

건물, 생산설비, 고정시설물(엘리베이터, 주차타워, 오폐수처리시설 등) 등이 해당된다.

엄청난 비용이 소요되며 생산자 직접 구매 또는 임대형태이다.

요구사항에 따른 맞춤식 제작이 필요하며, 주로 인적 판매에 의존하기 때문에 판매계약이 많다.

② 장비

생산장비, 실험장비, 사무기기 등이 소모성 보조장비에 해당된다. 소모기간이 비교적 짧고 감가상각이 설비보다 크다. 주로 생산 및 업무를 보조하는 역할을 한다.

소량주문, 고객이 전국에 분포되어 있으며, 고객과의 전문적 커뮤니케이션이 수반되는 기술영업이 필수적이다. 따라서 인적 네트워크에 의한 판매가 일반적이다. 가격보다는 성능, 품질, 서비스 등이 중요하다.

(3) 소모품 & 서비스

① 소모품

완제품 생산과정에는 직접 투입되지 않고 주로 관리, 유지, 보수에 필요한 품목이다.

공장청소용품, 사무용소모품, 설비보수용품 등이 해당된다.

산업재 분야의 편의품에 해당된다.

제품의 단위당 단가가 낮고 구매자가 넓게 분포되어 있으며 주기적으로 구매가 이루어지는 특징이 있다.

때문에 전문 중간상에 의한 주기적 공급이 대부분이다.

② 서비스

수선유지서비스(청소용역), 법률자문서비스(회계, 세무, 변호 등) 등이 해당된다.

특히 자문서비스는 신규구매과정(New Task Buying)에 해당하기 때문에 매우 신중한 구매가 이루어진다. 의사결정과정이 수반된다.

4. 제품 차별화 전략

모든 제품은 상표가 부착되고 또한 차별화되어야 한다.

제품의 차별화 방법으로는 제품 · 디자인 · 서비스 차별화가 있다.

1) 제품 차별화

경쟁사와 제품의 차별화를 통해 고객을 확보하는 방법이다. 구체적으로 제품의 형태, 특성, 성능품질, 적합성품질, 내구성, 신뢰성, 수선용이성, 스타일 등을 차별화하는 방법이다.

대표적으로 1990년 일본과의 기술제휴로 탄생한 미스터피자는 기름을 뺀 수타피자를 전면에 내세우는 전략을 통한 눈부신 발전을 통해 오늘날 도미노피자와 함께 업계 2위권을 형성하고 있다.

기름을 뺀 수타피자로써 피자시장에서의 차별화에도 불구하고 미스터피자는 경쟁사 대비 확고한 영역확보에 실패, 지속적으로 기름을 뺀 수타피자라는 이미지를 강조해 왔다.

2) 디자인 차별화

제품의 기획 및 설계 시 연구, 생산, 수리, 운반 등의 용이성을 차별화하거나 미학적 가치를 기능성, 심미성, 환경의식성 등을 통해 차별화할 수도 있다. 혼란스런 세상에서 미학은 제품을 두드러지게 하는 유일한 방법이다.

특히 호텔업계에 1984년 이안 슈레거(Ian Schrager)가 뉴욕의 Murryhill에 모건즈 호텔(Morgans Hotel)을 개장하면서 디자인 호텔이 본격적으로 시작되었다. 이러한 감성적인 고객들을 만족시키기 위해 기존 호텔과는 철저하게 차별성을 두며 기존 호텔들이 지닌 '중후함'과 '전통'이라는 획일적인 이미지에서 벗어나 개성 있고 획기적인 콘셉트를 적극 도입하였다. 그는 자신의 호텔 9개 중 6개의 디자인을 프랑스 디자이너 필립 스탁(Philippe Starck)에게 맡겨 그와 조우하여 1988년 로열튼 호텔(Royalton Hotel)을 시작으로, 1990년 뉴욕의 파라마운트(Paramount Hotel), 1995년 로스앤젤레스의 몬드리안 호텔(Mondrian Hotel), 1997년 마이애미 해변의 딜라노(Delano Hotel), 1999년 런던의 세인트 마틴스 레인(St. Martins Lane), 2000년 뉴욕의 허드슨(Hudson Hotel), 그리고 2001년에는 클리프트 호텔(Clift Hotel)을 통해 연속으로 디자인 호텔을 선보이며 고객의 좋은 반응을 얻고 있다.

3) 서비스 차별화

제공하는 서비스를 차별화하는 것이다. 즉 서비스산업이 경쟁력을 갖기 위해서 무형의 서비스를 시각화·실제화시키고 고객에게 일관된 경험을 제공하는 체계적인 방법론을 갖추는 것이다. 제조업에서 디자인이 스타일링 위주의 역할을 맡아왔던 것에 비해, 서비스산업에서의 디자인은 서비스 개발은 물론, 서비스의 체계를 만들고 프로세스를 혁신하고, 이해관계자 간 구성을 재구축하는 등 더 포괄적이면서도 관련 지식을 연계하는 중재자로서의 역할을 수행하게 될 것이다.

구체적으로 주문용이성, 적기배송(공급) 및 설치, 고객교육 및 상담, AS 및 보증 등을 차별화하는 것이다. 피자업계나 햄버거업계에서 배송시간을 조건으로 서비스를 차별화하는 것이 좋은 사례이다.

제2절 제품수명주기

1. 제품수명주기의 개념 및 특성

특정 제품이 시장에 처음 출시되어 도입, 성장, 성숙, 쇠퇴의 과정을 거쳐 시장에서 철수되는 과정을 제품수명주기(PLC : Product Life Cycle)라고 한다.

이 같은 제품수명주기는 일반적으로 제품이 시장에 처음 출시되는 도입기, 매출액이 급격히 증가하는 성장기, 제품이 어느 정도 소비자들에게 확산되어 성장률이 둔화되는 성숙기, 그리고 매출이 감소하는 쇠퇴기의 4단계로 구분할 수 있다.

제품수명주기는 각 단계별로 사용될 수 있는 마케팅믹스전략을 제시하여 주므로 마케팅전략에서 유용한 도구로서의 역할을 한다.

제품수명주기는 일반적으로 몇 가지 공통적인 특성을 갖고 있다.

첫째, 제품수명주기는 대체로 [그림 11-2]와 같은 형태(누적매출액은 S형곡선임)를 취하며 수요수준을 근거로 하여 도입기, 성장기, 성숙기, 쇠퇴기로 구분할 수 있다. 물론 일부 신제품들이 도입기에서 실패하여 도중하차하거나 성장기에서 곧바로 쇠퇴기로 넘어가기 때문에 모든 제품이 반드시 네 단계를 모두 거치는 것은 아니다. 또한 제품에 따라서는 전체 수명주기가 몇 주일부터 수십 년에 이르기까지 다양한 기간을 포괄하며, 수명주기상의 각 단계가 지속되는 기간도 제품에 따라 매우 다르다.

둘째, 이익은 도입기에 적자였다가 성장후기에 극대점에 이르며, 성숙기를 지남에 따라 점차 감소한다.

셋째, 모든 제품은 결국 쇠퇴기를 맞이하며, 신제품의 개발계획을 조기에 수립하도록 촉구한다.

넷째, 성숙기는 대체로 수명주기상에서 가장 긴 기간을 차지하는데, 오늘날 시장성공을 거두고 우리에게 친숙한 제품들은 대체로 이 단계에 처해 있으며 대부분의 마케팅이론도 성숙기에 처해 있는 제품들을 위한 것이다.

그림 11-2 제품수명주기

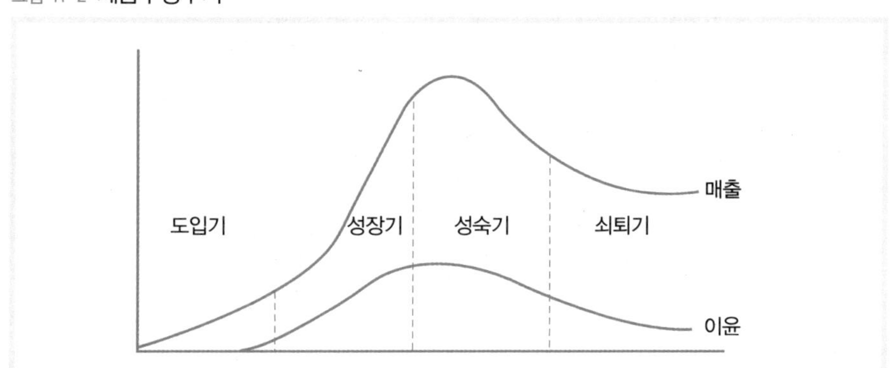

표 11-1 제품수명주기의 단계별 특징 및 마케팅전략

구 분	도입기	성장기	성숙기	쇠퇴기
판매량	낮은 수준, 서서히 성장	급속히 성장	점점 도달, 성장률 감소	감소
수익	낮은 수익률, 적자	증가	높음, 성장속도 둔화	감소
고객	시장선도자	초기수용층 및 중간 다수층	중간 다수층	후기 수용층
경쟁업체	소수	급격히 증가	다수	감소
마케팅목표	제품인지도 제고, 제품 · 서비스 시용	시장점유율의 확대, 경쟁우위 확보, 브랜드선호 유도	경쟁우위 확보와 지속, 이익극대화, 점유시장 방어	비용절감, 투자수확 최대화, 제품개념 유지 또는 제거 여부 결정
제품전략	초기개발제품 기초기능 확인	제품개념 확대, 차별화전략, 품질관리 · 보증제도 실시	다양화, 차별화, 보조 서비스 추가	취약제품 철수
가격전략	고가 또는 저가	시장침투가격, 가격차별화	경쟁대응가격	가격인하
유통전략	유통경로 한정적	유통경로 확대	개발된 유통경로 최다	선별적, 수익성 낮은 경로 폐쇄
광고전략	초기수용층과 유통경로에 인지형성, 구전 자극	상표별 차이 강조	설득형 광고 사용, 고객유지에 필요한 수준으로 감소	최소한의 수준
촉진전략	시용확보를 위해 판촉활동 전개	수요확대에 따른 판촉의 감소	판촉활동 증가	최저수준
고객관리	초기수용자의 반응 확인, 무차별 시장세분화	시장세분화 시작, 충성고객 확보와 반복구매 유도	시장세분화 극대화, 특정세분시장에 집중	역세분화

2. 각 단계의 특성 및 마케팅전략 방향

1) 도입기

도입기는 하나 또는 소수의 제품으로 시장이 구성되므로 경쟁자는 거의 없으나, 제품이 시장에 출시된 지 얼마 되지 않아 제품에 대한 소비자의 인지가 부족하여 판매량이 매우 낮은 수준이다. 반면에 막대한 연구개발비용, 유통망 구축 비용, 촉진비용 등을 투입하여야 하므로 기업은 적자상태를 나타내는 것이 보통이다.

소비자들은 신제품 구매에 따르는 위험을 쉽게 부담하는 혁신층을 중심으로 이루어져 있다. 구체적인 마케팅믹스전략은, 도입기에서 제품은 소비자의 욕구를 만족시켜 주는 기초적 수준의 제품을 제공하게 된다. 가격은 제조가격에 부대비용을 더하는 원가가산가격방식을 취하여 결정하는 경우가 많다. 즉 제품이 완전한 신제품이라면 가격결정에서 기존의 다른 제품과 비교할 수 없기 때문에 제품개발에 투자된 비용과 제품제조에 투하되는 금액을 합산하여 원가로 보고 원가가산방법을 사용하게 된다.

유통망의 구축에서 유통업자들은 신제품의 성공여부를 확신할 수 없기 때문에 유통망 개설을 주저하게 되며, 주요 표적인 혁신적 소비자도 적으므로 선택적 유통망을 사용하게 된다. 촉진의 초점은 개별상표에 대한 촉진보다는 제품의 유형에 관한 정보를 소비자에게 제공하여 제품에 대한 기본적인 수요를 창출하고자 하는 데 있다.

2) 성장기

성장기의 시장상황은 급속한 판매성장과 경쟁자의 등장으로 특징지워진다. 소비자의 대부분은 조기수용자와 초기다수층 일부가 도입기에 이루어진 촉진과 구전효과에 의해서 신제품에 대한 정보를 얻어서 주요한 구매층이 되며, 매출액의 증가는 이 제품에 대해서 재구매 비율 증가로 이루어지게 된다.

마케팅전략의 목적은 시장점유율 확대에 있으며, 마케팅믹스 전략은 제품의 경우 경쟁이 치열해짐에 따라 각 기업은 일반적으로 제품에 사후 서비스 제공을 강화하게 된다. 가격은 대부분 시장침투가격을 사용하고, 집중적인 유통망의 사용으로 유통망을 광범위하게 구축하려고 시도한다. 촉진의 주요한 목표는 시장에서 자사제품에 대한 인지도를 증가시키는 데 있다.

3) 성숙기

성숙기는 성장기에 진입한 많은 경쟁자들로 인해서 잠재적으로 그 제품을 사용할 의향이 있었던 대부분 제품을 수용한 상태이다. 즉 소비자들의 대다수를 이루는 초기다수층 및 후기다수층이 주요 고객이 된다.

따라서 산업 전체의 매출액은 어느 단계보다도 높은 상태이지만 제품 판매성장률은 점차 감소하고 어느 시점에 이르러 수요는 정체 및 감소하게 된다. 이때 시장점유율을 확대하기보다는 이윤을 극대화시켜 쇠퇴기에 대비하게 된다.

이 단계에서의 목표는 이익의 극대화와 경쟁기업에 대해 자사의 시장점유율을 유지시키는 데 있다. 구체적인 마케팅믹스전략은 치열한 경쟁에 대응하기 위하여 제품의 상표와 모델을 다양화해야 하는데 이를 위하여 많은 상표와 다양한 모델을 개발해야 한다.

가격인하는 필수적이며 시장점유율을 방어하기 위해서 더욱 광범위한 유통망 구축을 지향하게 된다. 광고는 경쟁상표제품과 자사상표제품과의 차이와 이점을 강조하며, 경쟁제품 사용자의 상표전환을 유도하기 위해서 판촉을 적극적으로 실시한다.

4) 쇠퇴기

새로운 기술개발로 인하여 동일한 욕구를 만족시켜 주거나, 제품 성능의 측면에서 기존의 제품보다 동일하고 가격 면에서 싼 신제품이 등장했거나, 제품에 대한 소비자의 욕구가 사라지는 것과 같은 소비자 기호의 변화로 판매가 감소하면서 그 제품의 산업 전체 매출과 이익이 점차로 감소하는 쇠퇴기에 접어들게 된다.

소비자의 대부분은 최종수용층이다. 이 시기의 목표는 비용절감과 투자비의 회수로 볼 수 있고, 마케팅 노력의 초점은 대체품이나 소비자 기호의 변화에 따라 제품 전체의 수요가 감소하므로 도입기와 마찬가지로 1차적 수요 유지에 있다. 쇠퇴기 전략의 방안으로는 철수전략과 잔존전략이 있다.

제3절 신제품 개발

1. 신제품 개발의 중요성

기업이 신제품을 개발하는 이유는 여러 가지가 있는데, 일반적으로 다음과 같은 이유에서 고려되고 있다.

① 기업의 지속적인 성장을 위해서이다. 소멸하지 않고 계속 성장하는 기업이 되기 위해서 신제품을 개발해야 한다.

② 신제품 개발에 대한 제품 차별화(product differentiation) 전략을 가지고 있어야 한다. 제품 차별화 전략이란 자사의 제품을 핵심제품, 상표, 포장, 서비스, 이미지 중 어느 하나 또는 이들의 조합을 이용해서 경쟁제품과 구별되도록 함으로써 독점적 혜택을 누리는 전략이다. 기업이 개발한 신제품은 계속적으로 독자적인 위치에 있는 것이 아니라 곧 소비자의 환영을 받는데 이럴수록 경쟁자에 의해 모방된다.

③ 소비자들은 많은 정보를 가지고 있으며, 때로는 정보를 수집하여 여러 제품을 비교한 후에 구매하는 경향이 나타나고 있다.

④ 신제품은 그 스스로 상징성(symbolic importance)을 가지고 구매하는 사람의 위신과 체면에 긍정적인 효과를 가져다준다.

⑤ 신제품은 소비자 생활수준의 향상으로 인한 실질적인 삶의 질 개선의 변화를 요구한다.

⑥ 신제품은 대부분 기술의 소산이며, 신제품 개발 경쟁은 기술의 발전을 낳는데, 이는 결과적으로 능률과 효율을 높이게 된다.

2. 신제품 개발의 어려움

신제품이 탄생하기까지는 많은 노력과 비용이 든다. 신제품이 실패한다면, 회사는 때때로 회생불능의 지경에 빠질 수도 있다. 따라서 기업에서 신제품을 개발할 때는 기업의 어떤 결정보다도 신중할 수밖에 없다.

신제품 실패율을 통계적으로 살펴보면 신제품 중에서 약 80%가 실패한다. 그리고 약 4년 내내 90%가 되는 제품들이 실패하며, 아이디어로 구성해 낸 신제품 중에서 58개의 제품이 실질적으로 개발된다면 그중에서 1개 정도가 최종적으로 성공을 한다. 예컨대 맥도날드가 아치디럭스(Arch Deluxe)를 출시해 소비자들을 감동시키지 못하고 실패한 것도 좋은 사례이다.

이와 같이 기업에서 신제품 개발 실패율이 높은 원인을 살펴보면 다음과 같다.

① 신제품 개발 과정상에 많은 비용이 증가하고 있다.

② 시장의 세분화로 인하여 신제품은 이익을 내기가 쉽지 않다.

③ 신제품은 경쟁기업으로부터 너무나 빨리 모방되기 때문에 신제품의 수명주기가 매우 짧다.

④ 소비자의 안전과 공공성에 대한 각종 규제로 인하여 소비자주의(consumerism)의 증가로 소비자를 만족시키기가 어려워지고 있다.

따라서 신제품을 개발할 때는 보다 신중히 접근해야 한다. 특히 관광제품은 서비스재로서 유형재와 달리 무형성으로 인해 제품을 계획하고 설계하여 시장에 출시하는 데는 더욱더 신중을 기해야 한다. 따라서 신제품 개발을 위한 시스템은 네 가지 기본적 요건을 충족시켜야 한다.

① 객관적이어야 하며 주관적이어서는 안된다.
② 정확해야 하며 모호해서는 안된다.
③ 사실에 근거해야 한다.
④ 방법론을 구체적으로 제시해야 한다.

흔히 고객의 욕구나 시장타당성 자료에 근거해 설계한 서비스가 아니라 관리자나 종사원의 주관적인 견해에 의해 신서비스가 도입되어서는 성공할 수 없다. 신서비스를 설계하는 프로세스에서는 무형이라서 정확히 정의할 수 없음에도 불구하고, 모든 사람이 이해할 것이기 때문에 서비스개념을 정확히 정의하여야 한다.

특히 환대기업의 제품은 서비스로 인해 생산과 소비가 동시에 일어나고 접점직원과 고객 간의 상호작용이 수반되기 때문에 신제품 개발에 현장종사원을 참여시키는 것도 바람직하다. 또한 설계 및 개발프로세스에 종사원을 참여시키면 고객에게 제품을 잘 제공하기 위해 해결해야 할 조직 내의 문제를 파악할 수 있기 때문에 신제품의 성공가능성은 그만큼 커진다고 할 수 있다.

또한 호텔이나 여행사를 비롯한 환대산업에서는 고객도 신제품 개발에 포함시켜야 한다. 고객은 제품 제공에 적극적으로 참여하기 때문에 그들 자신들의 욕구에 관한 정보를 제공할 뿐만 아니라 신제품의 개념과 설계과정에 도움을 줄 수 있다.

■ **맥도날드 아치 디럭스 실패 사례**

–'신제품이 소비자들을 감동시키지 못했다.'

맥도날드는 어린이들을 위한 버거에서 벗어나고자 '아치 디럭스(Arch Deluxe)버거'를 탄생시켰고, 어린이들과 거리가 먼 세련된 이미지의 광고 캠페인을 통해 '어른의 맛을 가진 햄버거'로 제품을 알렸다.

실패한 이유를 살펴보면 다음과 같다.

첫째, 사람들이 맥도날드에 가는 것은 편의성 때문이지 색다른 맛, 혹은 세련된 식사를 하기 위해서가 아니라는 데 있었다. 맥도날드에 가는 대부분의 사람들은 이미 계산대에 가기 전에 스스로에게 익숙한 메뉴들 중에서 어떤 것을 주문할지 미리 정해놓는다.

둘째, '맛을 무기로 판매되었다'는 것이다. 모든 사람들은 맥도날드가 별 다섯 개를 받는 최고급 식당이 되지 못할 것을 알고 있다. 데이브 밀러는 기사에서 아치 디럭스를 공격했다.

"우리는 맛을 칭찬하거나, 감칠맛을 느끼거나, 일품요리를 먹는 기쁨을 얻고자 맥도날드에 가는 것이 아니다. 우리가 맥도날드 브랜드를 좋아하는 이유는 친절함, 청결함, 일관성, 편리함 때문이다. 그런데 맥도날드는 근래에 이 가치를 포기하고 있다. 맥도날드는 얼마나 많은 신제품을 더 실패해야 이 가치들을 구현하는 데 집중할 것인가?"

1998년 맥도날드에 합류한 최고 경영자 잭 그린버그는 타임스에 '맥도날드 강화 전략이라는 기사를 기고했다.

"우리는 소비자들이 원하지도 않는 제품을 개발하고 출시하는 데 너무나 많은 시간을 허비했다."

'아치 디럭스로부터의 교훈'

- 여러분이 알고 있는 것을 실천하라.

맥도날드 브랜드를 구성하는 본질은 부담 없고 편리하다는 것. 그리고 어린이들의 다정한 친구라는 것이다.

세련된 버거는 아이들을 배제하기 위해 디자인되었으므로 실패하기 위해 만들어진 제품이라 할 수 있다.

- 소비자를 혼란에 빠뜨리는 일은 피하라.

우리는 무언가를 보배로 여길 때, '그것을 보배로 여겨야지'라고 일부러 노력할 필요는 없다. 그냥 보배로 여기면 되는 것이다.

브랜드에 있어서는 더욱 그렇다. 맥도날드는 아치 디럭스, 브라트부르스트, 맥타코스 등으로 제품 종류를 확대해 보려는 끊임없는 시도들의 실패를 통해, 누구나 알고 있고 당연시하는 맥도날드 본연의 이미지를 새삼 재확인했다.

- 조사결과에 회의적이 되어라.

시장조사는 쓸모 있긴 하지만, 그것을 절대적으로 진실로 받아들여서는 안된다.

3. 신제품의 유형

신제품 개발 프로세스를 구축함에 있어서 모든 신제품의 비중이 같은 정도로 새로운 것일 수 없다는 것을 기억해야 한다. 다음의 새로운 신유형은 대혁신에서 작은 스타일의 변화까지 다양하다.

1) 대혁신(Major Innovation)

아직 정의되지 않은 시장을 위한 신서비스이다. 과거의 사례로는 최초의 TV방송 서비스, 페더럴 익스프레스사의 24시간 수화물 배달서비스가 포함된다. 현재 그리고 미래에는 정보 및 컴퓨터기술의 발달로 인해 많은 대혁신이 나타날 것으로 예상할 수 있다.

2) 사업의 개시(Start-up Business)

기존제품과 동일한 본원적(generic) 욕구를 충족시키려 신제품을 새롭게 도입하는 것이다. 이러한 서비스의 예로 비만건강관리프로그램을 제공하는 기업의 출현, 은행처리를 위한 ATM 설치, 택시와 리무진을 대체하여 호텔마다 들르는 셔틀버스 운행 등이 여기에 해당된다.

3) 기존시장을 위한 신제품의 개발(New Service for the Currently Served Market)

비록 그 제품을 다른 기업에서 제공한 적이 있다고 할지라도 해당 기업에서 기존고객에게 제공한 적이 없는 제품을 제공하는 것이다. 호텔에서 결혼상품을 판매하는 것, 항공사가 운항 중에 팩스와 전화서

비스를 제공하는 것, 호텔 피트니스센터의 헬스클럽에서 건강과 관련된 강의를 하는 것, 여행사에서 여행보험을 대행하는 것 등이다.

4) 제품계열 확장(Service Line Extension)

새롭게 추가된 호텔 레스토랑의 메뉴, 항공사의 새로운 노선, 여행사의 여행상품의 다양화, 호텔 객실의 증축과 같은 기존의 서비스계열을 확장하는 것이다.

5) 스타일 변화(Style Change)

기존의 서비스 형태에 대한 스타일의 변화를 주는 것이다. 호텔 레스토랑의 인테리어 색상의 변화, 기업로고의 변경 등이 여기에 해당된다.

6) 서비스 개선(Service Improvements)

혁신의 가장 일반적인 방식으로 기존 서비스의 형태를 변경시키는 것을 말한다. 즉 리조트업계는 비수기에는 자정에 영업을 종료하나 스키시즌에는 24시간 영업을 하여 야간 스키를 타는 고객들의 불편함이 없도록 서비스를 개선하는 것이 좋은 사례이다.

4. 신제품 개발과정 단계

일반적으로 관광기업의 신제품도 제조업의 신제품 개발과 거의 대동소이하다. 그 과정을 살펴보면 다음과 같다.

1) 아이디어 발굴

신제품 개발은 아이디어 발굴로부터 시작되는데 기업(Company), 고객(Customer), 경쟁(Competition), 협력업체(Collaborators)로 형성된 '4C'로 표현된다. 많은 신제품은 기업의 R&D에서 시작된다. 내부적 근원에는 판매원 · 시장조사원 등이 있고, 유통경로상 협력업체들 역시 현지의 고객들과 가까이 있게 마련이므로 새로운 아이디어의 근원이 되기도 한다. 또한 어느 정도 검증받은 제품들을 개발 · 판매함으로써 시장에서 신제품을 개발하고 리스크를 줄일 수 있다.

2) 스크리닝

많은 관광기업들이 매년 발굴하는 수백 가지 아이디어가 모두 신제품이 되지 않는다. 한정적 자원을 효율적으로 활용하기 위해 많은 아이디어들을 걸러내는데, 대체로 시장성이나 기술성, 재무적 성과 등의 측면에서 또다시 분석한다. 다시 말해, 시장이 충분히 크고 침투가 가능한지 여부와 제품의 효율적 생산이 가능한지 여부, 실제로 시판할 경우 충분한 이익이 되는지의 판단이 필요하다. 스크리닝을 위한 모델 중 유용성이 높을 것으로 생각되는 '뉴프로드(New Prod)'를 소개하고자 한다. 이 모델은 100여 개의 기업들을 대상으로 한 200여 개의 프로젝트 결과를 토대로 하고 있다. 뉴 프로드는 제품의 질과 특이성, 자원호환성, 시장성장 및 크기, 경제적 이점, 기술력 호환성, 시장경쟁수준, 제품의 폭 등에 변수를 생각하여 계산한다.

3) 콘셉트 테스트

제품의 기능적 측면뿐 아니라 목표시장에서 제품이 받아들여질 것인지에 대한 테스트다. 제품의 종류에 따라 실험소나 연구실에서 테스트가 가능하기도 하지만, 때론 마케팅활동을 통해 테스트하기도 한다. 이것을 하는 이유는 신제품의 실패 확률이 생각보다 높기 때문이다. 실패 이유는 대체적으로 시장이나 마케팅에서 찾을 수 있으며 또 다른 이유는 제품의 불완전성이나 기업기능 간 부조화, 혹은 예상치 못한 제반기술의 문제가 된다.

4) 시장진입

두 가지 방법이 있는데 먼저 순차적 진입이다. 이 전략은 선진국 시장에 진입하며 시장여건이 갖춰지는 다른 나라로 순차적인 진입을 하는 것이다. 시간의 흐름에 따라 선진국에서 저개발국으로 진출하는 것이다. 대표적으로 디지털 가전제품들이 이러한 전략을 하고 있다. 이유는 가격 때문이다. 신제품의 개발비를 회수하기 위해 선진국 시장에 고가로 판매, 나중에 성숙기나 쇠퇴기가 된 제품은 생산단가가 저가로 바뀌기 때문에 이런 방법을 사용하는 것이다. 이와 반대로 통합적 진입전략이 있는데 전 세계 시장으로 동시 진입을 하는 것이다. 대표적으로 세계적인 유수 호텔 프랜차이즈가 세계 각국에 동시에 프랜차이즈 호텔을 운영하며 수백만 달러의 광고를 바탕으로 동시 진입하였다. 두 전략을 비교한다면 다음과 같은 조건에서는 순차적 진입이 더 유리하다. ① 제품의 라이프사이클이 상대적으로 긴 경우, ② 국내 시장보다 작거나 성장이 느린 해외시장으로 상당한 고정비가 예상되는 경우, ③ 현지의 경쟁자가 아주 약하거나 경쟁자 간 협력이 강하거나 아예 경쟁이 없는 경우이다.

제12장 가격관리

제1절 가격의 본질

1. 가격의 개념

가격(price)은 '제품이나 서비스에 대하여 부과하는 요금'을 말한다. 넓은 의미에서 가격은 '소비자가 제품이나 서비스를 소유 또는 이용함으로써 얻어지는 편익(benefits)에 대한 제 가치의 합계'라고 말할 수 있다. 영리목적의 조직은 물론이고 비영리조직의 대다수도 무엇인가의 형태로서 제품이나 서비스에 가격을 설정하여야 한다.

가격은 마케팅믹스 중 이익을 낳는 유일한 요소이다. 모든 것은 실제적으로 가격으로 집약된다. 가격설정과 가격경쟁은 마케팅 관리자들이 직면하는 최대의 과제라고 말하는 전문가도 있다.

흔히 있는 잘못으로는 비용을 지나치게 중시하는 것과 시장변화에 대응하지 않고 있는 것, 또는 다른 마케팅믹스 요소를 고려하든가, 제품차별화나 세분시장에 대응하지 않는 가격설정 등이 있다. 가령 다른 요소가 건전하더라도 가격설정을 잘못하면 사업은 실패하고 만다. 따라서 마케팅 관리자는 가격설정의 전반적인 이론에 대해 잘 알고 있어야 한다.

실제로 지나치게 높은 가격을 설정하면 잠재고객을 잃게 되고 또한 지나치게 낮은 가격에서는 사업을 적절히 유지할 만큼의 충분한 수익을 낼 수 없게 된다.

따라서 서비스 마케팅 관리자는 가격설정 시에 고려하지 않으면 안될 요인, 가격설정의 재접근, 신제품의 가격전략, 제품믹스 가격, 가격변경의 착수와 대응, 구매자와 상황요인에 부응한 가격조정에 대하여 살펴볼 필요가 있다.

2. 가격결정의 중요성

전통적으로 가격은 판매자와 구매자 사이의 협상을 통하여 결정되어 왔다. 그러나 19세기 말 대규모 소매점들이 등장하여 많은 수의 품목을 다수의 종사원(판매대리인)을 통하여 판매함에 따라 거래빈도도 많아져 협상을 통한 가격결정이 효율적이지 않게 되었다. 그 결과 일물일가의 정책에 따라 모든 구매자에게 하나의 가격이 제시되는 현상이 나타났는데, 가격의사결정은 마케팅믹스의 교환잠재력을 결정짓는 중요한 요소로서 인정되며 다음과 같은 측면에서 그 중요성을 검토해 볼 수 있다.

첫째, 가격은 제품을 생산하기 위해 투입되어야 하는 노동, 토지, 자본, 기업가의 능력 등 여러 가지 생산요소들의 결합형태에 영향을 미친다. 이와 관련하여 가격은 또한 사회적으로 부족한 자원을 어떠한 것을 생산하는 데 활용할 것이며 생산된 제품을 누가 가질 것인지를 결정한다.

둘째, 가격은 제품의 시장수요와 경쟁지위, 시장점유율 등에 직접적이면서 즉각적인 영향을 미치며 기업의 수익 및 이윤과 밀접하게 관련되어 있다.

셋째, 가격은 마케팅믹스의 다른 요소들로부터 영향을 받기도 하지만, 그들에게 많은 영향을 미칠 수 있다. 예를 들어 신제품을 개발하거나 기존제품의 품질을 개선하려는 제품의사결정은 그러한 조치에 수반되는 비용을 소비자들이 기꺼이 부담해 줄 경우에나 수행될 수 있으므로 원가와 적정이윤을 보상하려는 가격의사결정은 마케팅믹스의 다른 요소들에 영향을 미친다.

넷째, 기업의 마케팅활동 중에서 각종 법규로부터 가장 명확하고 많은 규제를 받는 분야가 바로 가격결정에 관한 부분이다.

다섯째, 실리적인 측면에서 소비자들은 가격을 전통적인 교환비율이기보다는 품질의 지표로 이용하기도 하므로 가격에 대한 소비자의 심리적 반응을 충분히 고려해야 한다.

여섯째, 제품에 대한 소비자의 가치지각이나 구매행동이 가격변화에 민감해지는 경기후퇴와 인플레 기간 중에는 가격결정이 마케팅 성공에 기여하는 극히 중요한 활동으로 간주된다. 또한 저개발국가나 소득수준이 낮은 집단 등과 같이 가격이 매우 민감하게 의식적인 여건에서는 가격의사결정이 매우 중요하다.

이상과 같이 가격결정은 매우 중요한 마케팅 의사결정임에도 불구하고 실무적으로는 가격결정을 신중하게 다루지 않기 때문에 지나친 원가지향적 가격결정 및 시장변화에 신속히 적응하기 위해 필요한 융통성을 갖고 있지 않으며, 일단 결정된 가격을 좀처럼 수정하지 않는다. 또한 마케팅 관리자는 가격이 총체적인 마케팅믹스의 한 요소임에도 불구하고 다른 요소와의 상호영향이나 관계를 충분히 고려하지 않고 있으며 품목별이나 세분시장별로 다양한 가격을 제시하지 않고 있다는 것이 몇 가지의 문제들로 등장하고 있다.

3. 가격결정 시 고려사항

기업이 가격을 결정할 때 고려해야 할 요인이 있는데 이는 크게 기업의 내적 요인과 외적 요인으로 나눌 수 있다. 내적 요인으로는 원가, 마케팅 목표, 마케팅믹스, 조직 등이 있고 외적 요인에는 시장의 특성과 수요, 경쟁, 그 밖의 환경적 제약이 있다.

1) 기업 내적 영향요인

가격결정에 영향을 미치는 내적 요인은 크게 생산원가, 마케팅 목표, 기타 마케팅믹스, 조직으로 구분할 수 있다.

(1) 생산원가

제품의 생산원가는 기업활동을 계속하기 위하여 마케팅 관리자가 소비자들에게 요구해야 하는 가격의 하한선이다. 따라서 생산원가는 가격결정에서 중요한 고려사항이며, 마케팅 관리자들은 경쟁우위를 확보하기 위해 산업 내에서 가장 낮은 원가의 생산자가 되려고 노력한다.

(2) 마케팅 목표

기업의 마케팅 목표가 어디에 있는가에 따라 달라질 수 있다. 즉 생존목표, 기간이익 최대화 목표, 시장점유율의 극대화 목표, 제품품질의 주도권 목표 등이 있다.

(3) 기타 마케팅믹스

가격의사결정은 마케팅믹스의 다른 요소들에 관한 의사결정으로부터 영향을 받을 뿐 아니라 다른 마케팅믹스의 요소들에게 영향을 미치므로 마케팅 관리자는 제품가격을 결정하는 데 있어서 여타의 마케팅믹스 요소를 고려해야 한다. 예를 들어 전속적 유통전략을 채택하는 마케팅 관리자는 고가격을 구사하며, 풀전략(pull strategy)을 채택하는 마케팅 관리자는 저가격을 구사하는 경향이 있다.

(4) 조직

중소기업에서 가격결정은 최고경영층에 의해 전반적인 가격전략이 결정되고, 대기업에서의 가격은 회사 경영지침하에서 법인사업부나 지역경영책임자, 단위경영책임자에 의하여 결정되는 것이 전형적이다.

2) 기업외적 영향요인

가격결정에 영향을 미치는 외적 요인은 크게 시장의 경쟁구조, 수요의 성격과 가격탄력성, 경쟁자의 가격과 거래조건, 기타의 마케팅 환경요인으로 구분할 수 있다.

(1) 시장의 경쟁구조

마케팅 관리자가 제품의 가격을 자유로이 결정할 수 있는 범위는 시장의 경쟁구조에 의해 결정되는데, 경쟁구조는 대체로 네 가지 유형으로 구분할 수 있다. 순수경쟁에서는 다수의 구매자와 판매자 사이에 완전히 동질적인 제품이 거래되며 완전한 시장정보가 이용될 수 있는 여건인데, 모든 마케팅 관리자는 시장 내의 수요와 공급관계에 의해 결정된 단일 시장가격을 그대로 받아들인다. 독점적 경쟁은 순수경쟁과 대체로 유사하지만, 시장 내에 여러 제품들이 경쟁하면서 제품차별화를 통해 각 세분시장 내에서 선도적 위치를 차지하고 있는 상황이다. 이 경우 마케팅 관리자가 제품차별화를 통하여 일정한 범위 내에서 어느 정도 가격결정의 자유를 가질 수 있는데, 대체적으로 경쟁자의 가격인상에는 항상 동조하지 않는 데 반하여 가격인하에는 모두 동조하면서 전체의 매출액을 감소시키기 때문에 대체로 시장가격을 그대로 받아들이는 경향이 있다. 완전독점은 한 마케팅 관리자가 시장수요를 독점하는 여건인데, 공기업의 경우라면 지불능력이 없는 소비자에게 복지차원에서 저가격으로 공급하거나 또는 수요를 억제하기 위해 고가격을 구사할 수 있으며 사기업의 경우라면 정부의 개입과 경쟁자의 시장참여를 배제하면서 고가격으로 최대의 이익을 추구하거나 신속히 시장에 침투하기 위하여 저가격을 구사할 수 있다.

(2) 수요의 성격과 가격탄력성

수요는 '일정한 가격에서 소비자들이 기꺼이 교환하려는 제품의 양'을 의미하는데, 대체로 그러한 양은 가격이 높아짐에 따라 감소하는 경향을 보인다. 일반적으로 소비자의 가격에 대한 반응의 정도는 수요곡선과 이를 통해 얻어지는 수요의 가격탄력성을 통해 알아볼 수 있다. 수요곡선이란 [그림 12-1]에서 보는 바와 같이 기업이 제품가격과 소비자의 구매량의 관계를 나타낸 것이다.

(A)는 수요의 가격탄력성(price elasticity)이 낮은 경우로 가격의 변화폭에 비해 수요의 변화폭이 크지 않음을 나타낸다. (B)는 수요의 가격탄력성이 높은 경우로서 가격의 변화폭에 비해 수요의 변화폭이 매우 크다는 것을 보여준다.

그림 12-1 수요곡선의 예

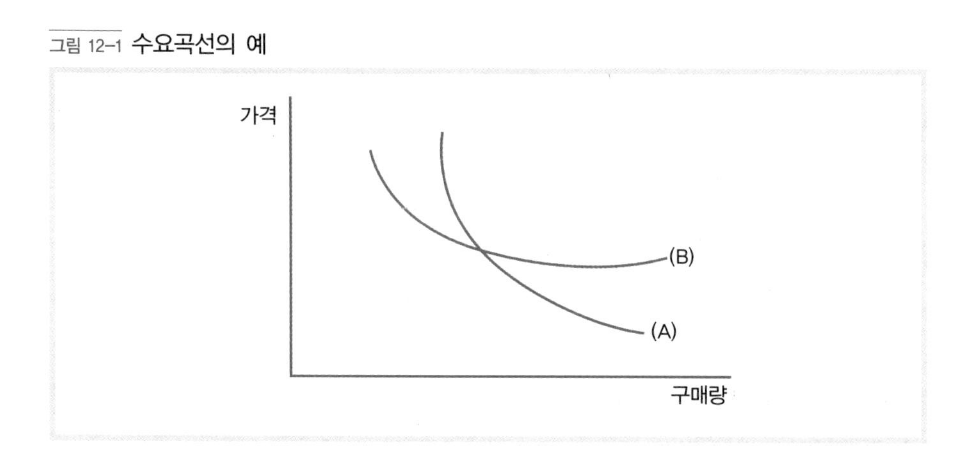

소비자의 가격에 대한 민감도를 나타내는 지표인 수요의 가격탄력성은 다음과 같다.

$$\text{가격탄력성(E)} = \frac{\text{수요의 변화치 / 원래수요}}{\text{가격의 변화치 / 원래가격}} = \frac{\text{수요의 변화율(\%)}}{\text{가격의 변화율(\%)}}$$

일반적으로 제품의 가격을 인상함에 따라 수요는 감소하는 경향이 있기 때문에, 수요의 가격탄력성은 음(−)의 값을 가진다. 수요의 가격탄력성과 기업 매출액 간의 관계를 살펴보면 다음과 같다.

① 수요의 가격탄력성이 낮은 경우(즉 $-1 < E < 0$)에는 기업이 가격을 인

상하여도 수요의 감소가 상대적으로 적기 때문에 기업의 총매출액은 증가한다. 예를 들어 제품의 가격을 3%로 인상하여 수요가 1% 감소하였다면, 탄력성은 −1/3이 되어 가격탄력성은 낮다. 이 경우 소비자의 가격민감도(가격탄력성)가 낮으므로 가격인상이 기업의 매출액을 증가시킨다.

보편적으로 가격탄력성이 낮을 경우는 몇 가지 상황이 있는데

- 경쟁제품이나 대체품이 없거나 소수일 때
- 소비자가 제품가격이 높음을 인식하지 못할 경우
- 경쟁제품과 제품차별화로 경쟁우위가 나타날 때 등이다.

② 수요의 가격탄력성이 큰 경우(즉 E<-1)에는 가격인상으로 인한 수요의 감소가 상대적으로 크기 때문에 매출은 감소하게 된다. 예를 들어 제품가격을 1% 인상했을 때 수요가 2% 감소한다면, 그 제품에 대한 수요가 가격탄력성은 -2/1, 즉 -2이다. 따라서 소비자의 가격민감도가 높으므로 가격을 인상할 경우 매출이 감소할 것이다. 특히 서비스업에서 판매되는 일반적인 제품 및 서비스는 수요의 가격탄력성이 매우 큰 것으로 알려져 있다.

③ 수요의 가격탄력성이 양(+)인 경우는 가격인상이 매출과 이익의 증대를 가져오는데, 이러한 경우는 소비자가 가격과 품질을 동질적인 것으로 지각하게 될 때 발생하게 된다. 이러한 경우는 현실적으로 매우 불가능하다고 할 수 있다.

(3) 경쟁자의 가격과 거래조건

소비자들은 제품대안들의 가치뿐 아니라 가격과 거래조건을 종합적으로 고려하여 구매할 제품을 선택한다. 따라서 마케팅 관리자가 제품의 가격을 결정하는 경우에는 경쟁자들의 가격과 거래조건을 충분히 검토해야 한다.

(4) 기타의 마케팅 환경요인

가격결정에는 이 밖에도 많은 환경요인들이 영향을 미치는데, 예를 들어 물가상승이나 경기의 상태, 이자율 등의 경제적인 환경요인들은 제품의 생산원가와 제품가치에 대한 소비자 지각에 영향을 미치므로 가격을 결정하는 데 매우 중요한 고려사항이다. 또한 미시적 환경요인 중에서 특정한 가격에 대한 재판매업자나 정부의 반응 역시 중요하다.

4. 가격결정의 목표

마케팅 관리자는 가격결정에 있어 기업의 전반적인 마케팅목표를 고려해야 한다. 기업의 마케팅목표가 명확할수록 가격결정은 보다 쉽게 이루어질 수 있다. 보편적으로 기업들이 가격결정을 통해 달성할 목표에는 이익극대화, 목표이익, 매출액 증대, 시장점유율 등이 있다.

1) 이익극대화(Profit-maximization)

최근의 기업들은 기업경영에서 많은 사회적 비난을 받고 있지만, 현실적으로 이익극대화를 기업목표로 삼고 있다. 이익극대화를 목표로 가격을 결정하는 기업은 여러 가격 대안들과 관련된 수요 및 비용을 추정한 다음 가격결정을 선택하고 있다. 이 경우 각각의 가격대안에 대한 수요와 비용을 추정하는데, 현실적으로 정확한 추정이 거의 불가능하다.

2) 목표이익(Target Return)

많은 기업들은 공중의 압력으로 인하여 이익극대화를 추구하기보다는 투자에 대한 목표이익을 설정하여 가격결정에 반영하고 있다. 목표이익은 흔히 투자액이나 매출액에 대한 비율로 나타내거나 절대액(가계기업의 생계비 등)

으로 나타낸 이익목표이다.

한편 목표이익률은 대체로 그 산업의 선도기업에 의해 결정되는 경향이 있는데, 그것은 선도기업들이 비교적 경쟁에 관계없이 독립적으로 가격을 결정할 수 있기 때문이다.

3) 매출액 증대(Sales Growth)

대부분 기업의 기본적인 마케팅목표는 성장이므로 매출액 증대는 가격결정에 있어서 합리적인 목표로 삼고 있다. 실제로 기업들은 제품가격을 결정함에 있어서 적정이익을 임의로 정하기는 매우 곤란하며 오히려 일정한 이익아래서 매출액을 증대시키기 위해 노력할 수 있을 뿐이다. 즉 장기적인 관점에서 지나치게 높은 마진보다는 최소한의 수용가능한 이익으로 매출액을 증대시키는 것이 바람직하다.

4) 시장점유율(Market Share)

많은 기업들은 높은 시장점유율을 목표로 하여 대량생산을 통해 가격을 인하시키며 저가격은 대량판매와 시장점유율 증대를 위한 매개체로서 작용하고 있다. 즉 시장점유율이 높은 기업은 규모의 경제를 통하여 생산 및 마케팅에 있어서 효율성을 갖기 때문에 시장점유율의 증대는 가격결정에 있어서 자주 채택되는 목표이다.

5) 기타의 목표

(1) 경쟁에 대응(Competition)

일부 기업들은 단순히 경쟁에 대응하거나 가격경쟁을 회피하기 위하여 시장에서 통용되는 가격을 그대로 받아들이기도 한다. 소규모 여행업체들은 대형 여행사가 판매하는 여행상품의 가격을 그대로 수용하거나 낮게 책정하여 소비자에게 소구하는 것이 좋은 사례이다.

(2) 적정이익(Satisfactory Profits)

일부 기업들은 이익을 극대화하거나 목표이익을 달성하기 위하여 노력하기보다는 단지 '만족할 만한 이익'을 가격결정의 목표로 삼는다.

(3) 현금흐름(Cash Flow)

일부 기업들은 현금유입의 속도를 가속하려는 목표를 갖기도 하는데, 이러한 목표는 최근의 경기침체에 따른 자금압박으로부터 대두되었다. 예를 들어 재무관리자는 제품개발과 생산에 소요된 자금을 빨리 회수하는 데 관심을 가지며, 이러한 관심은 짧은 제품수명주기를 예상하는 기업에 의해서도 지지되고 있다. 그러나 현금흐름의 목표가 반드시 고가격을 암시하는 것은 아니며 기업의 여건이나 경쟁환경 등을 고려하여 저가격으로 결정될 수도 있다.

(4) 생존(Survival)

과잉설비나 경쟁심화, 소비자의 기호변화 등으로 어려움을 겪는 기업에게는 그러한 어려움을 살아서 견디어내는 일이 가장 중요하다. 이때 가격은 대체로 조정하기가 가장 용이하고 직접적인 효과를 나타내는 변수이기 때문에 마케팅 관리자는 저가격을 구사하여 고객들의 구매를 자극한다.

(5) 현상유지(Status Quo)

일단 유리한 시장지위를 확보한 마케팅 관리자는 현재의 상태를 유지하려는 목표를 갖고 가격결정에 임하기도 한다. 이러한 현상유지의 목표는 물론 시장점유율이나 경쟁지위, 가격안정성, 우호적인 공중이미지 등의 차원에서 정의될 수도 있다.

(6) **목표이미지**(Desired Image)

기업은 고객 사이에 고급품 또는 저가격의 이미지를 형성하기 위하여 상대적으로 높거나 낮은 가격을 구사할 수 있다.

이 밖에도 경쟁자의 시장참여를 사전에 봉쇄하기 위하여, 소비자의 충성도를 유지하고 중간상인들을 지원하기 위하여, 가격에 대한 정부의 통제를 회피하기 위하여, 일시적으로 매출액이나 내점객의 수를 증대시키기 위하여, 신제품의 시용을 촉구하기 위하여, 제품계열 내 다른 품목의 매출액을 증대시키기 위하여 등 여러 가지 목표가 실제의 가격결정을 위한 지침이다.

제2절 가격결정방법

가격결정의 목표를 확정하고 나면, 이어서 어떤 방식으로 가격을 산정해야 할 것인가를 정하여야 한다. 이를 위해 여러 기업들이 자사의 가격을 산정하기 위해 여러 가지 방법을 사용해 왔다. 일반적으로 가격을 결정하는 방법으로 ① 원가기준 가격결정, ② 경쟁제품중심 가격결정, ③ 소비자중심 가격결정법을 들 수 있다.

1. 원가기준 가격결정

원가기준 가격결정방법에는 원가가산 가격결정법과 목표이익 가격결정법의 두 가지 방법이 가장 널리 이용되고 있다.

1) 원가가산 가격결정

원가가산 가격결정은 제품원가에 일정률의 이익을 더해 판매가격을 결정하는 가장 기본적인 가격결정의 방법이다. 여기서 원가는 기업의 이익을 산출하는 기준이 되는 것으로 제품의 생산 및 운영에 들게 되는 제 비용을 말한다. 예를 들어 원가가산 가격결정법을 설명해 보자.

예를 들어 원가구조가 다음과 같고 판매가 대비 마진율(margin)이 20%라고 가정한다면,

- 단위당 변동비 : 5,000원
- 고정비 : 200,000,000원
- 예산판매량 : 200,000개

원가가산법을 이용한 판매가는 다음과 같은 절차에 의해 결정된다.

$$\text{단위당 원가} = \text{단위당 변동비} + \frac{\text{고정비}}{\text{예상판매량}}$$

$$= 5{,}000\text{원} + \frac{200{,}000{,}000\text{원}}{200{,}000\text{개}} = 6{,}000\text{원}$$

$$\text{판매가} = \frac{\text{단위당 원가}}{(1-\text{마진율})} = \frac{6{,}000\text{원}}{(1-0.2)} = 7{,}500\text{원}$$

기업들이 이러한 가격결정법을 많이 선호하는데, 이는 기업이 원가에 대한 정확한 내부자료를 갖고 있으며, 같은 업계 내의 모든 기업들이 업계의 관행으로 받아들여지는 이익률을 이용하여 가격을 정하면 불필요한 가격경쟁을 피할 수 있으며, 업계의 관행에 의해 정해진 이익률을 이용할 경우 가격결정이 매우 용이하기 때문이다.

2) 목표이익 가격결정

이 방법은 기업이 목표이익률을 정하여 이를 기준으로 제품의 가격을 결정하는 방법이다. 이 방법은 미국의 General Motors가 처음 사용하여 기업에 널리 알려지게 되었다.

목표수익률 기준가격결정법은 기업이 투자에 대한 일정 목표수익률(ROI)을 정해놓고 이를 달성할 수 있도록 가격을 결정하는 것이다.

목표이익 가격산정 방식은 다음과 같다.

$$\text{가격} = \text{단위단가} + \frac{\text{투자액} \times \text{목표수익률}}{\text{예상판매량}}$$

$$\text{여기서, 단위원가} = \text{변동비} + \frac{\text{고정비}}{\text{예상판매량}}\text{이므로,}$$

$$\text{가격} = \text{변동비} + \frac{\text{고정비}}{\text{예상판매량}} + \frac{\text{투자액} \times \text{목표수익률}}{\text{예상판매량}}$$

그러므로 여기서 가격이란 '변동비와 단위당 고정비, 단위당 투자수익을 모두 보전하는 가격'이라고 볼 수 있다. 앞의 기업의 경우를 다시 예로 들어보자.

- 변동비 : 600원
- 고정비 : 3,000,000원
- 예상판매량 : 600,000개

여기서 이 기업이 100,000,000원을 투자하고 여기에 대해 18%의 투자수익률을 획득하고자 한다면 가격은 아래와 같이 결정될 것이다.

$$\text{가격} = 600\text{원} + \frac{3{,}000{,}000\text{원}}{600{,}000\text{개}} + \frac{(100{,}000{,}000\text{원} \times 0.18)}{600{,}000\text{개}} = 635\text{원}$$

목표이익 가격산정법을 사용할 때의 문제점은 예상판매량을 달성하지 못했을 경우이다. 만약 위 기업의 실제판매량이 예상판매량인 600,000개에 미치지 못했을 경우 애초에 목표로 한 판매수익을 거두기 위해서는 결과적으로 가격을 올려야만 할 것이다. 따라서 목표이익률법도 원가가산법처럼 판매량에 영향을 미치는 수요의 탄력성과 경쟁자의 가격을 고려하지 못하는 단점이 있다.

3) 손익분기점기준 가격결정

손익분기점 분석(break-even point analysis)은 주어진 직접비와 간접비하에서 최소한의 투자비용만을 회수하는 데 필요한 가격 및 매출수준을 추정하는 방법이다. 손익분기점을 분석하기 위해서는 손익분기점(break-even point)을 계산해야 한다. 손익분기점은 수익과 비용이 일치하여 순이익이 0이 되는 판매량 또는 매출액이다. 손익분기점은 다음과 같이 계산된다.

$$(p-uc)b-fc = 0$$

$$b = \frac{fc}{(p-uc)}$$

p = 제품판매가격
uc = 단위당 직접비
fc = 단위당 간접비
b = 손익분기점의 판매량

손익분기점 분석은 [그림 12-2]와 같은 형태의 관계를 갖는다.

그림 12-2 손익분기점 분석

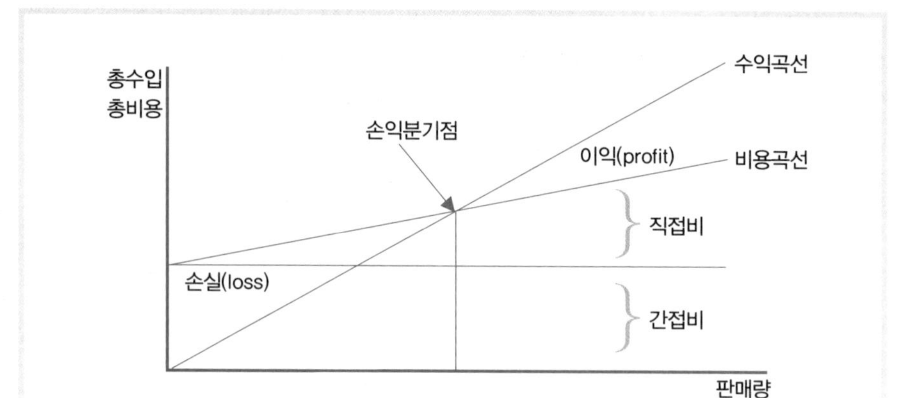

2. 경쟁제품중심 가격결정

자사제품의 원가나 수요보다 경쟁제품의 가격을 근거로 자사제품의 가격을 결정하는 방법이다. 이러한 방법은 기업이 자사제품의 생산에 비용측정이 어려운 경우나 시장에서 경쟁기업의 반응이 불확실한 경우에 사용될 수 있다. 가격에 관한 의사결정은 근본적으로 경쟁을 고려하게 되지만, 여기서는 가격결정이 경쟁제품의 가격에 맞추어 이루어지는 것을 말한다.

일반적으로 기업은 시장경쟁상황이나 제품의 특성에 따라 주요 경쟁제품의 가격과 동일하게 책정하거나 또는 낮거나 높게 정할 수 있다.

1) 상대적 저가격정책

이 정책은 경쟁자보다 낮게 가격을 결정하는 것으로 대개 시장점유율을 높이기 위한 마케팅정책으로 사용된다. 업계의 후발주자로서 시장리더의 점유율을 잠식하기 위해 소비자에게 추가적인 가치를 제공해 주어야 하기 때문으로 저가격으로 출시하는 것이다. 많은 중소여행사들은 몇몇 대형 여행사들이 점유하고 있는 시장을 잠식하기 위하여 저가격정책을 사용하고 있다.

2) 상대적 고가격정책

이 정책은 경쟁제품에 비해 높은 가격을 책정하는 방법이다. 대개 경쟁제품과 품질에서 별 차이가 없더라도 기업의 명성이 높거나 상표인지도가 높은 경우에 이 정책을 많이 사용한다.

3) 경쟁자모방 가격정책

이 정책은 가격을 결정하기 위하여 특별히 노력하기보다는 경쟁자가 현재 구사하고 있는 가격을 그대로 모방하는 것인데, 이러한 경쟁자 모방가격은 대단히 경쟁적인 시장에서 동질적인 제품을 마케팅하는 여건에서 보편적이다.

'여행제품' 봇물

1천만 원대가 넘는 최고급 해외여행 제품이 속속 출시되고 있다.

12일 관광업계에 따르면 올 초부터 하나투어, 모두투어, 롯데관광 등 국내 대형여행사들이 마케팅 다각화 차원에서 초호화 여행제품인 '명품 해외여행 패키지'를 내놓고 있다.

가장 비싼 해외여행 제품은 롯데관광이 출시한 '30일간의 세계일주'로 1인당 가격이 무려 1,690만 원에 이른다.

이달 말 출발하는 이 제품은 전 세계 5대륙 11개국 가운데 꼭 한번 가볼 만한 유명장소만을 엄선했다. 대영박물관, 루브르박물관, 메트로폴리탄박물관, 나이아가라폭포, 이과수폭포, 빅토리아폭포, 스톤헨지 등을 여행한다. 또 프랑스의 에스카르고, 스위스 퐁듀 등의 특식을 즐길 수 있다고 롯데관광 측은 설명했다.

모두투어도 최근 1,329만 원짜리 '프랑스 예술기행 10일' 패키지를 선보였다. 유럽 도시를 대표하는 호텔 및 프랑스 고성호텔에서 숙박한다. 또 보르도와 부르고뉴 지역 등 유명 와이너리를 직접 체험하고 프랑스를 대표하는 요리사들이 제공하는 음식을 맛볼 수 있다.

국내 최대 여행사인 하나투어도 1,140만 원짜리 '지중해 크루즈 12일' 제품을 출시하고 고객을 모집 중이다.

이 제품은 초호화 유람선 '실버 위스퍼호'를 타고 즐기면서 그리스 파르테논신전, 파트모스, 로데스, 산토리니, 이탈리아의 시칠리아 등 유명 관광지를 답사한다.

자료 : 경향신문, 전병역 기자, 2007.3.12.

3. 소비자중심 가격결정

이 방법은 제품생산에 소요된 원가나 목표수익률을 고려하여 가격을 결정하지 않고 소비자가 제품에 대하여 지각하고 있는 가치를 기준으로 가격을 결정하는 방법이다. 기업이 자사제품에 대한 소비자의 지각된 가치를 알려면 자사제품이 고객에게 주는 편익은 무엇이고, 고객이 이러한 편익에 부여하는 가치가 어느 정도인지를 파악하여야 한다. 소비자가 자사제품에 대해 높은 가치를 부여한다면 생산비에 관계없이 고가격을 책정할 수 있을 것이다.

이 방법은 원가지향적 가격결정에 비해 돈을 지불할 대상인 소비자 지향적이라는 데서 그 합리성을 찾을 수 있지만, 소비자의 지각된 가치에 대한 객관적 파악이 어렵다는 문제가 있다.

제3절 가격전략

1. 신제품의 가격결정 전략

기업의 가격결정 전략에는 신제품의 가격 결정도 매우 중요한 문제 중의 하나이다. 특히 신제품의 가격결정에는 시장의 성격과 소비자 반응특성을 심각하게 고려하여 이루어져야 하는데, 일반적으로 기업에서 사용하는 신제품의 가격결정 방법은 상층흡수 가격전략과 시장침투 가격전략이다.

1) 상층흡수 가격(Skimming Pricing)전략

상층흡수 가격전략이란 신제품에 대하여 대규모 촉진활동을 수행하면서 기준가격보다 비교적 높은 초기가격을 구사하는 전략(초기고가전략)으로서 시장에 경쟁자가 나타나기 전에 신제품 개발비를 빨리 회수하고자 하는 것이다.

이러한 상층흡수 가격전략은 우선 추후의 가격인하가 가격인상보다 쉽고 시장수요를 증대시킬 수 있으며, 제품개발이나 소비자 교육에 소비된 비용을 빨리 회수할 수 있는 대신에 커다란 마진으로 인하여 경쟁자의 시장참여를 자극한다는 단점을 갖는다.

따라서 상층흡수 가격전략이 적합한 상황으로는 신제품의 품질과 이미지가 높은 가격을 정당화할 수 있는 경우, 가격인상에 대하여 수요가 비탄력적인 경우, 제품이 법적으로 보호되든가 또는 기타의 이유로 경쟁자의 시장참여가 어려운 경우, 자원의 부족이나 생산기술상의 어려움으로 인하여 대량생산이 곤란한 경우 등을 들 수 있다.

2) 시장침투 가격(Penetration Pricing)전략

시장침투 가격전략은 저렴한 초기가격으로 제품수용도를 높이고, 대량생산과 경험효과에 의한 생산원가의 하락으로 인하여 충분한 마진을 확보하든지 더욱 낮은 가격을 구사하여 시장점유율을 제고할 수 있게 한다. 그러나 간혹 초기의 저가격을 나중에 기준가격 수준으로 다시 인상하는 경우도 있는데, 이를 위해서는 상표충성도를 조기에 확립함으로써 가격인상의 시기를 앞당길 수 있어야 한다. 또한 대량생산과 대량마케팅의 단계별 매출액목표를 제대로 달성하지 못하면 큰 손실을 야기시킬 수도 있으므로 상층흡수 가격전략보다 신중히 적용해야 한다.

시장침투 가격전략이 적합한 상황으로는 가격에 대하여 시장수요가 대단히 탄력적이어서 저렴한 가격이 막대한 수요증대를 수반하는 경우, 대량생산을 통하여 단위당 생산원가가 현저히 낮아질 수 있는 경우, 저가격이 경쟁사의 시장참여를 효과적으로 저지해 줄 수 있는 경우 등을 들 수 있다.

한편, 시장침투 가격전략과 관련하여 경쟁제거 가격전략(extinction pricing strategy)은 경쟁자들을 시장에서 축출하기 위하여 매우 단기적으로 원가(간혹 변동원가) 이하의 가격을 구사하는 전략으로서 물론 한계경쟁자들이 시장에서 축출된 후에는 정상적인 가격을 구사한다.

2. 제품믹스에 대한 가격결정 전략

기업의 특정제품이 제품믹스의 일부분을 구성하고 있을 때에는 제품믹스 전체의 이익을 극대화할 수 있도록 가격을 결정하여야 한다. 제품믹스를 구성하는 특정제품에 대한 가격결정문제에는 제품계열 가격결정, 사양제품 가격결정, 종속제품 가격결정, 묶음제품에 대한 가격결정 등이 포함된다.

1) 제품계열 가격결정

제품계열 가격결정은 한 제품계열을 구성하는 여러 제품들 간에 어느 정도의 가격 차이를 둘 것인가를 결정하는 것이다. 각 제품에 대한 가격은 제품계

열 내 각 제품들에 대한 소비자평가, 경쟁사제품의 가격 등을 고려하여 결정해야 한다. 어느 패스트푸드점에서 메뉴를 소형, 중형, 대형으로 나누어 이에 맞는 제품가격을 책정하려 한다면, 마케팅 관리자는 이러한 가격 차이를 소비자의 평가 및 경쟁제품의 가격을 고려하여 결정해야 한다.

2) 사양제품 가격결정

사양제품 가격결정(optional-product pricing)은 주력제품과 함께 판매되는 각종 사양제품 혹은 액세서리 등에 대해 부과되는 가격을 말한다. 최근 들어 목욕탕은 목욕하려는 소비자에게 욕실비는 대개 저가격을, 옵션으로 제공되는 비누, 칫솔, 수건 등의 품목에 대해서는 상대적으로 고마진의 제품가격을 책정하는 경향이 있다. 많은 여행사들은 국외여행 패키지(기존제품)를 원가에 가깝게 낮은 가격으로 판매하고 현지에서 선택여행 제품(종속제품)을 비싸게 판매하여 수익을 창출하고 있다.

3) 종속제품 가격결정

종속제품 가격결정(captive-product pricing)은 특정제품과 함께 반드시 사용되는 제품에 대해 부과되는 가격을 말한다. 보편적으로 레스토랑에서 판매되는 술과 안주가 대표적인 예이다.

일반적으로 호텔 레스토랑이나 패밀리레스토랑은 기본제품(술)과 종속제품(안주)을 함께 판매하는 업체는 기본제품에 대해 가격(이익)을 낮게 책정하고 종속제품에 대해서는 고가격(혹은 고이익)을 책정하는 가격전략을 흔히 사용한다.

4) 묶음제품 가격결정

묶음제품 가격결정(product-bundle pricing)은 관련 제품들을 묶어서 개별적인 제품으로 판매하는 것보다 저렴한 가격으로 판매하는 것을 말한다. 여행사가 기획해서 판매하는 패키지 제품이 가장 대표적이라 할 수 있고, 특급호텔들이 객실, 식사, 수영장, 헬스클럽, 기타 부대시설을 패키지로 묶어서 저렴하게 판매하는 경우도 좋은 예이다.

Hotel Package Pricing				
			Customer segment	
	Family		Individual	
Hotel Rate/Night	$	150	$	165
Hot Breakfast	$	25	$	10
Total	$	175	$	175

PRICE COMPARISON TABLE	OVER 60% OFF GREAT ROOM DEALS AT DISNEYLAND PARIS SAVE OVER £200 PER FAMILY OF 4			
HOTEL	SAVE £££	SAVE £££	SAVE %	SAVE %
	1 night*	2 nights**	1 night*	2 nights**
Cheyenne	£165	£109	62%	31%
Sequoia Lodge	£209	£195	66%	44%
Disney's Davy Crocket Ranch	£178	£137	64%	37%
	* Disney's Super-value Season	** Disney's value Season		
GREAT SAVINGS ON EXTRA DAY PASSES				
	OFFER	DISNEY PRICE	SAVINGS £	SAVINGS %
Adults	40	61	£21	34%
Children	10	55	£45	81%

3. 가격의 조정 전략

기업에는 여러 가지 방법에 의해 결정된 가격이 최종적인 소비자가격이 될 수 있지만 고객이나 변화하는 상황에 따라 조정될 수 있다. 따라서 마케팅 관리자는 소비자심리와 수송비를 고려하거나 판매촉진을 위하여 가격할인을 함으로써 소비자의 가격을 조정할 수 있다. 그러나 소비자들이 자사제품의 가격 및 경쟁사 제품의 가격을 얼마나 정확하게 알고 있는지, 준거가격이 구매과정에 어느 정도의 영향을 미치는지에 대한 확실한 연구결과는 많지 않다.

1) 소비자의 심리에 근거한 가격조정

소비자의 심리에 근거한 가격결정방법이란 특정한 가격이나 가격범위가 다른 가격(범위)에 비하여 고객들에게 심리적 소구력을 많이 갖는다는 관념을 근거로 한다.

(1) 단수가격(Odd Pricing)

단수가격이란 경제성의 이미지를 제공하여 구매를 자극하기 위해 단수의 가격을 구사하는 전략인데 단수가격 정책의 목적은 소비자들에게 제품가격이 정확한 가격에 의해 가장 낮게 책정되었다는 인식을 심어주기 위한 것이다. 이러한 방법을

통해서 기업은 소비자에 의해 지각된 가격이 실제 가격보다 상당한 차이가 있음을 느끼게 한다. 예를 들어 여행제품이 380,000원에 비하여 379,000원은 훨씬 싸다고 지각됨으로써 소구력을 가질 수 있다.

(2) 관습가격(Customary Pricing)

관습가격이란 실제 제품의 원가가 상승함에도 불구하고 소비자들이 오랜 기간 동안 일정금액으로 구매하였기 때문에 기업들이 동일한 가격대로 계속 유지하는 전략이다. 최근 들어 온천관광이 유행하고 있어 온천지역의 목욕탕

들은 관광객들로 성업 중이다. 그러나 소비자들은 오랜 기간 동일한 금액을 지불하고 목욕해 왔기 때문에 이 금액으로부터의 가격변화는 그들에게 상당한 가격인상으로 받아들여질 수 있다. 이 경우 기업들은 원가상승에도 불구하고 여전히 가격인상은 힘든 실정이다. 그래서 목욕탕 측은 어쩔 수 없이 가격인상보다는 내용물을 줄이는 방법을 채택하기도 한다. 즉 목욕탕 내의 비누나 샴푸, 수건, 드라이기, 화장품 등의 비품을 서서히 유료화하는 방법을 채택하고 있다.

(3) 준거가격(Reference Pricing)

준거가격이란 소비자들이 제품가격의 고·저를 평가할 때 비교기준으로 사용하는 가격으로, 소비자들이 자주 구매되는 상표의 가격, 과거 경험, 유사제품의 평균가격 등을 이용하여 준거가격을 형성할 수 있는데, 기업은 이를 기초로 제품가격을 결정하는 방법이다.

특히 관광제품은 무형적이고 다양한 제품이 존재하며, 상황에 따라 다양한 형태의 가격구조가 존재하고 정보탐색이 어렵다는 측면에서 준거가격에 크게 의존하는 성향이 많다. 소비자는 어떤 제품의 가격이 자신의 준거가격보다 낮으면 싸다고 할 것이고, 동일하다면 같은 것으로 지각할 것이다. 호텔의 마케팅 관리자가 가격할인을 하는 경우 기존의 공표요금과 함께 할인된 요금을 제시하는 데 이는 소비자의 준거가격 형성에 영향을 미침으로써 가격할인에 의한 매출액을 증대하려고 하는 것이다.

2) 지역에 의한 가격조정

수송비의 부담이 점차로 가중됨에 따라 마케팅 관리자는 시장의 지역적 위치, 생산시설의 입지, 지역시장별 경쟁상황 등을 고려하여 수송비를 효과적으로 다루기 위한 여러 가지 가격전략을 구사하고 있다.

(1) 균일인도 가격(Uniform Delivered Pricing)

균일인도 가격이란 생산지점 가격정책과는 반대로 생산자가 직접 수송업무를 관장할 것을 전제로 하여 각 고객들이 부담할 수송비를 평균하여 거리에 관계없이 제품가격에 포함시키는 전략이다(postage stamp pricing이라고도 함). 따라서 모든 고객의 구입원가가 동일하게 될 것인데, 생산자와 가까운 거리에 있는 고객은 생산지점 가격전략의 경우보다 오히려 추가적인 수송비(가공운송비, phantom freight)를 부담하는 셈이 된다.

(2) FOB가격

FOB(free on board)가격은 균일인도 가격과는 정확히 반대되는 개념으로 모든 수송비를 고객이 부담하도록 하는 방법이다. 즉 제조업자의 공장에서 화물을 적재하는 시점을 기준으로 가격을 책정하고 그 이후의 수송, 보험료 등을 고객이 직접 부담하도록 하는 방법이다. 특히 도시가스를 비롯하여 각종 식자재에 대해 지방의 관광업자는 FOB가격을 적용받기 때문에 더 많은 운임과 비용을 부담하며 관광객에게 음식을 제공하고 있다.

(3) 지역별 가격(Zone Pricing)

지역별 가격은 전국을 몇 개의 지역으로 나누고 각 지역 안에서는 소비자들이 동일한 수송비를 부과하는 방법으로 지역 간 수송비의 차이를 어느 정도 반영하면서 가격관리의 효율성을 높일 수 있는 방법이다.

3) 촉진수단으로서의 가격조정

촉진수단으로서의 가격조정이란 점포의 내점객을 증대시키거나 잠재고객들의 구매를 자극하기 위하여 한시적으로 가격을 인하하려는 것이다.

(1) 고객유인 가격(Leader Pricing)

고객유인 가격이란 중간상인이 고객의 내점을 유도하기 위하여 일부 품목의 가격을 한시적으로 인하(필요하다면 원가 이하로도 인하)하는 것인데, 이러한 가격전략에 의해 가격이 인하되는 품목을 전략제품 또는 고객유인용 손실품(loss leaders), 즉 미끼상품이라 부른다. 최근 들어 외식업계와 쇼핑업계에서는 일반화된 정책이라 할 수 있을 정도로 보편화되었다.

미끼상품(loss leager)

소매점이 고객을 유인하기 위하여 통상의 판매가격보다 대폭 할인하여 판매하는 상품. 특매상품 · 유인상품 · 특수상품 · 로스리더 등의 여러 명칭으로 불린다. 미끼상품은 일반적으로 소비자의 신뢰를 받는 공식 브랜드를 대상으로 하며, 수요탄력성이 높고 경쟁력이 강한 상품일수록 효과가 있다. 예를 들면 시중에서 배추 1포기에 500원 하는데 어떤 백화점에서 100원 정도의 값으로 판매한다는 광고를 하는 경우 소비자들은 너무도 값이 싸기 때문에 그 백화점을 찾게 된다. 값싼 배추를 미끼로 사용하여 소비자들을 불러 모은 다음 상품의 판매 증가를 도모하는 판매정책이다. 다른 뜻으로는 회전율이 낮은 상품의 이윤율을 낮추어 판매함으로써 회전율을 높여 이익을 확보하는 수단이기도 하다. 상점의 미끼상품 정책은 상품을 대량으로 일괄 구매하여 비용을 절감할 수 있는 체인스토어 상점이 유리하게 전개할 수 있다. 셀프서비스점도 활용할 수 있다. 그러나 슈퍼마켓 등이 일부 상품을 미끼상품으로 고객을 유인하고 다른 품목은 비싸게 판매하여 소비자의 빈축을 사기도 한다.

(2) 특별염가(Bargain Sale)

특별염가란 특정한 상표의 매출액을 증대시키기 위하여 일시적으로 가격을 인하하는 것이다. 특별염가의 변형으로는 제품포장에 할인쿠폰을 부착하여 재구매 시 일정한 비율을 할인해 주는 방법이 있다.

(3) 수량할인(Quantity Discounts)

이는 고객이 많은 양을 일시에 구입하는 경우 수량을 할인해 주는 것이다. 레스토랑이 20명의 단체손님을 받을 때 2~3명의 요금을 제외하여 주는 경우가 좋은 예이다.

(4) 계절할인(Seasonal Discounts)

이는 제품판매에 있어 계절성 있는 경우 비수기에 제품을 구매하는 고객에게 할인혜택을 주는 방법이다. 특히 서비스제품은 재고가 불가능하기 때문에 수요와 공급의 적절한 관리를 위해 가장 많이 쓰는 방법 중의 하나이다. 리조트지역의 콘도업체들은 스키시즌이나 여름 성수기를 제외한 비수기에는 파격적으로 할인함으로써 고객을 유인하려 노력하고 있다.

(5) 보상판매(Trade-in Allowances)

이는 소비자가 자사제품을 구매하면서 중고품을 가져오는 경우 판매가의 일부를 삭감해 주는 것이다.

4. 가격변경 전략

기업은 가격을 결정한 후, 상황이 바뀜에 따라 가격을 인상하거나 인하하는 경우도 발생한다.

1) 가격인하

기업은 강력한 경쟁업체가 시장에 진입하여 시장점유율을 잠식당하거나 과잉생산에 직면할 경우 제품가격을 인하하게 된다. 또한 시장수요증대를 위해 가격을 인하할 수도 있다. 대한항공은 아시아나항공이 시장에 진입함에 따라 기존의 시장을 유지하기 위해 항공운임을 인하하였다.

2) 가격인상

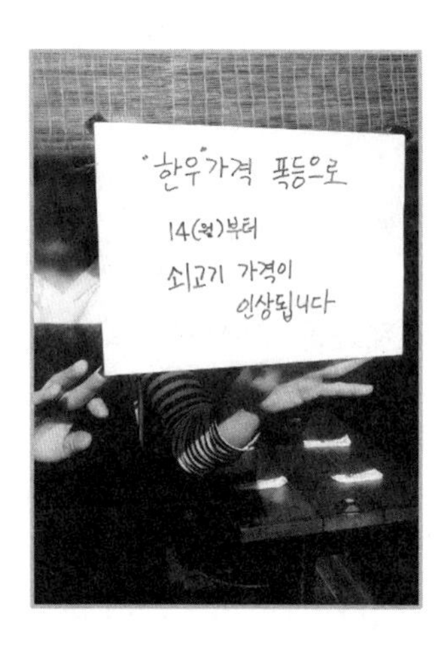

기업은 주요 부품인 원자재가격의 상승으로 기존 제품의 가격을 인상하기도 한다. 최근 국내에서 IMF의 초래로 많은 여행사가 환율의 인하로 인해 불가피하게 가격을 인상한 것이 좋은 예이다. 또한 구제역, 조류 인플루엔자의 확산으로 외식시장에서 큰 비중을 차지하는 쇠고기, 돼지고기 등의 폭등과 더불어 이상한파로 인해 상추, 배추 산지의 생산량 감소로 외식업체들은 가격인상을 한 적이 있다.

그러나 가격인상이 고객불만을 초래할 수 있으므로 많은 기업들은 간접적인 방법으로 가격인상을 하는 경우가 많다. 즉 여행제품의 경우 이용하는 항공기 좌석의 수준을 낮추거나, 투숙하는 호텔의 수준을 낮추어 가격인상을 한다.

3) 경쟁자의 가격변경에 대한 대응

선발기업이 일정기간 동안 시장을 독점하여 높은 이익을 얻게 되면 후발경쟁기업들은 저가격으로 시장에 진출하는 경우가 많다. 이때 선발기업은 경쟁사 진입 전의 가격인하, 경쟁사 진입 후 가격인하, 기존 가격유지의 세 가지 전략을 사용할 수 있다. 이 경우 선발기업의 최적가격 전략은 독점기간 동안에는 초기 고가격 전략을 사용하다가 경쟁사가 진입하기 전에 가격을 인하하는 전략을 가장 많이 사용한다. 이 전략은 초기 독점기간 동안에는 많은 이익을 거두고, 경쟁사가 진입하기 전에 가격을 인하하여 시장에서의 포지션을 강화함으로써 장기적 이익을 실현할 수 있다는 장점이 있다.

제13장 유통관리

제1절 유통경로의 성질과 기능

1. 유통시스템의 중요성

기업이 소비자가 원하는 제품을 만드는 것도 중요하지만 제품이 소비자에게 적절한 시간에, 접근이 용이한 위치에, 적절한 수량으로 제공될 수 있어야만 제품이나 서비스가 소비자에게 의미를 갖게 된다.

따라서 오늘날의 경쟁환경에 있어서 기업은 중앙의 독자적인 판매력에만 의존할 수가 없다. 기업은 복잡한 유통망의 개발 필요성에 점차 절박한 상황에 놓이게 되었다. 또한 경쟁사, 세계화(globalization), 전자유통기술 및 제품의 소멸성은 유통의 중요성을 한층 증대시키고 있으며, 신시장과 기존시장에 접근하는 혁신적 방법이 강구되고 있다.

세계화는 많은 서비스기업에게 그 제품의 시장개척과 유통에 큰 변혁을 가져다주었다. 세계경제의 지리적 · 문화적 거리는 제트기, 팩시밀리, 컴퓨터 네트워크, 국제전화의 중계, 전 세계 위성방송 및 그 밖의 기술진보의 출현에 의해 매우 단축되었다.

이들의 출현에 의하여 기업은 지리적 시장범위 · 구매 · 제조를 크게 확대하는 것이 가능해졌다. 그 결과 기업에 있어서나 소비자에 있어서도 훨씬 복잡한 마케팅환경을 가져다주었다. 국내기업은 해외로 진출하는 한편, 그들의 국내시장은 국제기업에 의하여 잠식당하고 있으며 비즈니스 시장은 국제화되고 있다.

국내의 고객만으로는 그들의 제품을 충분히 소화해 낼 수 없다. 많은 기업은 외국의 협력업체가 전략적인 제휴를 실시하여 외국시장에 접근하는 것을 가능하게 하고 있다. 이것은 외국의 협력기업(partners)을 선택할 필요성이 있다는 것을 의미한다.

국제화와 더불어 새로운 전자유통기술인 Holidax 등의 국제예약시스템의 발전을 가져오고 있다.

끝으로 서비스제품은 소멸되기 쉬우므로, 재고를 이월할 수 없기 때문에 수용능력과 수요의 적절한 관리를 위한 유통의 중요성이 한층 증대되고 있다.

2. 유통경로의 성격

유통경로(distribution channels)란 '생산자로부터 소비자와 이용자에게 제품과 서비스를 이용하게 하는 과정에서 포함되는 모든 조직의 집합'을 말한다. 유통경로는 생산자, 중간상, 최종소비자를 포함하고 있다. 실제로 음식점의 서비스기업에서 택배서비스와 같은 것을 제외하고는 물리적 유통단계는 없다. 서비스는 무형적이므로 그것을 어떤 지점에서 다른 지점으로 옮길 수 없다. 회사나 다른 조직에서 고객에게 바로 제공하거나 혹은 한두 개의 중간상을 통해 간접적으로 제공한다. 중간상은 경로상의 위치에 따라 도매상과 소매상으로 구분할 수 있으며, 또한 소유권의 이전 여부에 따라 상인중간상(merchant middlemen)과 대리중간상(agent middlemen)으로 분류할 수 있다. 상인중간상은 제품에 대한 소유권을 가지고 직접 마케팅활동을 담당하는 중간상을 말하며, 대리중간상은 소유권을 가지지 않고 단순히 생산자로부터 사용자에게 제품과 서비스가 이전되는 것을 용이하게 하는 역할을 담당하는 중간상을 말한다. 서비스기업의 유통 네트워크는 계약에 의한 협정과 독립조직체

사이에 유연하게 조직된 제휴로서 이루어지고 있는 실정이다.

생산자가 중간상에게 판매업무를 위임하는 이유는 중간상을 이용함으로써 표적시장의 제품접근성을 크게 향상시킬 수 있기 때문이다. 즉 중간상들은 접촉, 경험, 전문성 그리고 운영의 규모 등을 통하여 생산업체가 스스로 할 수 있는 것보다 더 많은 것을 제공할 수 있다.

기업이 실제로 중간상을 활용하는 이유에는 몇 가지가 있다. 첫째가 상당수의 생산자들이 최종 소비자에게 직접 제품을 유통시킬 만한 자금을 갖고 있지 못하기 때문이다. 설사 독자적인 자신의 경로를 구성할 수 있는 능력이 있는 생산자라고 하더라도 이 자금을 그들의 주요 사업에 집중투자함으로써 훨씬 많은 이윤을 내기 때문이다.

둘째, 중간상들은 표적시장의 고객들이 제품을 원하는 시간과 편리한 장소에서 훨씬 용이하게 구입할 수 있게 해주는 역할을 한다.

셋째, 중간상들은 생산자가 생산한 제품의 구색을 소비자들이 원하는 구색으로 전환시켜 주는 기능을 하고 있다. 유통경로를 통해서 중간상들은 많은 생산자들로부터 대량으로 구입하여, 소비자들이 원하는 다양한 구색을 갖추어 소량으로 판매한다. 즉 생산자는 원가절감을 위해 소품종 대량 생산을 원하고 소비자는 다품종 소량구매를 원하기 때문에 중간상들은 이런 수요와 공급을 연결시켜서 조화를 이루도록 하는 중요한 역할을 한다.

[그림 13-1]은 중개자가 경제성을 제공하는 하나의 방법을 제시하고 있다. (A)는 3명의 생산자를 보여주고 있는데, 각자는 3명의 고객에게 도달하는 다이렉트 마케팅을 채택하고 있다. 이 시스템은 9개의 상이한 접촉을 필요로 한다. (B)는 1명의 유통업자를 통하여 업무를 추진하는 3명의 생산자를 보여주고 있다. 이 시스템은 6개의 접촉을 필요로 하는 데 그친다.

레스토랑 경영자는 레스토랑용 공급업자를 1회 방문하는 것만으로 프렌치 나이프, 접시 1 다스, 서비스 포크, 양초 1상자, 와인글라스, 칵테일 냅킨을 주문하면 된다. 이러한 품목은 각기 다른 제조업자에 의해 생산되고 있으나, 1회의 전화통화로 모든 것을 주문할 수 있다. 구매자로서는 위와 같은 주문은 대량주문의 일부가 되므로 이는 적은 양의 제품으로 접근할 수 있다는 것을 의미한다. 이는 재고품의 필요성, 배달횟수 및 처리하는 송장(送狀)수를 감소시키게 된다.

그림 13-1 유통경로의 필요성

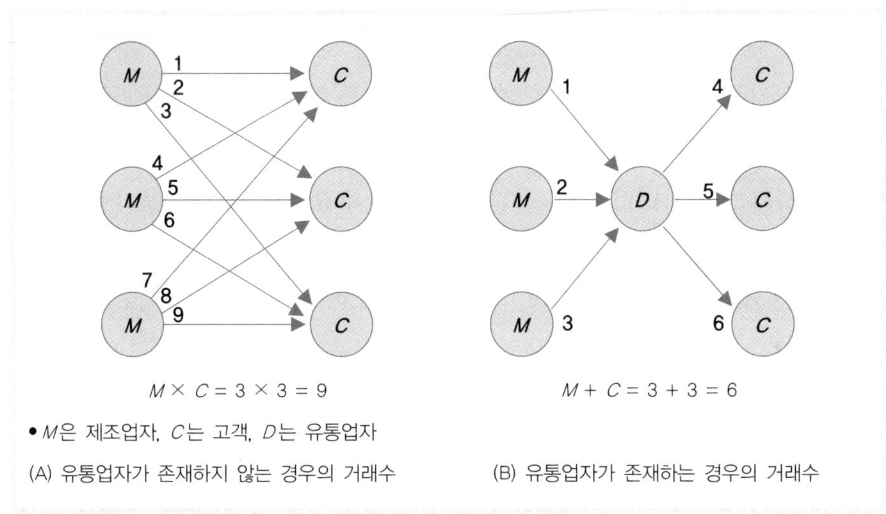

3. 유통경로의 기능

유통경로는 제품을 생산자로부터 소비자에게 이전시키는 과정에서 시간, 장소, 소유 및 형태의 효용을 제공하는 역할을 담당하며 다음과 같은 주요기능을 한다.

① 시간효용(time utility) : 소비자가 원하는 시간에 언제든지 제품이나 서비스를 구매할 수 있는 편의를 제공해 준다.

② 장소효용(place utility) : 소비자가 어디에서나 원하는 장소에서 제품이나 서비스를 구매할 수 있도록 편의를 제공해 준다.

③ 소유효용(possession utility) : 생산자가 중간상으로부터 제품이나 서비

스가 거래되어 소유권이 이전되는 편의를 제공해 준다.

④ 형태효용(form utility) : 제품과 서비스를 고객에게 좀더 매력적으로 보이기 위하여 형태나 모양을 변경시켜 편의를 제공해 준다.

유통경로는 이러한 네 가지 효용을 제공하기 위하여 여러 가지 기능을 수행하고 있는데, 그 기능을 크게 나누면 다음과 같다.

① 정보(information)기능 : 마케팅환경에 대한 마케팅 조사와 전략에 필요한 정보를 수집하고 제공해 주는 기능을 한다.

② 촉진(promotion)기능 : 제공물에 대해 설득력 있는 커뮤니케이션을 개발하고 확산시키는 기능을 한다.

③ 접촉(contact)기능 : 잠재 구매자를 발견하고 커뮤니케이션하는 기능을 한다.

④ 조합(matching)기능 : 제조, 규격, 집하 및 포장 등의 작업을 포함하여, 구매자의 욕구를 충족시킬 제품을 조합하는 것이다.

⑤ 교섭(negotiation)기능 : 소유권을 이전할 수 있게 가격과 제품, 그 밖의 조건에 동의하게 하는 기능을 한다.

⑥ 물적 유통(physical distribution)기능 : 제품을 운송 및 보관하는 기능을 한다.

⑦ 재무(financing)기능 : 채널업무 비용을 충당하기 위한 자금을 획득하고 사용하는 기능을 한다.

⑧ 위험부담(risk taking)기능 : 재고에 대해 충분히 이익을 내고 판매할 수 있는 재무상의 위험을 부담하는 기능을 한다.

유통경로의 기능 중 정보, 촉진, 접촉, 조합, 교섭의 기능은 거래를 성취하는 데 기여한다. 그리고 물적 유통, 재무, 위험부담의 기능은 완성된 거래를 실현하는 데 기여한다.

4. 유통경로의 유형

유통경로는 경로수준의 수에 의해 설명할 수 있다. 경로수준은 제품 및 서비스의 소유권을 최종소비자에게 더욱 가까이 이동시키기 위해 각종의 다양한 일을 담당하는 각 계층을 말한다. 보통 경로수준은 경로의 길이를 나타내는 자료로 이용되고 있다. 경로의 길이는 중개자의 수에 따라 여러 유형으로 달라질 수 있다.

경로의 길이는 중개자 수준을 통해 보여줄 수 있는데, [그림 13-2]에서 제시하고 있다.

경로 1은 직접 마케팅 경로로 불리고 있는데, 중개수준은 존재하지 않는다. 그것은 소비자에게 직접 판매하는 제조업자로 구성되어 있다. 레스토랑 경영자는 농산물시장에서 재배자로부터 직접 구매하는 것이다.

경로 2는 1개의 중개자 수준을 포함하고 있다. 소비자시장에 있어서 이 수준은 일반적으로 소매업자이다. 레스토랑 경영자는 요리에 필요한 생선을 가까운 수산업협동조합에서 구입한다.

그림 13-2 관광유통경로

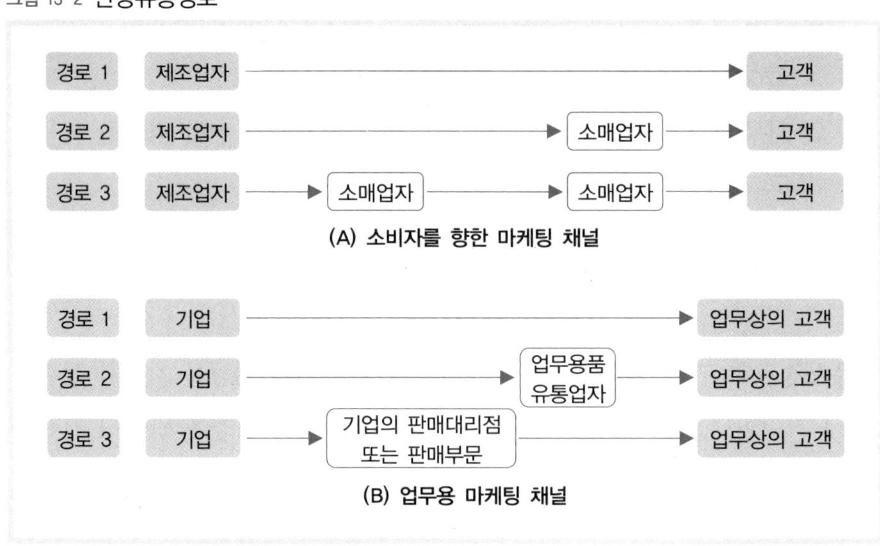

경로 3은 2개의 수준을 포함하고 있다. 소비자시장에 있어서 이들은 일반적으로 도매업자와 소매업자이다. 이런 종류의 경로는 소규모 제조업에서 이용되고 있다.

경로상의 모든 조직은 몇 가지 형태의 흐름에 의해 연결되어 있다. 이 흐름은 제품의 물리적 흐름, 소유권의 흐름, 지불의 흐름, 정보의 흐름, 그리고 촉진의 흐름 등이다. 이러한 흐름은 단 한 가지 경로 또는 소수경로를 복잡하게 만들고 있다.

제2절 경로행동과 구조

1. 경로행동

유통경로는 여러 가지 흐름에 의하여 하나로 결합된 기업의 단순한 집합 이상의 것이다. 유통경로는 복잡한 행동시스템이고, 그 안에서 사람들과 기업은 목표달성을 향하여 상호 간에 작용한다.

경로시스템 중에는 유연하게 조직된 기업에 의하여 뚜렷한 상호작용으로 이루어진 것이 있는가 하면, 강력한 조직구조에 의하여 형성된 뚜렷한 상호작용으로 이루어진 것도 있다. 경로시스템은 불변적인 것이 아니다. 새로운 형태가 출현하기도 하고 새로운 경로시스템은 진화한다.

이하에서는 경로행동과 경로기능을 작동시키기 위해 경로 구성원이 어떻게 조직되는가에 대하여 검토한다.

유통시스템은 공통제품의 유통을 위하여 결합된 서로 다른 기업으로 구성된다. 각 경로구성원은 다른 구성원에 의존하고 있고, 경로 가운데서 어떤 역할을 수행한다. 한 가지 또는 그 이상의 기능수행으로 전문화된다.

이상적으로 말하여 개개의 경로구성원의 성공은 경로 전체의 성공에 의존하기 때문에 모든 경로기업은 하나가 되어 움직여야 한다. 경로구성원은 각자의 역할을 이해하고, 수용하며, 목표와 활동을 조화시켜 전체적인 경로 목표달성을 위하여 협력하여야 한다. 협력을 통하여 경로구성원은 표적시장을 보다 효과적으로 이해하고, 서비스를 제공할 수 있게 된다.

그러나 개개의 경로구성원은 이러한 넓은 시야를 가지려 들지 않는다. 그들은 대개 자기들의 단기적인 목표와 경로 내에서 그들과 가장 밀접하게 사업을 전개하는 기업과의 거래에 보다 많은 관심을 갖는다. 전체적인 경로 목표달성을 위하여 협력하는 일은 때로는 개개의 기업목표 포기를 의미한다.

경로구성원은 상호의존관계에 있으나, 그들은 때때로 자기들에게 단기적이고 최고의 관심사가 되는 일에는 단독으로 활동한다. 그들은 때때로 상호간에 수행할 역할, 즉 반대급부를 추구하여 누가 무엇을 할 것인가에 반대하기도 한다. 목표와 역할에 관한 이러한 입장의 불일치는 경로갈등(channel conflict)을 초래한다.

수평적 갈등(horizontal conflict)은 동일경로단계에서의 기업 간 갈등이다. 예를 들면 어느 피자 인(Pizza Inn)의 프랜차이즈(franchiser)가 다른 피자 인의 프랜차이지(franchisee)들이 식품재료를 속인다든가, 빈약한 서비스를 제공하고 있다는 불만을 품고 있다면, 이로 인하여 피자 인 전체 이미지에 상처를 입게 된다.

수직적 갈등(vertical conflict)은 보다 일반적인 상황인데, 동일유통경로 내에서의 상이한 단계 간의 갈등을 가리킨다. 리틀 시저(Little Caesar's)와 케이 마트(Kmart)와의 협약은 리틀 시저로서는 매출고를 늘리고, 자기들의 유통시스템에 1,200개의 신규판로를 추가하는 커다란 기회를 가져다주었다. 그러나 몇 개의 리틀 시저의 프렌차이지에게 있어서는 매출고의 감소를 의미한다.

유통경로 내에서의 갈등에는 건전한 경쟁형태를 위하는 것도 있다. 경쟁이 없으면, 경로는 수동적이고 비혁신적인 것이 될 것이다. 그러나 때때로 갈등은 경로에 손실을 입힌다. 경로 전체가 원활하게 기능하기 위해서는 각 유통경로 구성원의 역할을 명확하게 하고, 경로갈등을 관리하여야 한다.

협력과 역할분담 그리고 갈등관리는 강력한 경로 지도력을 통하여 달성되는 것이다. 유통경로는 만약 그 경로가 역할을 할당하고 갈등을 관리할 수 있는 힘을 가진 기업과 대리점 또는 틀을 짜놓고 있다면 보다 많은 성과를 올릴 수 있게 될 것이다.

오늘날 유통경로의 복잡성은 경로구성원을 관리하고, 모든 경로구성원은 자기들에게 최대이익을 올리려 활동하는 것을 매우 곤란하게 만들고 있다. 몇 가지 형태의 갈등 가운데는 마케팅에 관한 의사결정이 모든 경로구성원에게 어떤 영향을 미칠 것인가를 충분히 고려하지 않은 관리의 결과로 인하여 발생하는 것도 있다.

대기업에 있어서는 공식적인 조직기구가 역할을 분담시키고, 필요로 하는 지도력을 발휘한다. 그리고 독립기업으로 구성된 유통경로에 있어서 지도력과 힘은 공식적으로 확립되어 있다.

전통적으로 말하여, 유통경로는 역할분담과 갈등을 관리하는 데 있어서 필요로 하는 지도력을 확보하지 못하였다. 최근에 와서 새로운 형태의 유통조직이 보다 강력한 지도력과 성과의 개선을 제공하고 있는 듯하다.

2. 경로조직

역사적으로 볼 때, 유통경로는 각 경로구성원들이 전체의 목표에는 별 관심을 보이지 않고 자사의 단기적 목적만을 추구하는 독립적 기업 간의 느슨한 결합체였다. 이러한 전통적인 유통시스템은 강력한 지도력이 경로구성원들로 하여금 갈등을 초래하게 하였고 성과도 좋지 않은 경우가 많았다.

1) 수직적 마케팅시스템

최근에 와서 유통경로의 가장 큰 발전 중의 하나는 전통적 마케팅시스템을 대신하여 수직적 마케팅시스템이 급격히 발전하고 있는 것이다. [그림 13-3]에서 보는 바와 같이, 수직적 마케팅시스템도 전통적 마케팅시스템과 마찬가지로 생산자, 도매상 그리고 소매상으로 구성되어 있다. 그러나 전통적 마케팅시스템은 각 경로구성원들이 자사의 이익을 극대화하기 위하여 독립적으로 행동한 데 비하여, 수직적 마케팅시스템은 각 경로구성원들이 경로 전체의 목적달성을 위하여 통합된 시스템을 이루고 있다는 점에 차이가 있다. 즉 수직적 마케팅시스템은 최대한의 마케팅 영향력을 행사하기 위하여 중앙집권적으로 관리되고 설계된 유통경로를 말한다. 다시 말하면 수직적 마케팅시스템은 독립적이던 몇 개의 중개기구를 중앙에서 관리하는 하나의 시스템으로 통합함으로써, 중복을 피하여 효율성을 극대화할 수 있는 유통경로이다. 몇 개의 조직을 통합하여 규모가 커지기 때문에 시장에서 보다 큰 마케팅 영향력을 발휘할 수 있게 되어 다른 제품의 유통경로에 비하여 경쟁력이 강화된다.

그림 13-3 전통적 유통경로와 수직적 유통경로

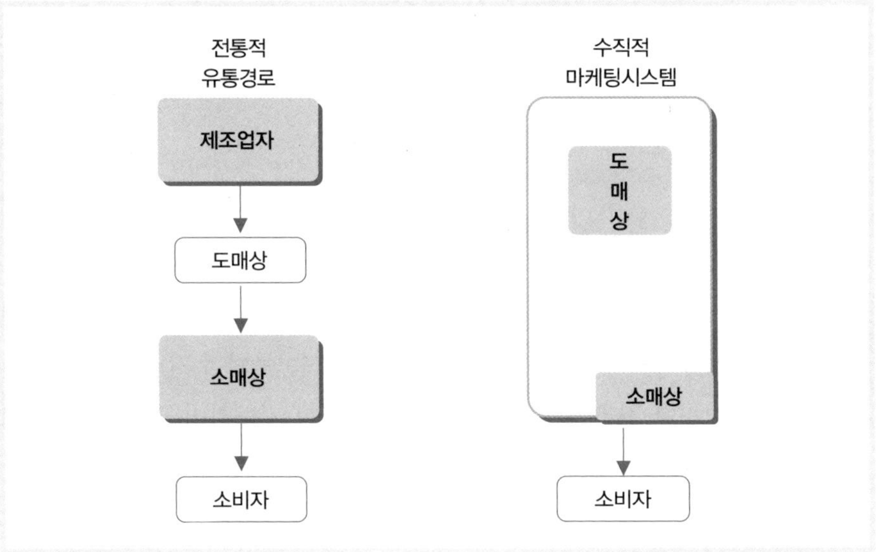

전통적 유통경로
제조업자
도매상
소매상
소비자

수직적 마케팅시스템
도매상
소매상
소비자

이러한 시스템으로서의 통합은 [그림 13-4]에서 볼 수 있는 바와 같이 관리, 소유, 그리고 계약의 세 가지 형태로 이루어지고 있다.

그림 13-4 수직적 마케팅시스템의 주요형태

(1) 기업형 수직적 마케팅시스템(Corporate Vertical Marketing System)

경로구성원 중에서 한 기업이 나머지 경로를 법적으로 소유하여 관리하는 경로형태를 말한다. 이러한 기업형 시스템의 전형적인 형태는 어떤 기업이 생산시설, 도매업, 소매상을 모두 소유하고 관리하는 것을 말한다. 따라서 기업형 수직적 마케팅시스템은 협조와 갈등의 관리도 경로 내의 각 단계에서 공통의 소유권을 통하여 이루어지고, 지도력은 1개 또는 소수의 지배적 경로 구성원에 의하여 발휘된다.

(2) 관리형 수직적 마케팅시스템(Administration Vertical Marketing System)

관리형 수직적 마케팅시스템은 경로구성원 간의 협조와 구성원 간의 갈등 조정이 지배적인 경로구성원의 규모와 경로파워에 의해 관리되는 시스템을 말한다. 즉 지배적인 경로구성원이 권한을 행사하여 수직적 마케팅시스템을 관리함으로써 경로 전체의 이익을 고려하는 의사결정이 이루어지도록 하는 시스템을 말한다.

(3) 계약형 수직적 마케팅시스템(Contractual Vertical Marketing System)

계약형 수직적 마케팅시스템은 각 경로구성원들이 단독으로는 달성하기 어려운 경제성이나 판매영향력을 확보하기 위하여, 생산에서 유통에 이르는 각기 다른 경로수준에 종사하는 독립적인 기업들이 각자가 수행하여야 할 기능들을 계약에 합의함으로써, 공식적인 경로관계를 형성하는 경로시스템을 말한다. 프랜차이즈도 계약형 수직적 마케팅시스템에 해당된다.

프랜차이즈는 제품을 제조하고 판매하는 메이커 또는 판매업자가 프랜차이저(체인본부)가 되어서 독립 소매점을 프랜차이지(가맹점)로 해서 소매 영업을 하는 형태라고 할 수 있다.

체인본부는 가맹점에서 일정 지역 내에서의 독점적 영업권을 주는 대신에 판매 제품의 종류 및 점포, 광고 등을 직영점처럼 관리하고 가맹점에 경영지도 및 판촉 지원을 제공하는 대신에 가맹점은 이에 대한 대가로 일정액의 로열티를 본부에 지급하는 업태라고 할 수 있다.

체인본부의 입장에서 보면 유통에 관련된 고정비의 투자를 가맹점이 대부분 부담하기 때문에 자기 자본을 많이 투자하지 않고도 점포망을 확충할 수 있다. 한편 자기사업을 하고 싶지만 자본과 경험이 부족한 사람은 체인본부가 쌓아놓은 명성과 노하우를 그대로 활용함으로써 사업 위험의 부담을 줄일 수 있다.

2) 수평적 마케팅시스템

수평적 마케팅시스템은 동일한 경로수준에 있는 2개 이상의 기업들이 자본, 생산능력, 마케팅 자원을 결합하여 새로운 마케팅 기회를 창출할 목적으로 결합하는 형태를 말한다. 이 시스템은 자사의 경쟁우위분야와 타사의 경쟁우위분야를 결합하여 시너지효과를 얻는 것이 목적이기 때문에 이러한 결합형태를 공생적 마케팅(symbiotic marketing)이라고도 한다. 기업은 경쟁기업과 결합할 수도 있고, 비경쟁기업과도 결합할 수 있다. 또한 일시적일 수도 있고 영구적으로 결합할 수도 있다.

제3절 유통경로 설계

1. 경로서비스에 대한 고객의 욕구분석

대부분의 마케팅의사결정과 같이 유통경로를 설계하는 것도 고객으로부터 출발한다. 유통경로는 각 경로구성원들이 고객을 위하여 가치를 추가하는 대고객 가치전달시스템(customer value delivery system)으로 생각할 수 있다. 어떤 기업의 성공여부는 자신의 행동뿐만 아니라, 전체의 유통경로가 다른 경쟁기업의 유통경로와 어떻게 효과적으로 경쟁할 수 있느냐에 달려 있다. 예를 들면 포드(Ford)사는 수천 명의 자동차 판매상을 포함하고 있는 대고객 가치전달 시스템을 이루고 있는 하나의 연결고리에 불과하다. 만일 포드사가 전세계에서 가장 좋은 자동차를 생산할지라도 토요타(Toyota)나 GM이 보다 우세한 딜러망을 확보하고 있다면 고전을 겪게 될 것이다. 따라서 기업은 고객에게 보다 우수한 가치를 전달해 줄 수 있는 통합된 마케팅시스템을 설계하기 위하여 노력한다.

따라서 유통경로의 설계는 여러 표적시장에 있는 소비자들이 유통경로가 제공해 주기를 바라는 가치가 무엇인지를 확인하는 것에서 출발해야 한다. 소비자가 원하는 유통경로의 서비스에는 다음과 같은 것들이 있다.

- 소비자들은 가까운 상점에서 구매하기를 원하는가? 그렇지 않으면 중심상점까지 보다 먼 거리를 가서도 구매하기를 원하는가?
- 소비자들은 전화주문이나 우편주문을 통해서도 기꺼이 구매하려고 하는가?
- 소비자들은 즉시 구매하기를 원하는가? 그렇지 않으면 기꺼이 구매를 기다려줄 수 있는가?
- 소비자들은 다양한 제품구색을 원하는가? 그렇지 않으면 전문성을 원하는가?

- 배달, 신용제공, 수선, 설치 등의 많은 종류의 부가서비스를 원하는가? 그렇지 않으면 이러한 서비스는 다른 곳에서 확보하기를 원하는가?

유통경로가 보다 분산되어서 소비자의 접근이 용이할수록, 배달기간이 짧을수록, 제품의 구색이 다양할수록, 더 많은 부가서비스가 제공될수록 유통경로의 서비스수준은 높아진다. 그러나 소비자가 원하는 모든 서비스를 제공하는 것이 불가능하거나 비현실적인 경우가 있다. 즉 기업이나 경로구성원들이 이러한 서비스를 제공할 수 있는 자원이나 기술을 보유하지 않을 수도 있다. 또한 높은 수준의 서비스는 높은 유통비용을 가져오고 그것이 제품가격을 인상하는 요인으로 작용한다. 따라서 기업은 소비자의 서비스욕구와 이를 충족시킬 수 있는 비용, 그리고 소비자가 원하는 가격대 등에 대비하여 제공할 서비스의 수준을 결정하여야 한다. 가격파괴점이나 할인점 등의 성공은 소비자들이 보다 낮은 수준의 서비스를 수용할 수 있다는 사실을 보여주고 있다.

2. 유통경로의 목표설정

경로서비스에 대한 고객의 욕구를 분석한 후에는 유통경로의 목표를 설정하여야 한다. 유통경로의 목표를 정할 때에는 표적시장에 대한 바람직한 서비스수준을 결정하여야 한다. 일반적으로 어떤 기업은 여러 개의 세분시장이 각기 다른 수준의 경로서비스를 원하고 있음을 알 수 있다. 따라서 기업은 어떤 세분시장에 서비스를 제공할 것이며, 각 세분시장에 어떠한 경로가 최적인가를 결정하여야 한다. 기업은 각 세분시장에서 총경로비용을 최소로 하면서 고객이 원하는 서비스수준을 충족시킬 수 있는 방안을 찾을 것이다.

또한 기업이 유통경로를 목표로 설정할 때에는 제품의 특성, 기업의 특성, 중간상의 특성, 경쟁기업의 경로, 그리고 환경적 요소 등을 고려하여야 한다.

첫째, 제품의 특성은 경로설계에 가장 큰 영향을 미치고 있다. 예를 들면 파손되기 쉬운 제품은 배달지연과 여러 사람의 손을 거치는 것을 피하기 위하여 직접유통이 효과적이다. 또한 건축자재나 청량음료와 같은 부피가 큰 제품의 경우도 여러 사람의 손을 거치지 않고 운송거리를 최소화할 수 있는 경로가 필요하다. 양질의 애프터서비스가 필요한 제품, 고가의 제품, 복잡한 제조기술이 필요한 제품 등은 일반적으로 수직적 통합의 정도가 높은 유통경로를 선택하게 된다.

둘째, 기업특성도 경로목표를 설정하는 데 중요한 역할을 담당한다. 즉 기업의 인적 · 물적 · 재무적 자원이 풍부하다면 보다 강력한 유통경로의 통제를 위하여 수직적 마케팅시스템을 설계하는 것이 유리하지만 반대의 경우에는 독립적인 중간상을 활용할 수밖에 없을 것이다.

셋째, 중간상의 특성 또한 경로설계에 영향을 미친다. 기업은 필요로 하는 기능을 수행할 의지와 능력 있는 중간상을 찾아야 한다. 일반적으로 중간상은 촉진, 고객접촉, 보관, 그리고 신용제공 등의 능력 면에서 각기 다르다. 예를 들면 몇 개의 기업에 의하여 고용된 제조업체 대리상의 경우 몇 개의 기업들이 총비용을 분담하기 때문에 고객 1인당 접촉비를 절감할 수 있다. 그러나 기업의 판매원들이 경주하는 판매노력의 강도에 비하여 보다 낮은 수준의 노력을 보일 것이다.

넷째, 경로를 설계할 때에는 경쟁기업의 경로를 고려하여야 한다. 경우에 따라 기업은 경쟁사의 제품을 취급하고 있는 유통경로와 인접하여 경쟁하기를 원할 수도 있다. 예를 들면 패스트푸드 레스토랑은 자사상표를 경쟁상표 옆에 진열하여 서로 경쟁하기를 원한다. 버거킹(Burger King)은 맥도날드(McDonald's) 옆에 위치하기를 원한다. 어떤 경우에는 경쟁기업이 이용하고 있는 유통경로를 회피할 수도 있다. 예를 들면 에이번(Avon)은 소매상의 좁은 진열대를 차지하기 위하여 다른 화장품메이커와 경쟁하기보다는 이익이 많은 가가호호 방문판매경로를 구축하였다.

끝으로 경제적 조건, 법률적 제약과 같은 환경적 요인이 경로설계에 영향을 미치고 있다. 예를 들면 불경기에는 제조업체들이 보다 단축된 유통경로를 이용하고, 최종가격을 인하시키기 위하여 불필요한 기능을 축소하는 등의 가장 경제적인 유통경로를 설계하기를 원한다. 또한 법률적으로는 실질적으로 경쟁을 제한하거나 독점을 조장하는 유통경로의 설계를 금지하고 있다.

3. 경로전략 결정

마케팅 관리자는 유통경로의 목표를 달성하기 위해 얼마나 많은 점포들이 필요하며 각 점포는 어느 정도의 경로서비스를 제공해야 하는지를 결정하여야 한다. 이러한 유통경로 전략을 선택할 때에는 시장규모, 제품 및 서비스의 특징, 소비자 구입 편리성, 유통경로의 관리 및 통제수준 등을 종합적으로 고려하여 결정하여야 한다.

1) 개방적 유통경로

자사제품을 누구나 취급할 수 있도록 개방하는 전략으로서, 고객들이 자주 구매하며 구매 시 최소의 노력을 원하는 편의품들은 이 전략을 선택하는 경우가 많다. 소매점의 수가 많기 때문에 소비자들에게 구입의 편리성을 제공하여 매출 증대를 도모할 수 있으나 유통비용이 많이 들고, 통제가 어렵다는 단점이 있다. 주로 식료품, 세제류, 문구류 등이 해당된다.

2) 전속적 유통경로

자사제품만을 취급하는 도매상 또는 소매상을 갖는 전략으로서, 전속적 유통전략(exclusive distribution)을 택하는 경우가 많다. 자동차, 주요 내구재, 패션의류, 가구 등의 제품을 생산하는 기업들은 전속적 유통전략을 택하고 있다. 이 전략은 이들 도소매상에 대하여 제조업체의 통제가 가능하므로 긴밀한 협조체제를 형성할 수 있고 제품이미지 제고 및 유지가 가능하다는 장점이 있다. 특히 여행소매점들은 특정 여행도매업자들의 여행상품만을 취급하는 대리점의 성격이 있으므로 다른 측면에서 가장 일반화된 유통경로라고 할 수 있다.

3) 선택적 유통경로

개방적 유통경로와 전속적 유통경로의 중간형태로 일정지역에서 일정 수준 이상의 자격요건을 갖는 소매점을 선별하여 자사제품을 취급하도록 하는 전략으로서 소형 가전제품, 내의류, TV, 화장품 등의 유통에 자주 이용되고 있다.

전속적 유통경로와 다른 점은 이들 소매상이 다른 회사의 제품도 취급할 수 있다는 점이다. 개방적 유통경로에 비해 소매상 수가 적어 유통비용 절감의 효과가 있고 전속적 유통경로에 비해서는 제품노출을 확대할 수 있다는 장점이 있다.

4. 개별경로 구성원의 결정

어떤 기업이 몇 가지 주요 경로대안을 식별하고, 자신의 장기적 목표에 적합한 최선의 경로를 선택하려고 한다면 경제성, 통제성, 그리고 적응성 등의 몇 가지 경로대안을 평가해야 한다.

경로대안을 평가하기 위해서 사용되는 평가기준에는 흔히 신용능력, 영업사원 규모, 판매능력, 취급하는 제품의 종류, 명성, 수익성과 성장잠재력 등이 있다. 신용능력은 중간상의 대금지불능력을 말하는데 가장 중요한 평가기준의 하나이다. 또한 중간상이 보유하고 있는 영업사원의 수, 판매능력은 제조업자에게 매우 중요한 관심사항이 된다. 기업은 자사제품의 이미지를 유지하기 위해 경쟁사의 제품을 취급하는 중간상보다는 호완성이 있거나 보완적인 제품을 취급하는 중간상을 선호하게 된다. 마지막으로 기업은 취급하는 품목의 품질이나 고객에 대한 서비스에서 명성이 높거나 수익성과 매출액 성장이 높은 중간상과 거래하기를 원한다.

제14장 촉진관리

제1절 커뮤니케이션 이론

1. 커뮤니케이션의 개념

커뮤니케이션은 라틴어의 Commums, 즉 영어의 Common에서 유래된 것으로 언어와 같이 공통으로 이해할 수 있는 심벌(symbol)을 수단으로 이루어지는 관념의 교환과정을 일컫는다. 브링크(Edwardr, Brink)와 켈리(William T. Kelley)에 의하면 “커뮤니케이션이란 사회에서 의미를 갖는 메시지(message)의 개인간 전파”라는 것이다. 즉 개인(발신자)이 다른 개인(수신자)의 태도를 변화시키기 위하여 자극을 전달하는 과정을 커뮤니케이션이라 하는 것이다.

따라서 필요한 자극, 즉 메시지의 전파는 인적 판매처럼 사람과 사람이 서로 마주보고 이루어지든가, 그렇지 않으면 신문, 잡지, 포스터와 같은 인쇄매체에 의존하든가 혹은 라디오, 텔레비전과 같은 전파매체에 의존한다.

주요 촉진수단을 살펴보면 다음과 같다.

1) 광고(Advertising)

아이디어, 제품 또는 서비스에 관한 비인간적 표현과 프로모션에 대하여 명시된 광고주에 의하여 비용이 지불되는 모든 형태를 가리킨다.

2) 판매촉진(Sales Promotion)

제품 또는 서비스의 판매를 촉진시키기 위한 단기적 자극수단을 가리킨다.

3) PR(Public Relation)

기업이 여러 관계자와 양호한 상관관계를 구축함으로써 바람직한 관계의 확보, 좋은 기업이미지의 개발, 그리고 바람직하지 못한 소문 및 사건의 처리 또는 확대방지 등을 실행하는 것을 가리킨다.

4) 인적 판매(Personal Selling)

판매실시를 목적으로 대화를 통해 판매를 실행하는 것을 가리킨다. 특히 서비스상품은 무형성과 생산과 소비의 동시성으로 인해 소비자들이 판매자의 신뢰에 크게 의존한다는 측면에서 인적 판매의 중요성이 무엇보다도 크다.

이러한 촉진수단의 범주에는 특수한 여러 가지 커뮤니케이션 수단이 사용되는데, 예를 들어 제품의 디자인, 견본, 가격, 색상, 콘테스트, 시연, 포스트, 쿠폰 등도 모두 구매자에게 정보를 제공해 주고 있다. 이런 의미에서 촉진믹스는 기업의 주요 커뮤니케이션 믹스뿐만 아니라 마케팅믹스인 4P's도 촉진기능을 수행하므로 이러한 모든 요소를 커뮤니케이션 활동에 포함시켜 수행하여야 한다.

2. 커뮤니케이션 과정

1) 커뮤니케이션 과정

마케팅 관리자는 커뮤니케이션이 어떻게 이루어지고 있는지를 이해해야 한다. 커뮤니케이션 과정은 [그림 14-1]에서 볼 수 있는 바와 같이 8가지 요소로 구성되어 있다. 이 중 2가지 요소는 커뮤니케이션의 주요당사자로서 발신자와 수신자이다.

즉 발신자는 전달하려고 하는 메시지를 부호화하여 적절한 매체를 통하여 수신자에게 전달한다. 메시지를 전달받은 수신자가 보여준 반응은 피드백되어 다시 발신자에게 전달된다. 그리고 이렇게 전달된 반응은 다음의 커뮤니케이션에 반영된다. 아래에서는 커뮤니케이션 과정을 구성하고 있는 요소 중에서 발신자, 부호화, 메시지, 매체, 해독, 수신자, 반응, 피드백 등에 대하여 보다 구체적으로 살펴보기로 한다.

그림 14-1 커뮤니케이션 과정

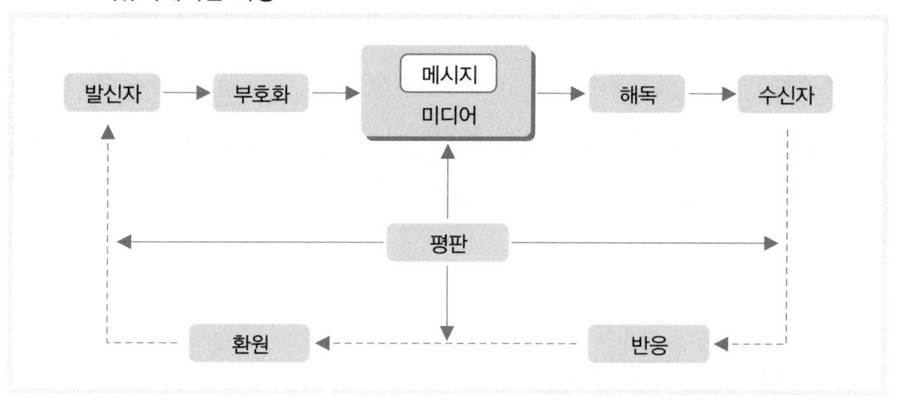

(1) 발신자

발신자(sender)는 자신이 전달하고자 하는 메시지의 내용, 즉 아이디어, 의도, 주장, 정보 등을 다른 사람에게 전달함으로써 커뮤니케이션을 시작하도록 하는 사람 또는 조직체를 말한다.

(2) 부호화

부호화(encoding)란 발신자가 자신이 전달하고자 하는 메시지를 보다 효과적으로 전달하기 위하여 메시지내용을 시각적 혹은 청각적인 부호(codes)나 상징(symbols), 언어적 혹은 비언어적 부호나 상징으로 전환시키는 과정을 말한다.

(3) 메시지

메시지(message)란 발신자가 전달하는 상징의 집합을 의미한다. 기업의 실제광고가 이에 해당된다.

(4) 매체

매체(media)란 메시지를 수신자에게 전달해 주는 수단을 말한다. 매체는 인적 매체와 비인적 매체로 구분할 수 있으며, 비인적 매체는 인쇄매체(신문, 잡지)와 전파매체(TV, 라디오)로 구분된다.

(5) 해독

전달된 메시지의 부호와 상징을 수신자가 자신의 경험과 지식을 동원하여 자기 나름대로 의미를 부여하는 과정을 말한다.

(6) 수신자

수신자(receiver)란 발신자로부터 보내진 메시지를 받는 당사자를 말한다.

(7) 반응

반응(response)은 수신자가 메시지에 노출되었을 때 보여주는 인지적 · 감정적 · 행동적 대응을 말한다.

(8) 피드백

피드백(feedback)은 수신자의 반응이 발신자에게 전달되는 것을 말한다. 발신자가 메시지를 전달할 때에는 발신자가 제공한 부호나 심벌이 발신자가 의도한 대로 전달되었는지 여부를 확인하는 것이 필요하다. 즉 전달된 정보가 수신자에게 어느 정도 적절하게 받아들여졌는지 또는 효과가 있었는지를 알아야 한다.

2) 커뮤니케이션 수립과정

(1) 목표오디언스의 확인

마케팅 커뮤니케이션은 먼저 마음속에 표적오디언스가 누구인지 명확히 파악하여야 한다. 오디언스는 미래에 제품을 구매할 잠재구매자일 수도 있고, 현재의 사용자나 구매결정자 또는 구매영향자일 수도 있다. 이들은 또한 개인, 특정집단 혹은 일반공중일 수도 있다. 목표오디언스는 전달내용, 전달방법, 전달시기, 전달장소, 전달대상과 관련하여 전달자가 수행하는 의사결정에 중요한 영향을 미친다. 그러므로 먼저 오디언스의 욕구, 태도, 선호 및 기타 특성을 조사하여야 한다.

(2) 커뮤니케이션 목적의 결정

목표오디언스의 특성이 파악되면 어떠한 목표반응(target response)을 추구할 것인가를 결정해야 한다. 물론 기업이 바라는 궁극적인 반응은 구매행동이다. 그러나 구매행동은 소비자 의사결정의 오랜 과정의 최종적인 결과로써 이루어지기 때문에 현재의 목표오디언스가 제품 구매와 관련하여 어느 단계의 준비상태(buying readiness state)에 있는지를 파악하여야 한다.

목표오디언스는 누구이건 제품과 기업과 관련하여 가지게 되는 6가지의 구매준비상태 중 어느 하나의 단계에 있기 마련이다.

① 인지(awareness) : 무엇보다도 먼저 하여야 할 일은 목표오디언스로 하여금 제품 또는 기업을 인지하게 하는 것이다. 오디언스는 기업이 전혀 알지 못하는 상태(state to unawareness)에 있다가 다만 그 이름을 알게 되거나 혹은 기업에 관해 한두 가지의 일을 알게 된다.

② 지식(knowledge) : 목표오디언스가 제품이나 기업에 대해 중요한 사실을 많이 알고 있는 상태를 말한다. 이에 따라 목표오디언스는 제품이나 기업에 이미지가 형성된다.

③ 호감(liking) : 목표오디언스가 그 제품이나 기업에 대해 중요한 사실을 많이 알고 있음은 물론이고 그것에 대해 호감을 느끼고 있는 상태를 말한다.

④ 선호(preference) : 목표오디언스가 그 제품이나 기업에 대해 다른 제품이나 기업에 비해 더 좋아하는 것을 말한다.

⑤ 확신(conviction) : 목표오디언스가 그 제품을 선호함은 물론 구매에 대한 확신을 가지고 있는 상태를 말한다.

⑥ 구매(purchase) : 끝으로 목표오디언스가 확신을 가지고 구매하려는 상태를 말한다. 이때 목표오디언스가 확신은 있되 구매를 하지 않는 경우에는 구매행동을 유발시킬 유인을 제공하여야 한다.

이러한 단계를 밟아 소비자는 최종적인 구매단계에 이르러 비로소 구매를 하게 되므로 소비자조사를 통해 대다수의 목표오디언스가 어떠한 상태에 놓여 있는지를 파악하고, 이들을 그다음의 상태로 옮기게 하려면 어떠한 커뮤니케이션을 해야 할 것인가 결정해야 한다.

3) 메시지의 기획

바라는 오디언스의 반응을 명확히 한 다음에는 메시지전략을 형성해야 한다. 이를 흔히 표현 또는 크리에이티브 전략(creative strategy)이라 한다. 이상적인 메시지란 목표오디언스로 하여금 주의(attention)를 끌게 하고, 관심(interest)을 가지게 하며 욕구(desire)를 환기하여 마침내 행동(action)을 하게끔 결부시키는 것이다. 이와 같은 메시지 전달과정모델을 아이다모델(AIDA model)이라 한다.

메시지 형성과 관련하여 다음과 같은 네 가지 결정이 이루어져야 한다.

(1) 메시지 내용(Message Contents)

이는 무엇을 말해야 하는가와 관련되는 것으로서 바라는 반응을 목표오디언스에게 생기게 할 수 있으려면 무엇을 전달해야 할 것인가를 결정하는 것이다. 이는 흔히 소구(appeal), 주제(theme), 아이디어(ideas), 또는 고유판매제언(unique selling proposition)으로 불린다.

이러한 소구는 오디언스가 왜 어떤 것을 생각하거나 행동하지 않으면 안되는가 하는 어떤 혜택이나 동인 또는 이유를 나타내는 것인데 이에는 이성적·정서적 및 윤리적 소구가 있다.

(2) 메시지의 구조(Message Structure)

이는 메시지 내용을 어떻게 논리적으로 말할 것인가와 관련되는 것으로서 메시지효과에 큰 영향을 미친다. 예컨대 결론도출방식이나, 단면 대 양면제시 및 제시순서와 같은 것이다.

(3) 메시지 형식(Message Format)

이는 메시지 내용을 상징적으로 어떻게 표현할 것인가 하는 것과 관련되는 것으로 예컨대 신문광고의 경우 표제나 본문, 도안 및 색채 등과 관련된 결정이 이에 속한다. 주의를 끌기 위해 신기하고 대조적이며 기발한 그림이나 표제, 다른 것과 차이가 있는 형식이나 크기와 위치, 색채 및 모양, 움직임 등을 사용한다.

(4) 메시지 원천(Message Source)

이는 누가 말해야 하는가와 관련된 것으로 송신자의 신뢰성을 나타낸다. 이에 영향을 미치는 요인은 ① 전문성, ② 진실성, ③ 호감성의 세 가지이다.

4) 매체의 선정

메시지가 형성되면 이를 능률적으로 전달해 줄 매체 즉 커뮤니케이션 경로를 선정해야 한다. 이를 크게 나누면 다음과 같은 두 가지가 있다.

(1) 인적 커뮤니케이션(Personal Communication)

이는 인적 접촉을 통해 영향을 미치는 경로인데 다음과 같은 세 가지가 있다.

① 옹호적 경로(advocate channels) : 목표시장에서 직접 구매자와 접촉하는 기업의 판매원이다.
② 전문적 경로(expert channels) : 목표구매자에게 의견을 말해 주는 전문적인 지식을 가진 사람들을 말한다.
③ 사교적 경로(social channels) : 이는 목표구매자에게 커뮤니케이션을 하는 이웃이나 친구, 가족 등을 말한다. 이 전달경로가 구전영향(word of mouth influence)을 미치는 경로로서 이것이 대다수의 제품영역에서 매우 설득적이다.

(2) 비인적 커뮤니케이션(Nonpersonal Communication)

이는 직접적인 인적 접촉 없이 영향을 미치는 경로인데 다음과 같은 세 가지가 있다.

① 대중매체 및 선택적 매체(mass and selective media) : 이는 신문, 잡지, 라디오, TV 및 간판 등으로 구성되는 것이다. 전자는 대규모의 비차별화된 오디언스에게, 후자는 전문적인 오디언스에게 전달하는 것이다.
② 분위기(atmospheres) : 구매자로 하여금 제품을 구매 또는 소비하게 하는 태도를 생기게 하거나 강화시키기 위해 기획·설정된 환경을 말한다.
③ 행사(events) : 목표오디언스에게 특별한 메시지를 전달하기 위해 기획된 행사를 말한다.

보통 인적 커뮤니케이션이 매스커뮤니케이션(mass communication)보다 더 효과적이지만 매스미디어는 인적 커뮤니케이션을 자극하는 주요 수단이다.

왜냐하면 매스커뮤니케이션은 정보가 대중매체를 통해 먼저 의견선도자에게 전달되고 그다음 이들을 통해 다른 사람에게 전달되는 2단계 커뮤니케이션흐름(two-step-flow of communication process)의 과정을 거쳐 개인적인 태도나 행동에 영향을 미치기 때문이다.

5) 커뮤니케이션 결과의 측정

커뮤니케이션이 실행되면 그것이 목표오디언스에 미친 영향을 측정하여야만 한다. 이를 측정하기 위해서는 목표오디언스가 메시지를 인지, 상기, 노출횟수, 노출 전후의 태도변화 등에 대해 파악하여야 한다. 동시에 메시지가 가져다준 행동, 구매량, 제품에 대한 타인의 커뮤니케이션 빈도 및 양 등에 대한 조사도 병행되어야 한다.

그림 14-2 2개의 브랜드 추적조사

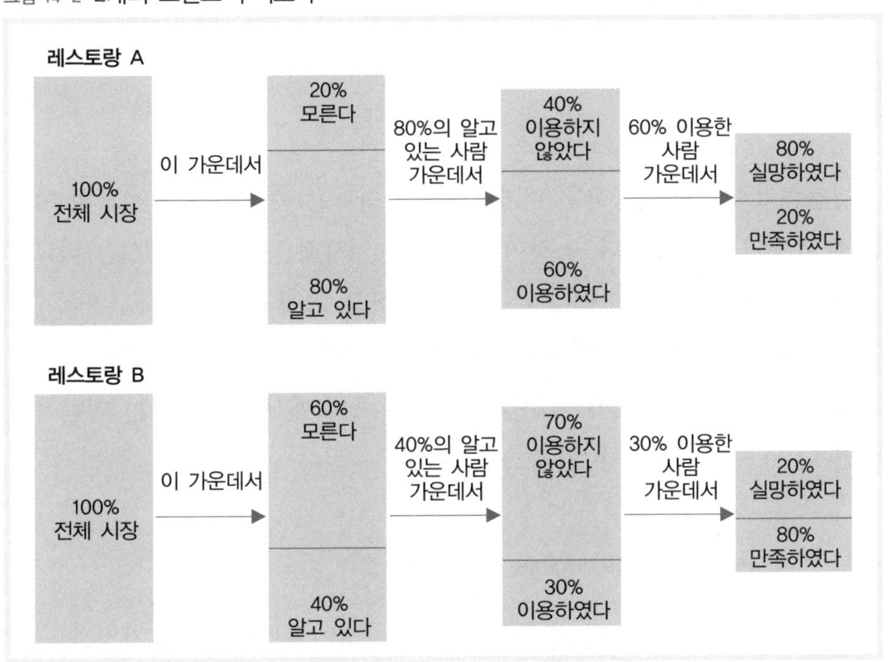

[그림 14-2]는 커뮤니케이션 결과를 측정한 예를 제시하고 있다. 레스토랑 A를 보면 시장 전체 가운데 80%는 A를 알고 있고, 알고 있는 사람 가운데 60%는 이용하였으나, 이용자 가운데 20%만이 만족하고 있는 것을 알 수 있다. 이러한 결과에서 커뮤니케이션 프로그램은 인지(認知)를 만들어내기는 하였으나, 그 제품은 소비자에게 기대한 만큼의 만족을 안겨주는 데는 실패한 것을 알 수 있다. 따라서 호텔 A의 커뮤니케이션 프로그램은 지속적인 실시와 더불어 제품개선을 위해서도 더욱 노력하여야 한다.

이에 대해 레스토랑 B는 총 시장의 40%만을 인지하고 그중 30%만이 이를 이용하였으나 이용자 중 80%는 만족하고 있다. 이러한 경우 레스토랑 B의 커뮤니케이션 프로그램은 만족을 창조하는 브랜드의 힘을 활용할 수 있도록 수정하여야 한다.

제2절 촉진예산과 촉진믹스의 설정

1. 촉진예산의 설정

경영층이 당면하는 중요한 마케팅문제의 하나는 촉진에 어느 정도의 예산을 쓸 것인가 하는 것이다. 공장이나 설비 및 기자재 등에 관한 예산은 비교적 쉽게 설정할 수 있다. 그러나 촉진의 경우에는 그렇지 않다.

산업에 따라서 또한 동일한 산업에 속하는 기업에 따라서도 촉진의 비용은 저마다 다르다. 기업이 촉진예산의 결정, 총 광고예산을 설정하는 일반적인 방법에는 다음과 같은 네 가지가 있다.

1) 지출능력기준법(Affordable Method)

기업이 지불할 수 있는 자금 및 재무능력 범위 내에서 예산을 결정하는 방법이다. 이 방법은 아무리 시장기회가 높다 해도 재무능력에 따라 예산이 달라지므로 장기적인 시장개발계획을 세우기 어렵다.

2) 매출고비율법(Percent of Sales)

기업에서 가장 많이 쓰는 방법으로 금년도의 판매액이나 내년도의 예상판매액을 기준으로 이의 일정비율을 촉진예산으로 설정하는 것이다. 이때의 비율은 기업의 입장에서 허용될 수 있는 정도 또는 경쟁업자의 그것과도 관련하여 경영자가 결정할 수 있다.

3) 경쟁업자 지출기준법(Competitor's Expenditures)

이는 경쟁업자의 촉진지출액을 기준으로 책정하는 방법이다. 그러나 경쟁업자의 촉진예산에 대한 신뢰할 만한 자료를 구하는 것은 현실적으로 불가능하다는 단점이 있다.

4) 목표 및 과업법(Objectives and Tasks)

이는 커뮤니케이션 목적을 설정하고 이를 달성하기 위해 수행되어야 할 커뮤니케이션 과업을 파악하고 이를 수행하는 데 소요되는 예산을 추정하여 이의 합계를 촉진예산으로 책정하는 방법이다.

2. 촉진믹스의 결정

일단 촉진예산이 책정되면 이를 네 가지 촉진활동 사이에 배분해야 하는데 이것이 곧 촉진믹스를 형성하는 과정이다.

마케팅 관리자는 광고, 인적 판매, PR, 판매촉진 활동을 각각 어느 정도의 비율로 결합하여 촉진프로그램을 작성할 것인가를 결정하여야 한다. 그러나 마케팅 관리자는 광고, 인적 판매 또는 기타 판촉활동을 어느 정도의 자금으로 수행하고 성공적으로 촉진프로그램을 이끌어나갈 것인가를 알기가 매우 어렵다.

촉진수단은 상호 간에 대체가능성이 있음은 물론, 다른 마케팅믹스요인 사이에도 대체가능성이 있다. 또한 동일한 판매수준을 달성하기 위해 광고지출을 증대하거나 인적 판매나 판매촉진을 증대시킴으로써도 가능하다는 것이다. 즉 동일한 판매수준을 달성하기 위해서는 제품개발이나 가격이나 추가적인 고객서비스를 제공함으로써 가능하다는 것을 의미한다. 이러한 대체가능성이 있으므로 마케팅부문에서는 모든 커뮤니케이션수단과 마케팅수단을 조정하여 통합적인 관점에서 관리하지 않으면 안된다.

1) 촉진믹스의 특성

마케팅 관리자가 활용할 수 있는 촉진수단은 매우 다양하나 일반적으로 광고(advertising), 인적 판매(personal selling), PR(public relations), 판매촉진(sales promotion)의 네 가지로 구분될 수 있다. 따라서 일반적으로 혼용되어 온 촉진과 판매촉진은 서로 구별되어 사용되어야 한다. 즉 판매촉진은 보다 광의의 촉진을 수행하는 여러 가지 수단 중의 한 가지일 뿐이다.

이러한 네 가지 촉진수단은 기업의 마케팅목표를 달성하기 위하여 독립적으로 사용되기보다는 상호보완적으로 사용되어야 하기 때문에 촉진믹스(promotion mix)라고 하며 촉진믹스의 특성을 살펴보면 다음과 같다.

(1) 광고

광고란 '특정 광고주(sponsor)가 대가를 지불하고 제품, 서비스, 아이디어를 비인적 매체(nonpersonal media)를 통하여 널리 알리고 구매를 설득하는 모든 형태의 촉진활동'을 말한다. 광고는 일반적으로 제품에 대한 정보를 불특정다수에게 알리고, 자사의 제품을 구매하도록 설득하며 구매자가 자사상표를 기억할 수 있도록 하기 위하여 수행한다. 광고는 다수의 대중에게 짧은 시간에 정보를 제공할 수 있고 고객 1인당 정보제공비용도 가장 저렴한 장점이 있다. 그러나 고객에게 전달할 수 있는 정보의 양이 제한되어 있고 정보의 내용을 고객에 따라서 개별화할 수 없다는 단점이 있다.

(2) 인적 판매

인적 판매(personal selling)란 '판매원이 고객을 대면하여 자사의 제품에 대한 정보를 제공하고, 그들이 제품을 구매하도록 설득하는 일체의 활동'을 의미한다. 즉 인적 판매란 판매원을 매체로 하는 촉진수단을 말한다. 인적 판매는 촉진의 속도가 매우 느리고 고객 1인당 촉진비용이 고가이기 때문에 많은 소비자들이 구매하는 소비재 등에는 적합하지 않다. 그러나 고객이 원하는 정보를 모두 제공할 수 있고 신축성 있는 대응이 가능하기 때문에 산업체나 중간상 등에 대한 촉진에 효과적인 수단이다. 또한 인적 판매는 특정 제품이나 서비스에 대한 태도형성, 구매자극 등 구매의사 결정과정의 후반부에 효과적이다.

(3) PR

PR은 '기업이 언론 등의 비인적 매체를 통하여 소비자가 속해 있는 지역사회나 단체 등과 긍정적인 관계를 유지함으로써 자사제품을 구매하도록 간접적으로 소비자를 유도하는 촉진활동'을 말한다. PR의 가장 대표적인 수단이 홍보인데, 홍보는 언론의 뉴스나 논설을 통하여 자사의 활동을 대중에게 알리는 것을 말한다. 홍보는 다른 촉진수단과는 달리 기업이 비용을 부담하지 않고 독립적 제3자인 언론을 통하여 정보를 전달하기 때문에 신뢰성이 매우 높은 특징이 있다. 홍보 이외의 다른 PR활동으로는 사보발간, 기업이미지 제고를 위한 행사개최 등을 들 수 있다.

(4) 판매촉진

판매촉진이란 '기업이 제품이나 서비스의 판매를 증가시키기 위하여 단기간에 중간상이나 최종소비자를 대상으로 벌이는 광고, 인적 판매, PR 이외의 모든 촉진활동'을 말한다. 판매촉진은 비인적 촉진수단으로서, 견본의 제공, 점포 내 진열, 경품제공, 제품전시회 개최 등을 포함하고 있다. 판매촉진의 가장 중요한 특징은 구매시점에서 소비자의 구매동기를 강력하게 자극할 수 있다는 점이다. 그러나 판매촉진의 효과는 단기적이어서 장기적인 상표충성도를 증진시키는 데에는 부적합하다.

2) 촉진믹스의 결정에 영향을 미치는 요소

촉진믹스의 결정에 영향을 미치는 요소로는 촉진자금, 시장의 성격, 제품의 성격, 제품의 수명주기, 구매의사결정단계, 촉진전략 등이 있다.

(1) 촉진자금

최선의 촉진믹스가 무엇이든 촉진믹스의 가장 중요한 결정요소는 촉진프로그램에 사용할 수 있는 자금이라고 할 수 있다. 자금여력이 있는 기업은 자금이 부족한 기업에 비하여 광고를 효과적으로 이용할 수 있다. 반면에 규모가 작고 자금여력이 없는 기업은 광고보다는 인적 판매, 딜러의 진열 혹은 기업 간의 합동광고 등에 의존하는 경향이 있다. 촉진자금이 부족한 경우에는 효율적인 촉진수단을 사용할 수 없다. 예를 들면 자금이 부족한 기업은 광고가 판매원에 비하여 고객 1인당 접촉비용이 저렴함에도 불구하고 광고를 이용할 수 없고, 인적 판매가 비효율적이라는 사실을 알고 있어도 자금의 부족 때문에 인적 판매에 의존할 수밖에 없다.

(2) 시장의 성격

마케팅의 다른 분야에서도 그러하듯이 촉진믹스의 결정에 있어서도 시장의 성격이 큰 영향을 미친다. 시장의 성격은 다음과 같은 세 가지 방법으로 촉진믹스의 결정에 영향을 미친다.

① 시장의 지리적 범위

소규모 지방시장에는 인적 판매가 적합하며 시장이 지리적으로 확대됨에 따라 광고에 의한 의존성이 높아진다.

② 시장의 집중도

전체 잠재고객의 수를 고려해야 한다. 즉 잠재고객의 수가 적을수록 광고보다는 인적 판매에 의존하는 것이 효과적이다. 또한 한 가지 고려해야 할 요소는 각기 다른 형태의 잠재고객의 수이다. 즉 동질적인 시장을 상대로 제품을 판매하는 기업의 촉진믹스는 이질적인 여러 개의 시장을 대상으로 하는 경우와는 본질적으로 다른 것이다.

또한 전국시장에 판매하는 기업의 경우에도 시장이 몇 개 지점에 집중되어 있는 경우에는 인적 판매를 이용할 수 있지만 잠재고객이 지리적으로 분산되어 있다면 인적 판매는 현실적으로 불가능하고 광고에 의존할 수밖에 없다.

③ 제품과 시장형태

촉진전략은 시장의 형태가 소비재시장이냐 산업재시장이냐에 따라서도 각각 차이가 있다. 서비스기업은 소비재시장에서 활동하는 경우, 광고와 판매촉진에 보다 많이 지출하고 인적 판매에는 거의 비용을 들이지 않는다. 그러나 산업재시장을 표적으로 삼는 서비스기업은 인적 판매에 보다 많은 지출을 한다. 즉 인적 판매는 일반적으로 고객이면서 위험부담이 큰 제품과 또한 소수의 대규모 판매자로 이루어진 시장에서 보다 유용하다.

(3) 제품의 성격

촉진하려는 제품이 소매재인지 산업재인지에 따라서도 각기 다른 촉진전략이 필요하다. 또한 소비재일지라도 편의품인지 전문품인지에 따라 제품의 구매관습이 다르기 때문에 촉진믹스를 달리하여야 한다. 실제로 편의품은 잠재고객이 광범위하게 지리적으로 자리하고 있고, 제품에 대한 설명이 없으므로 취급상의 진열과 제조업체의 광고가 효과적이다. 반면 산업재는 거래단가가 크고, 제품사양이 고객요구에 의해 제작되기 때문에 인적 판매가 효과적인 경우가 많다.

(4) 제품의 수명주기

촉진전략은 일정시기 동안 제품의 수명주기에 따라 영향을 받는다. 도입기 때에는 광고와 PR은 인지도를 높이는 데 매우 효과적이고, 판매촉진은 제품 초기의 시용(trial)에서 매우 유효하다.

성장기에는 제품 유통경로의 침투를 위하여 인적 판매가 매우 유용하며, 광고나 PR도 계속적으로 유용한 도구로써 활용할 수 있다. 성숙단계에서의 판매촉진은 광고와 관련하여 다시 중요해진다. 구매자는 브랜드를 알고 있으므로, 광고는 제품을 상기시키는 데만 필요하게 된다. 쇠퇴기에서 광고는 계속 제품을 상기시키는 데 필요하며 PR과 인적 판매는 최소한 줄인다. 그러나 판매촉진은 매우 유용할 수 있다.

(5) 구매의사결정단계

촉진수단은 구매자가 행하는 여러 구매의사결정의 각 단계에 따라 달라진다. 광고, PR은 제품에 대한 인지와 이해단계에서는 인적 판매보다 더욱 중요한 역할을 수행한다. 반면, 제품이나 서비스에 대한 고객의 호감, 선호, 확신은 인적 판매에 의해 보다 효과적일 수 있다.

표 14-1 제품수명주기에 따른 촉진믹스

제품수명주기	시장상황	촉진전략
도입기	고객은 자기가 그 제품을 필요로 하는지를 모르고 있으며 그 제품이 얼마나 이익과 만족을 줄지를 이해하지 못하고 있다.	잠재고객에게 정보를 제공하고 교육을 시킨다. 제품이 출시되어 있다는 사실, 사용방법, 어떠한 욕구를 충족시켜 줄 것인가를 설명한다. 이 단계에서는 특정상표에 대한 구매를 자극하는 것이 아니고 상품에 대한 1차적 수요를 자극한다. 예컨대 무슨 상표의 마이크로 웨이브 키친 오븐(microwave kitchen oven)을 강조하지 말고 이 오븐의 효용가치에 관해서만 설득시킨다. 촉진믹스에서는 집중적으로 인적 판매에 치중한다. 상품전시회도 동시에 개최한다. 고객을 개별적으로 방문하지 않고 자동차전시회, 기타 상품전시회에 오는 고객을 대상으로 하는 것이 효과적이다. 제조업체는 신제품을 중간상인들이 취급하도록 하기 위하여 인적 판매활동에 역점을 둔다.
성장기	고객은 제품의 이점을 알고 있다. 제품은 잘 팔리고 있으며, 중간상인들도 기꺼이 취급하려고 한다.	특정상품에 대하여 수요와 구매를 자극한다. 광고를 집중적으로 강화한다. 중간상인이 통합적 촉진캠페인에 협조하도록 한다.
성숙 – 포화기	경쟁이 격화되어 가고 있으며 판매량은 더 이상 증가하지 않는다.	광고는 정보를 제공하는 수단에 그치는 것이 아니고 이 단계에서는 설득의 방법으로 이용한다. 경쟁이 심해짐에 따라 보다 많은 광고비를 투하해야 하고 따라서 이윤은 절감된다.
쇠퇴기	판매량과 이윤은 계속 감소되고 있으며 신제품이나 보다 좋은 상품이 시장에 나돌고 있다.	제품의 수명주기를 활성화시키고자 하는 비상한 전략을 이용할 결정이 없는 한 촉진활동을 감축한다.

(6) 촉진전략

기업의 촉진전략에는 푸시전략(push strategy)과 풀전략(pull strategy)이 있으며 어느 전략을 선택하느냐에 따라 효과적인 촉진수단이 달라진다. 푸시전략이란 유통경로상에 있는 각각의 구성원들이 그다음 단계의 구성원을 설득하는 전략을 말한다. 즉 제품생산자가 도매상을, 도매상은 소매상을, 소매상은 소비자를 각각 설득시켜서 제품을 구매하도록 유도하는 전략을 말한다([그림 14-3] 참조). 이 전략을 채택한 경우 제품생산자가 마케팅활동을 주도하게 되는데, 주로 인적 판매와 거래촉진을 통하여 중간상들이 자사의 제품을 취급하게 하고 그들이 최종소비자에게 촉진하도록 하는 데 중점을 두고 있다.

한편 풀전략은 제품생산자가 소비자의 수요를 직접 자극하려고 할 때 이용되는 방법으로 소비자가 그 제품을 소매상에서 찾으면 소매상은 도매상에게, 도매상은 제조업체에게 그 제품을 구매하는 방식이다. 이 전략을 채택한 경우에는 TV, 신문 등의 전국 광고를 통하여 소비자의 구매를 자극하는 방법을 사용하는 것이 효과적이다.

어떤 소규모 기업은 푸시전략만을 채택하고 직접 마케팅기업은 풀전략만을 채택할 수 있으나 대부분의 대기업들은 두 가지 전략을 혼합적으로 사용하고 있는 것이 일반적이다.

그림 14-3 푸시 대 풀의 촉진전략

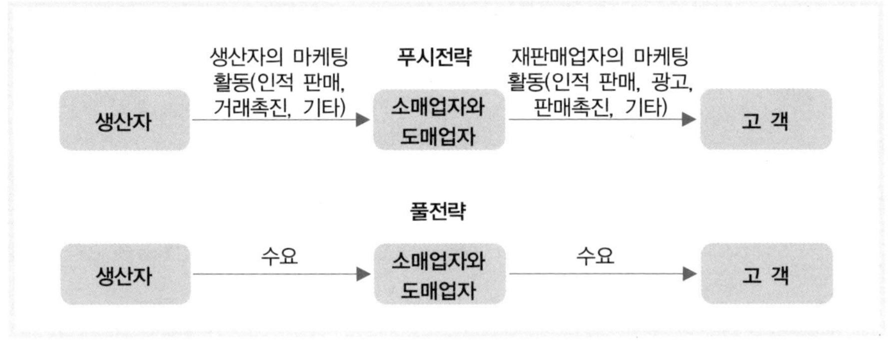

제15장 광고, 판매촉진, PR, 인적 판매

제1절 광 고

1. 광고의 의의와 성격

미국마케팅협회(AMA)는 "광고(advertising)란 확인할 수 있는 광고주(sponsor)가 광고대금을 지불하고 그들의 아이디어 제품 또는 서비스에 관한 메시지를 비인적(non-personal)으로 구두나 시청각을 통하여 제시하는 모든 활동이다"라고 정의하고 있다.

이들의 정의에는 몇 가지 특기할 사항이 있는데 첫째, 광고(advertising)는 광고주에게 광고대금을 지불하는 유료형식을 채택하고 있어 PR(public relation)과는 다르다. 둘째, 반드시 매체를 통해 이루어짐을 나타내므로 광고는 인적판매와는 다르다. 셋째, 광고는 제품을 생산하는 기업의 제품판매를 촉진하는 데만 이용하는 것이 아니라 서비스업은 물론 사회목적이나 공공목적을 위해서도 활동함에 따라 판매촉진과는 다르다. 넷째, 광고된 내용을 보낸 사람이 누구인지 알지 못한다면 그 메시지를 받은 사람은 광고내용을 평가하고 신뢰할 수 없다. 따라서 광고는 광고주가 명시된다는 점에서 선전과는 다른 특성이 있다.

2. 광고의 분류

1) 광고내용에 따른 분류

광고의 형태란 기업의 광고프로그램의 목적에 의존하게 되는 것이므로 광고분류방법을 이해하는 것은 경영자에게 필수적이다. 모든 광고란 그 내용에 따라 제품광고와 기업광고로 분류할 수 있다.

(1) 제품광고

제품광고(product advertising)란 광고주가 그들의 제품이나 서비스에 관한 정보를 시장에 제공하거나 자극하는 것을 말한다. 이 제품광고는 광고의 주제(theme)에 따라 직접행동광고(direct-action advertising)와 간접행동광고(indirect-action advertising)로 분류한다. 직접행동광고란 광고주가 광고에 대하여 신속한 반응을 추구하는 광고이며, 간접행동광고란 장기간에 걸쳐 수요를 자극하는 데 목적이 있는 것으로 제품의 구매의욕을 북돋우며, 아울러 광고주의 상표를 좋게 보도록 하는 것이다.

(2) 기업광고

기업광고(institutional advertising)란 특정제품이나 서비스를 판매할 목적이 아니라 소비자나 사회대중으로 하여금 기업 또는 판매업자에 대하여 호의적인 태도를 갖거나 좋은 이미지를 갖도록 하는 광고를 말한다. 이 기업광고는 다시 그 목적에 따라 다음과 같이 분류할 수 있다.

① 애고 기업광고(Patronage Institutional Advertising)

소비자 또는 고객의 애고동기를 자극하기 위하여 하고 있는 일이나 그 밖의 사회적 책임을 수행하기 위하여 전개하고 있는 기업의 정책이나 사업을 알림으로써 대중과의 우호적 관계를 형성 · 유지 · 발전시키기 위한 목적으로 수행되는 광고를 말한다.

② **공중관계 기업광고**(Public Relations Institutional Advertising)

기업이 대기오염방지를 위해서 하는 일이나 그 밖에 사회적 책임을 수행하기 위하여 전개하는 정책이나 사업을 알림으로써 대중과의 우호적 관계를 형성·유지·발전시키기 위한 목적으로 수행되는 광고를 말한다.

③ **공공서비스 기업광고**(Public Service Institutional Advertising)

소비자나 대중에게 기업이 사회성이나 공공성을 저버리지 않고 사회에 봉사하고 있음을 알리는 광고로 예컨대 적십자사의 캠페인을 지원하고 있거나 수재민을 위한 모금운동에 적극 협력하고 있음을 널리 알리는 따위의 광고를 말한다.

2) 광고주에 따른 분류

광고는 광고주에 따라서 전국광고(national advertising)와 지방광고(local advertising)로 분류할 수 있다.

전국광고란 제조업자나 생산자가 광고주가 되는 광고를 말하며, 지방광고(소매광고)란 소매업자가 광고주가 되는 광고를 말한다. 광고업계에서는 일반적으로 전국과 지방이라는 말이 일반(general)과 소매(retail)라는 말과 동의어로 사용되고 있으나, 이는 부정확한 대조를 이루고 있다. 물론 제조업자는 하나 이상의 지방시장에서 판매하고 있으며 소매상은 보통 한 지방에 국한해서 판매활동을 벌이고 있는 것이 사실이긴 하다. 그러나 실제적으로 사용되고 있는 전국광고(national advertising)란 다만 광고주의 격을 말하는 것이지 지역적 범위를 설명하는 것이 아니다. 즉 어느 제조업자가 어느 한 도시에서 광고를 한다고 해서 이를 전국적 광고라고 부르지 않음을 알아야 한다.

제조업자의 광고는 그들 제품의 수요를 창조하기 위해서 하는 것이다. 그들은 제품을 어디서 구입하든지 자사의 상표만 구입하면 그만이다. 소매상 광고의 초점은 자기 점포에 있는 것이다. 소매상은 어떤 상표나 제품을 구입하든지 상관이 없다. 자기 점포에서 구입해 주기를 바랄 뿐이다. 그러므로 애고동기를 형성하기 위해서 자기 점포에서 제품을 구입하면 어떠한 서비스를 받을 것이며 어떤 이점이 있는가가 주로 광고내용이 된다.

3) 광고매체에 따른 분류

(1) 신문

연령이나 성별에 크게 관계없이 읽혀지는 폭넓고 즉효성이 비교적 큰 매체이다. 또한 신문광고는 상세한 정보를 정확하게 전달할 수 있으므로 설득설이라는 장점을 지닌다.

(2) 잡지

시각효과가 뛰어나고 원하는 표적시장의 공략이 쉬우며, 비교적 생명력이 길다. W호텔은 잡지광고 이미지를 국내 최초로 별 6개짜리 호텔로 소구하고 있다. W호텔은 호텔답게 화려하고 선정적이면서 파티가 주 콘셉트인 W호텔에 잘 맞는다. 독창적인 광고 중 하나이다.

(3) 라디오

광고의 범위가 넓고 무차별적이라는 특성을 가지며, 청각적인 효과에만 의존해야 한다.

(4) 텔레비전

시각적 · 청각적인 동시효과로 매우 인기가 높은 대량전달매체이다. 영상을 재현하여 방송수신기로 전달함으로써 움직이거나 흐름을 구체적으로 표현할 수 있는 장점이 있다. 또한 반복효과 및 속보성, 광고의 타이밍이 좋아서 한순간에 대량의 수용자를 대상으로 소구할 수 있으며, 대중에게 인지도 및 기호도가 높은 모델의 개성을 내세워 수용자를 설득하는 기법에 효과적이다. 보편성, 대중성, 즉시성과 시의성이라는 특징을 갖는다.

(5) DM(Direct Mail)

선택적 광고효과, 많은 양의 정보전달 가능, 수용자 리스트 확보가 관건으로 표적고객에 대한 안내장이나 그 밖의 판촉자료를 우편물을 이용하여 직접 광고하는 것을 말한다. 목표고객이 정확하고 주의력과 관심도가 높으며 효과측정이 용이하다는 장점과 수신자 유지관리가 어렵고 비용이 많이 드는 단점이 있다.

(6) 서신광고

통제가능, 개인적, 고객참여와 활동, 시험측정 용이, 내부고객 대상

(7) 전화광고

다른 프로그램과 연계 필요, 비대면 인적 판매 가능

(8) 인터넷광고

쌍방향, 24시간, 멀티미디어 형태, 횟수 · 시간 제한 없음, 직접 판매

(9) 옥외광고

환대산업체에서 많이 이용되는 광고방법으로 대형 간판이나 건물외부에 있는 옥외간판 등은 많은 사람들이 볼 수 있고 광고비도 비교적 저렴하다는 점에서 그 효용성이 뛰어나다. 탄력성이 높고, 반복노출되는 반면 고객 선택성이 없고 고객에게 전달할 수 있는 내용에 한계가 있다.

표 15-1 매체수단의 종류 및 방법

종 류	구체적 방법
간행물	특정 표적집단을 대상으로 기업이 배포하는 연간 기업보고서, 브로슈어, 논문집, 시청각자료, 기업의 사보, 잡지 등
특별행사	기자회견, 세미나, 견학, 전시회, 시연회, 기념회, 운동경기 등을 시행 또는 지원함으로써 표적고객에게 도달하고자 함
뉴스기사	다양한 형태의 기사나 시청각자료를 각 매체의 특성에 맞게 제공함으로써 뉴스화시킴
연설	최고경영자나 기업 내 전문가에 의한 제품 홍보 연설
공공서비스활동	지역공동체의 관심에 대한 지원 또는 기부를 통한 기업 및 제품이미지를 향상시킴
기업주체성매체	대중들이 즉각적으로 인식할 수 있는 시각적 매체(유니폼, 건물외벽, 기업의 보고서 양식, 브로슈어 등) 확보

4) 표적시장에 따른 분류

광고는 광고가 목표로 하는 표적시장에 따라 소비자 광고, 중간상 광고, 산업재 사용자 광고, 그리고 전문적 사용자 광고로 구분할 수 있으며, 표적시장에 따라 메시지의 내용도 달라진다. 표적시장별 광고와 메시지 내용을 간단히 설명하면 〈표 15-2〉와 같다.

표 15-2 표적시장에 따른 광고

시 장	메시지
소비자	"당신의 알뜰한 만족을 위하여 이 제품을 구입하세요."
중간상	"당신의 상점에서 이익을 올리기 위하여 이 제품을 구입하세요."
산업재 사용자	"당신의 기업에서 좋은 제품을 사용하기 위하여 이 제품을 구입하세요."
전문적 사용자	"당신의 고객이나 환자를 위하여 이 제품을 지적하여 주세요."

3. 광고의 의사결정과정

1) 광고의 목적과 목표의 설정

광고의 목적은 광고예산과 광고실행계획을 작성하는 데 바탕이 되므로 광고목적의 설정은 매우 중요하다. 그러나 광고목적은 목표시장, 시장에서의 위치, 마케팅믹스 등을 고려하여 설정하게 된다.

일반적으로 광고의 목적은 다음과 같이 요약할 수 있다.

첫째, 정보제공 : 신제품이나 제품의 신용도, 가격변경, 제품의 성능, 제공되는 여러 가지 서비스 등의 내용을 알리거나 기업이나 제품에 대한 잘못된 인상을 수정하고 소비자의 제품에 대한 우려를 줄이고 좋은 기업이미지를 형성하려는 의도에서 시행되는 것은 정보제공 광고이다.

둘째, 설득 : 상표선호를 생기게 하고, 경쟁사의 상표를 사용하는 소비자가 사용상표를 변경하게 하거나 소비자가 다르게 인식하고 있는 제품의 어떤 속성의 중요성에 대한 지각을 변경시키거나 지금 곧 구매하도록 권유하는 것과 같은 광고는 설득목적의 광고이다.

셋째, 상기(remind) : 소비자로 하여금 가까운 시일 내에 제품이 필요하게 되리라는 것이나 어디서 구매할 수 있는가 하는 것을 상기시키거나 비수기 동안 마음속에 제품을 기억하고 있게 하거나 혹은 최상위의 인지(top-of-mind awareness)를 유지하게 하기 위한 광고는 이러한 목적의 광고이다.

광고목표는 광고주가 문안작성, 매체선정, 성과측정 등의 지침을 제공하기 위하여 되도록 구체적으로 설정되지 않으면 안된다. '상표선호(brand preference)를 창출한다는 목표는 내년도까지 500만 주부 중에서 A상표의 선호자 30%(150만 주부)를 형성한다'는 것에 비하여 너무 애매모호한 것이다.

2) 광고예산설정

광고목적이 설정되면 각 제품별 및 전체 광고활동과 관련하여 광고예산(advertising budget)을 설정하여야 한다. 엄밀한 의미에서 커뮤니케이션 목표와 판매목표를 달성하기 위해 가능한 최소의 비용을 투입하려 한다. 그러나 사실상 얼마를 광고비로 투입할 것인가 하는 것은 결정하기 어렵다. 따라서 광고비예산은 촉진예산설정법과 동일한 방법으로 설정되는 경향이 있다. 그러나 예산을 설정할 때에는 중요한 몇 가지 요인을 고려해야 하는데 다음과 같다.

① 제품 라이프사이클 단계
② 시장점유율(market share)
③ 경쟁제품의 동향
④ 광고빈도
⑤ 제품차별화
⑥ 유통경로의 강약

3) 메시지 결정

광고예산의 크기가 광고의 성공을 보증하지 못한다. 동일한 광고예산으로 큰 효과를 낼 수도 있는 반면에, 효과를 거두지 못하는 경우도 많다. 이러한 문제는 메시지의 내용과 표현의 차이에 기인한다. 따라서 광고주는 다음과 같은 메시지에 대해 3단계의 의사결정이 필요하다.

(1) 메시지 작성(Message Generation)

이는 제품이 시장에서 바라는 지위, 즉 포지션을 차지하는 데 도움이 되는 여러 개의 대체적인 메시지를 작성하는 것이다.

메시지는 전달내용이라고도 하며, 이는 문안(copy)과 도안(illustration)으로 구성되며, 광고목표에 따라 작성된다. 그런데 광고효과는 비단 광고비가 많이 든다고 커지는 것은 아니며 어느 정도로 메시지에 창조성(creativity)이 발휘되었느냐에 따라 달라진다.

창조성을 발휘해야 할 광고주가 처음으로 수행하게 되는 활동은 기업의 제품에 줄 이미지(image) 내지는 주제를 어떻게 할 것인가를 결정하는 것이다. 이러한 주제를 발견할 때에는 브레인스토밍(brain storming) 등과 같은 방법을 활용하는 것도 좋다.

제품에 대해 너무 주장(claims)을 많이 하면 소비자가 제대로 기억하지 못하게 할 뿐만 아니라 잘 믿지도 않을 수 있기 때문에 무의미할 수 있다. 그러므로 메시지내용의 초점인 오디언스가 그 주장을 상기하기 쉽고 이에 대한 신뢰도를 높이려면 하나 혹은 두 개의 주장을 소구하는 것이 효과적일 수 있다.

이러한 주제를 파악하려면 먼저 오디언스를 확인하여야 하는데 이들은 커뮤니케이션과정에서 최종적으로 메시지를 전달받는 사람이다. 따라서 이들이 제품에 대하여 가지고 있는 근원적 욕구가 무엇인지를 확인하고 이에 따라 그들이 호의적인 태도를 갖거나 행동을 하게 하려면 제품에 관하여 무엇을 말해야만 할 것인가를 결정해야 한다. 그러므로 메시지를 결정하기 위해서는 소비자의 구매행동과정은 물론 그들이 갖고 있는 구매동기, 태도 및 행동 등을 마케팅 조사를 통해 파악하는 활동부터 시작해야 한다.

(2) 메시지의 평가와 선정

마케팅 조사나 브레인스토밍 등을 통해 여러 메시지의 대안이 만들어졌다면, 메시지의 대안 중에서 가장 좋은 것을 선정하여야 하는데, 이때 이들 대안을 선정하기 위한 기준이 마련되어야 한다. 일반적으로 이들 대안을 평가하는 기준은 세 가지가 있다.

① 소망성(desirability)
② 독특성(exclusiveness)
③ 신뢰성(believability)

이 세 가지 중 하나라도 그 평가순위가 높지 못하다면 그 메시지의 커뮤니케이션 가능성은 크게 낮아지게 된다.

그러므로 메시지는 제품에 관해 먼저 바람직하고 관심 있는 그 무엇을 충분히 전달해야 한다. 그러나 여러 상표는 동일한 주장(claim)을 하므로 이것만으로는 충분하지 않다. 따라서 메시지는 다른 광고에는 없는 독특하고 명확하게 구별되는 어떤 것을 담고 있어야만 하며 끝으로 메시지는 믿을 수 있어야 한다.

(3) 메시지 연출(Message Execution)

메시지의 효과는 그 내용에 의존할 뿐만 아니라 그것이 제시되는 방식에 따라서도 달라진다. 따라서 메시지의 연출은 특히 실질적으로 제품 자체가 추구하는 편익이 거의 같은 제품인 경우 예컨대 호텔, 패밀리레스토랑, 신혼여행제품 등의 경우에는 아주 중요하다. 예를 들면 패밀리레스토랑은 저마다 가족끼리의 즐거운 시간을 위한 공간을 강조하고 있는데 그 까닭은 이들 기업이 동일한 시장을 대상으로 하고 있고 또한, 동기조사와 같은 마케팅 조사를 통해 주제를 발견하고 있으므로 주제가 같아질 수밖에 없기 때문이다. 이 때문에 오늘날 광고에 있어서 창조력이 발휘되는 것은 주제를 발견하는 분야에서가 아니라 오히려 메시지를 어떻게 제시하느냐 하는 분야에서라고 한다. 이는 곧 우수한 광고인의 창조성은 무엇을 말하느냐가 아니라 어떻게 그것을 말하느냐 하는 방법과 관련되어 발휘되어야 함을 뜻한다.

광고주제가 구체적으로 구상화(visualization)되어 전달내용인 메시지가 작성되는데 이는 앞에서 본 바와 같이 문안과 도안의 두 요소로 구성된다. 전자는 언어와 같은 의미를 전달해 주는 요소이며, 후자는 그림과 같이 시각적으로 전달되는 요소이다. 이러한 요소는 대조성, 비례성 또는 강조성 등과 같은 원칙에 따라 메시지 내지 광고물 내에 적절한 크기와 모양으로 배치되는데 이를 배안(layout)이라 한다.

그러므로 창조성을 발휘해야 할 광고조작 해당자는 마케팅 조사부문과 협동하여 선정된 주제를 어떻게 나타낼 것인가 하는 제시방향 내지 아이디어를 먼저 탐색해야 한다. 이는 기업의 심벌 내지 상징이나 제품의 특성 또는 동기 등을 조사한 결과를 통해 파악할 수도 있으나 어쨌든 창조성이 발휘된 영감적인 것이어야 한다. 이와 아울러 선정한 용어나 그림, 심벌 내지 상징과 색채 등을 활용하여 앞에서 도안 등을 작성하여 그것을 구상함으로써 최종적으로 광고문 내지 메시지가 작성된다.

① Hans Brinker Budget Hotel 광고

호텔에 묵기 전과 묵은 후의 재미있는 비교사진

호텔의 단점을 엄청난 강점으로 만들어버린, 네덜란드 Hans Brinker Budget Hotel의 잡지광고 시리즈 4개 모음. 무척 저렴한 3류호텔인데, 모두가 다 아는 자기네들의 약점을, 과감하면서도 유머러스하게 표현해서 호감을 끌어내고 있다.

② **인터컨티넨탈 호텔**

"Working to make you feel comfortable anywhere in the world.(전 세계 어느 곳을 찾으셔도 편안하시도록 최선을 다하고 있습니다.)"

기발한 호텔의 광고가 눈길을 끌고 있다. 바로 세계적으로 유명한 브랜드 호텔의 해외광고로 고객에게 최고의 서비스를 제공하겠다는 의미로 제작된 이 광고가 해외 네티즌들에게 큰 감동을 주고 있다고 한다.

고객의 발이 되겠다는 취지로 제작된 이 광고는 호텔에서 머무는 투숙객들의 슬리퍼를 형상화한 것으로 자세히 보면 호텔 직원들이 슬리퍼의 바닥을 지탱하고 있어 세심한 배려와 서비스를 약속하는 슬로건을 광고 이미지화한 기발한 아이디어란 평을 듣고 있다.

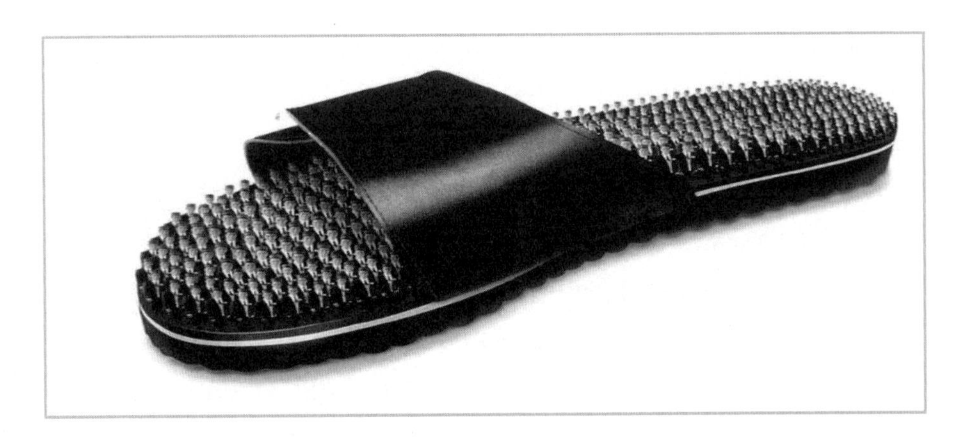

(4) 매체결정

광고메시지 작성과 동시에 그것을 전달할 능률적인 광고매체를 선정하는데 이와 관련된 결정은 다음과 같은 과정을 밟아 이루어진다.

① 도달, 빈도 및 영향의 결정

광고매체를 선정하기에 앞서 광고의 목적 달성을 위한 도달, 빈도 및 영향을 결정하여야 한다. 여기서 이들 개념을 살펴보기로 하자.

- 도달 : 특정기간 동안 메시지에 노출되는 목표오디언스의 수를 말한다.
- 빈도 : 특정기간 동안 메시지에 목표오디언스가 노출된 평균횟수를 말한다.
- 영향 : 광고메시지에 노출됨으로써 목표오디언스가 받게 되는 영향을 말한다.

② 매체유형의 선택

광고캠페인에 활용할 광고매체를 선정하는 과정에서 마케팅 관리자는 신문, 잡지 및 그 밖에 주요매체의 특성을 충분히 고려하지 않으면 안된다. 각 매체는 나름대로 장점과 약점이 있기 때문에 매체의 특성과 목표오디언스의 매체접촉습관, 제품의 특성, 메시지의 성격, 비용 등을 고려하여 매체유형을 선택하지 않으면 안된다.

③ 매체기관의 선정

희구하는 반응을 가장 적은 비용으로 능률적으로 달성해 줄 수 있다. 광고매체유형 중에서 특정의 방송국이나 신문사와 같은 매체기관을 선정한다. 이때 광고의 크기, 색도(色度), 게재되는 위치 및 게재횟수 등에 따른 배포수와 비용을 검토하고 나아가서 신뢰성이나 권위 등과 같은 각 매체기관의 질적 특성도 고려한 다음 어느 매체기관이 동일한 광고요금으로 가장 많은 도달과 빈도 및 영향을 가져다줄 것인지 최종적으로 결정해야 한다.

④ 매체타이밍(Media Timing) 결정

선정된 매체기관이 어떠한 일정에 따라 광고를 게재할 것인지를 결정해야 하는데 이에는 일반적으로 두 가지의 결정이 포함된다.

- 거시적 일정계획 : 1년 동안 어떠한 일정에 따라 광고비를 지출할 것인지를 결정하는 것인데 이때 판매에 대한 계절적 패턴, 경쟁업자의 광고계획 등과 같은 요인을 고려해야 한다.
- 미시적 일정계획 : 최대의 영향을 얻기 위하여 예컨대 월별과 같은 보다 짧은 기간 동안에 광고를 어떻게 할 것인가를 결정하는 것이다.

(5) 광고캠페인의 평가

광고효과를 측정하는 방법은 대중에게 광고를 제시하기 전과 후로 구분하여 ① 사전측정 ② 사후측정을 통해 이루어질 수 있다. 사전측정이란 수립된 광고전략이 소기의 목적을 달성할 수 있는지를 집행하기 전에 점검하는 것을 말하고, 사후측정은 수립된 광고전략이 집행된 후에 그 결과를 평가하는 것이다. 사후측정은 다시 광고가 성취하고자 하는 소기의 목적을 달성했는지를 평가하는 효과에 대한 측정과 얼마나 적은 비용으로 목표를 달성했는지의 효율성에 대한 평가로 나누어질 수 있다.

기타 간접적인 방법으로 광고효과를 측정하는 방법도 있다. 그중의 한 가지 방법은 독자수 조사, 인지조사 또는 상기테스트라고 부르는 광고에서 제시하였던 내용의 일부나 전부를 응답자에게 보여주고 그 내용을 응답자가 읽었는지 또는 어느 부분을 기억하고 있는지 또는 광고주를 기억하고 있는지 등을 알아내는 것이다. 또 한 가지 방법은 광고에 포함되어 있는 경품권이나 광고에 관련된 문의건수를 측정하는 것이다.

때로는 소비자패널을 이용해서 광고를 평가하는 방법도 있다. 라디오와 텔레비전 광고에 관하여 프로그램 시청자나 청취자의 질과 수를 측정하는 몇 가지 기법이 있다. 이 이론은 광고주의 제품을 구매할 고객의 수는 그 광고주의 프로그램을 청취하거나 시청하는 사람의 수와 정비례한다는 것이다.

그러나 광고의 기본적 목표란 무엇인가를 설득하고 소비자의 태도나 행동을 수정하는 데 있음에 유의하여야 한다. 그러므로 광고효과를 측정할 때는 소비자가 특정 광고를 기억하고 있는 정도보다는 광고가 소비자의 행동이나 태도를 수정할 수 있는 능력이 어떠한가에 더욱 관심을 가져야 하는 것이다.

제2절　판매촉진

1. 판매촉진의 본질

미국 마케팅협회(American Marketing Association)는 "판매촉진(sales promotion)이란 인적 판매(personal selling), 광고(advertising)와 퍼블리시티(publicity)를 제외한 마케팅활동으로서 소비자의 구매와 취급상의 효율성을 자극하는 것으로 이에는 일상 업무로 볼 수 없는 제품전시, 진열, 전시회 등을 포함하는 것이다"라고 정의하고 있다. 판매촉진은 단기간의 매출 증대를 목적으로 하고 있다. 예를 들면 광고가 소비자의 구매를 설득하기 위한 심리적 과정에 영향을 미친다면, 판매촉진은 직접적인 구매를 유도하기 위해 경품 등의 추가적인 인센티브를 제공한다.

최근에 와서 판매촉진은 장족의 발전을 이룩하여 이를 위한 총경비가 광고비지출과 거의 비슷한 수준으로 증대하고 있다. 판매촉진의 중요성이 높아진 것에 그치지 않고 통합적 마케팅전략의 일부로 통합되어 가는 경향마저 보이고 있다. 그리하여 종전과는 달리 캠페인의 서두에서 중요성과 개념이 논의되고 있는 것을 볼 수 있다.

마케팅환경의 급격한 변화로 판매촉진의 요구가 가일층 압력을 받게 되었다. 예컨대 상표의 종류가 증가함에 따라 소매상에서의 스페이스에 대한 경제적 압력이 더해가고 있어 공급업자 또는 제조업자들에게는 자사제품에 대한 판매촉진활동의 필요성이 증대되고 있다.

소매점 판매에 관한 소비자불만은 판매촉진활동을 통해서 어느 정도 완화시킬 수 있을 것이다. 소매상에서 점점 셀프서비스를 실시하고 있고 판매원을 이용하지 않고 있음에 비추어 판매촉진활동의 필요성은 더욱 절실해지고 있다. 판매촉진용 물품은 구입시점에서만 제공할 수 있는 유일한 판매촉진의 방안일 것이다. 광고매체는 가정, 직장, 여행 도중에 고객에게 도달되는 것이다. 구매시기에 임박해서는 광고효과가 소멸될지도 모르며 또한 잠재고객은 그 광고를 보지 못했을지도 모른다. 이때 판매촉진의 방법으로 구매시점에서 구매자에게 정보를 제공하고, 또는 보았던 광고를 상기시키거나 구매를 자극하는 것이다. 판매촉진의 방안을 목격하는 고객은 구매가능성이 많은 고객이라고 할 수 있다. 그들은 어느 정도 구매할 마음이 있어서 그곳에 와 있는 것이니 촉진기회는 가장 무르익은 상황인 것이다.

2. 판매촉진의 종류

판매촉진은 누구를 대상으로 수행되느냐에 따라 다음과 같이 세 가지로 나누어진다.

1) 사내판매촉진(Intercompany Sales Promotion)

판매부문 내 각 부문 간의 활동이 서로 조정되어 통일적으로 수행되도록 각 부문과 긴밀한 연락을 가져 다른 부문의 활동을 지원 내지 협조하는 활동이다. 예를 들면 호텔 레스토랑의 조리실에서 요리의 특성을 접객종사원들에게 알려줌으로써 고객에게 어울리는 맛있는 음식을 추천할 수 있도록 하는 것이다. 또한 대부분의 관광업체들은 자사 직원이나 가족들이 그 업체를 많이 이용할 수 있도록 이용조건이나 가격에 많은 혜택을 제공해 주고 있다.

2) 판매점원조

판매점인 도매상이나 소매상에 대해 판매나 경영상의 여러 가지 원조 내지 지도를 하는 판매촉진활동으로서 이와 같은 활동을 통해 판매경로상에 있는 판매점의 동기를 유발하고 아울러 그들의 협조를 얻을 수 있게 된다. 특히 항공사나 여행도매업자들이 여행소매업자를 대상으로 많이 이루어지고 있다. 항공사 측은 여행도매업자나 여행소매업자들의 항공권 판매를 증진시키거나 보상(포상)적 차원에서 인터라인 관광을 제공하거나 항공사 측이 자신들이 이용하는 예약발권 프로그램을 무상으로 제공해 주고 교육시켜 주는 것이 일반적이다.

또한 호텔이나 외식업체에서는 보다 체계적으로 원조하고 있다. 점포설계에서부터 점포운영에 관련된 모든 면에서 원조하고 있는 실정이다.

이에는 다음과 같은 여러 가지 활동이 있다.

① 점포설계, 시설의 제공, 대여 및 이용 등과 같은 시설의 원조
② 점포경영지도, 경영진단, 장부정리 및 회계처리 등의 지도
③ 진열창, 판매대(counter) 등에의 구매시점(point of purchase) 진열물의 원조 지도
④ 신제품, 광고 및 판매경진대회(sales contest)의 개최 등을 알려주기 위한 판매업자의 모임이나 연구회 등의 개최, 원조 및 지도
⑤ 판매업자의 광고에 대한 조언과 선전재료의 지원 및 공조광고의 실시와 그 비용 분담
⑥ 판매점의 판매원 모집, 선발 및 훈련 등의 지도와 원조
⑦ 개축이나 배달원용 자동차입시의 소요자금 융자나 지원 및 장기판매융자의 지원

3) 소비자판매촉진

소비자에게 제품지식을 직접 제공하거나 그들의 호의를 획득하여 이들의 구매의욕이 환기되고 또한 판매저항이 줄어들게 하기 위해 수행되는 판매촉진 활동으로서 이에는 다음과 같은 것이 있다.

① 쿠폰(Coupon)

쿠폰이란 구매되는 제품에 적용될 할인액과 할인조건 및 유효기간 등을 명시한 증서이다. 쿠폰은 소비자의 사용구매와 반복구매를 유도하고 소매업자의 협조 없이 가격할인의 효과가 직접적으로 소비자에게 전달되는 장점이 있다.

② **사은품(Premium)의 제공**

사은품은 제품구매 시 무료로 제공되는 일종의 선물이라 할 수 있는데, 패스트푸드업계에서 어린이날에 어린이를 대상으로 주는 장난감이 이에 해당된다. 사은품은 충동구매를 유발할 만큼의 가치를 제공할 수 있어야 효과적이기 때문에 독특함과 유인가치가 매우 중요하다.

③ **경연(Contest)과 추첨(Sweepstake)**

경연이나 추첨은 소비자에게 소정의 상금이나 제품을 제공하는 판매촉진의 도구로서 최근 들어 호텔업계에서 많이 사용하고 있다. 경연은 소비자의 노력과 지식이 요구되는 데 비해 추첨은 순전히 운에 의해 결정된다는 것이 차이점이다. 경연이나 추첨은 상표에 대한 소비자의 관여도를 높이는 데 기여하는 장점이 있다.

예를 들면 호텔 내 와인 숍에서 와인 콘테스트를 개최하여 소비자에게 와인의 상표명이나 와인 이용방법 등의 지식에 대한 경연을 한다든가, 혹은 와인을 추첨한다든가, 소비자의 관여도를 높일 수 있을 것이다.

④ **견본제시(Sampling)**

소비자에게 샘플을 무료로 제공하여 사용을 유도할 목적으로 활용되는 판매촉진의 도구로서 신제품 도입 시 주로 사용된다. 식품이나 화장품 등의 패키지용품과 같이 샘플제작 시 원가가 낮고 소량의 제품 사용만으로 상표의 특성과 편익을

소비자에게 전달할 수 있는 제품군에 매우 효과가 크다. 최근 호텔들은 호텔 내에 업장을 고객을 위한 체험관으로 활용함으로써 고객을 유도하고 있다.

⑤ **가격할인**(Price-off)

가격할인은 일시적으로 제품가격을 인하시켜 소비자를 유인하는 촉진도구이다. 가격할인은 기업판매촉진도구 중에서 소비자에게 가장 명백하게 가치가 전달되기 때문에 기업들이 가장 흔하게 쓰는 도구이다. 리조트호텔이나 콘도미니엄업체들은 성수기 아닌 비수기에 파격적인 가격할인을 통해 소비자를 유인하고 있다.

제3절 PR

1. PR의 개념

PR(Public Relations)은 '기업이 공중과의 이상적인 관계의 정립을 위해 벌이는 여러 가지 활동'이라 할 수 있다. 이를 기업의 관점에서 보면 PR은 기업이 다양한 이해 관계자들로 하여금 긍정적 이미지를 갖게 하고, 나아가 고객에게 선호를 창출하는 것이라 할 수 있다.

PR은 중요한 마케팅수단임에도 불구하고 최근까지 마케팅 관리자들에게 촉진수단으로서 소홀히 다루어져 왔다.

그러나 최근에 와서 이미 대중 마케팅(mass marketing)이 그들의 커뮤니케이션 욕구에 부응하지 못하고 있다는 사실의 인식이 팽배해지고 있다. 또한 광고업계에서는 광고비가 계속적으로 상승하고 있음에도 불구하고 오디언스(audience)에 대한 도달이 계속 감소하고 있다. 또한 광고의 혼란은 광고의 영향력을 약화시키고 있다. 경로 내의 중간업자는 가격인하와 수수료인하 등의 유리한 거래를 요구하게 되고, 판매촉진비용도 증대되고 있다. 이러한 환경하에서 마케팅 관리자들은 가장 효율적인 촉진수단으로 PR의 중요성을 인식하고, PR이 다른 촉진믹스 요소와 통합되어야 하는 필요성을 느끼게 되었다. 따라서 많은 기업들은 PR을 통합적 마케팅프로그램(integrated marketing program)의 한 구성요소로서 관리하고 있다. 이러한 관점에서 해리스(Thomas L. Harris)는 마케팅목표를 지원하기 위하여 설계된 기업의 PR활동을 마케팅 PR(MPR : marketing public relations)이라고 하였다. 마케팅 PR활동은 기업에 상표인지도의 제고, 소비자에 대한 정보제공 및 교육, 기업 및 제품에 대한 이해 증진, 신뢰의 구축, 소비자에 대한 구매동기 부여 등의 이점을 제공할 수 있다.

2. PR의 대상

PR은 다양한 이해관계자 집단을 대상으로 하는데 [그림 15-1]과 같이 그 기업의 공중을 구성한다.

그림 15-1 공중의 형태

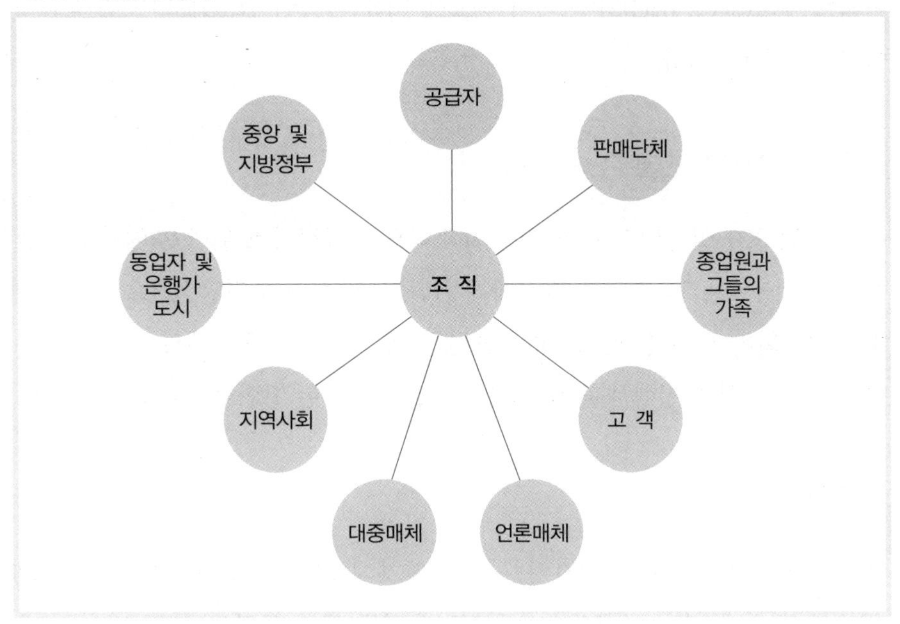

3. PR의 수립과정

다른 마케팅활동과 마찬가지로 PR의 수립과정은 그 목표의 설정이 첫 번째 단계이다. 목표가 설정되고 나면, PR메시지와 전달수단을 선택하여, PR계획을 실질적으로 실행하고, 그 결과를 평가하는 단계를 거친다.

1) PR 목표의 설정

PR담당자는 PR을 통해서 궁극적으로 얻고자 하는 것을 구체적으로 결정하여야 한다. 일반적으로 PR은 다음의 목표에 기여할 수 있다.

첫째, PR은 제품, 서비스, 인물, 조직 또는 아이디어에 대해 주의를 집중시킴으로써 소비자의 인식을 제고시킬 수 있다. 둘째, 매체의 자유의사에 따라 메시지가 전달되므로 기업이나 제품에 대해 신뢰성을 제고할 수 있다. 셋째, 호의적인 기사는 판매원과 중간상의 열의를 끌어올릴 수 있다. 넷째, PR은 다이렉트 메일(direct mail)과 미디어 광고에 비해 비용이 덜 소모되므로 효과적인 촉진수단이 된다.

2) PR메시지와 전달수단의 선택

PR의 목표가 설정되고 나면 이를 효과적으로 달성하기 위한 PR메시지를 결정하고, 이를 전달할 수단을 결정해야 한다. PR메시지의 전달수단으로는 메시지를 기사화하여 언론사에 보내는 방법, 각종 행사의 후원형태로 전달하는 방법, 기업이 직접 특별행사를 기획하는 방법 등 다양한 방법들이 사용되고 있다.

3) PR계획의 실행

PR의 실행에는 주의가 필요하다. PR담당자에게는 관심을 끌 수 있지만, 기사의 홍수 속에 있는 매체담당자에게는 흥미를 끌지 못하는 경우가 많다. 따라서 PR담당자는 매체 편집자와 긴밀한 유대관계를 맺고 있어야 한다. PR담당자들 중에는 기자, 언론사, 방송국 출신도 많고, 매체편집자들을 많이 알고 있으며, 또한 그들이 바라고 있는 것을 잘 알고 있다.

4) PR효과의 평가

PR의 순수한 효과를 측정하는 것은 무척 어려운 일이다. 그러나 PR효과를 측정하는 가장 손쉬운 방법은 노출횟수의 측정이다. 이 방법은 가장 용이한 방법이라는 장점이 있지만 실제로 메시지를 듣거나 본 사람의 수나 그들의 생각과 태도의 변화 등을 알 수 없다는 단점이 있다. 따라서 PR효과는 PR캠페인의 인지도, 이해도를 측정하거나 PR에 의한 태도변화, 나아가서는 매출이나 이익의 변화 등에 의해 측정되어야 한다.

4. PR의 주요수단

많은 마케팅 관리자들은 PR과 홍보(publicity)를 동일한 개념으로 사용하고 있는데, 이는 PR활동의 많은 부분이 언론매체를 통한 메시지의 전달이 차지하기 때문이다. 사실 홍보는 기업 PR의 한 부분이라고 볼 수 있으며, PR은 그보다 더욱 폭넓은 영역에서 이루어지며 매우 다양하다.

1) 간행물

기업의 기사나 팸플릿, 연차보고서, 시청각 등의 간행물은 PR수단으로서 가장 오래된 역사를 가지고 가장 널리 이용되고 있다.

2) 행사

PR담당자가 특별행사를 이용하여 기업이나 제품에 대한 공중의 주의를 끌 수 있다. 예컨대 취업희망자를 대상으로 한 취업박람회, 투자자를 대상으로 투자설명회, 외국대학의 유학설명회 등이 이에 해당된다. 기업의 PR은 PR활동으로서 특별행사를 직접 기획하지 않고 후원하는 방법도 빈번히 활용한다. 예를 들어 호텔은 많은 음악회, 전시회, 공연 등의 후원을 통해서도 효과적인 PR이 가능하다.

3) 언론보도

언론매체에 기삿거리를 제공하여 제공된 정보가 기사화됨으로써 노출된 소비자에게 기업과 제품에 대한 신뢰성의 증대는 높은 PR효과를 보인다. 이런 이유로 많은 기업들은 자사와 자사제품에 대한 정보를 여러 경로를 통해 언론사에 제공하고 있다.

4) 회견

기업이 기업 자체나 제품에 대한 정보를 알리기 위해 기자회견을 통해 공중들에게 알리는 것이다. 즉 획기적인 신제품이나 신기술의 개발, 기업제휴, 합병 등을 알리기 위해 많은 기업들은 이 방법을 사용하고 있다.

5) 공공캠페인 활동

기업이 건전한 사회운동과 관련된 캠페인을 주도하거나 후원하는 방법에 의해 호의적인 이미지를 구축할 수 있다. 패스트푸드점이나 유통업계에서 결식아동돕기, 심장병어린이돕기 등의 사회운동을 직·간접으로 후원하여 호의적인 기업이미지의 형성 및 확대를 추구하고 있다.

@quarrygirl Ok, ok...what @Quarrygirl wants, @Quarrygirl gets: Veggie Grill mac & cheese within 2 wks (we will test it at Plaza El Segundo)

Reply Retweet

VeggieGrill
The Veggie Grill

PROFILE

Flying into a storm

It has been a particularly testing time for Colin Jordaan, who recently became the first person to be both CEO of the SA Civil Aviation Authority (CAA) and the Commissioner of Civil Aviation.

Jordaan took up the job at the end of last year and in his first few days had to deal with the fallout of a Nationwide plane dropping its engine after take-off in Cape Town. The airline's grounding on November 30, on the eve of the busy festive season, caused chaos at airports.

Nationwide was suspended by Jordaan's predecessor, Zakes Myeza, but Jordaan says he would have had no hesitation in making the same decision.

"Airline safety is about managing inherent risk," he says.

Before taking up this post, Jordaan was GM of flight operations for SA Airways, where he managed more than 800 pilots, 2 100 cabin crew and 200 administrative staff.

The only pilot awarded the SAA Pilots' Association Scroll of Merit three times, he was the first from an African airline invited to fly the 555-seat Airbus 380.

Jordaan is critical of aspects of Nationwide's operations.

"Nationwide had neglected maintenance and its records were not kept properly. It had used pirate parts recycled from old aircraft.

"People on that flight (from Cape Town) were definitely at risk. The outcome could have been disastrous if the pilot had not done a phenomenal job.

"In Johannesburg, with its high altitude, the pilot would not have been able to fly away."

He says the pilot's good work is testimony to Nationwide's training, which has always been "very good".

"Nationwide pilots always finish in the top quartile of their classes."

Since the grounding of the airline, Jordaan says he is satisfied that everything is in order. Its certificate of airworthiness was reinstated last month.

But he is concerned about possible damage to the reputation of SA aviation.

"At the time of the Nationwide incident, a lot was suddenly being said about flying being unsafe. But nothing has changed. Accidents and incidents happen from time to time but SA has a very good safety record, and it is my task to ensure that something like this does not happen again."

He welcomed additional funds for more CAA staff and says 15 new aircraft inspectors were appointed this month.

Jordaan notes that there has never been an airline fatality due to a crash on SA soil. He believes South Africans are "not discerning enough" when it comes to flying, and that they consider the price of flights before they think about safety.

"I am definitely not implying that low-cost carriers are unsafe," he says. "The low-cost carriers in SA have a very good record. But in Europe and the US, people do more research when choosing an airline. They consider safety first."

With the 2010 Fifa World Cup approaching, it is important that the international community is assured about aviation safety in SA, he says.

Shannon Sherry

제4절 인적 판매

1. 인적 판매의 개념

인적 판매는 커뮤니케이션의 대인경로가 판매자와 구매자 사이에 확립되어 있는 촉진의 한 형태이며, 정보를 제공하고, 고객을 설득시키고, 수요를 환기시켜 구매행동으로 유도하기 위한 중요한 역할을 수행하는 활동을 말한다. 인적 판매는 구매를 설득하기 위해서 복잡한 설명을 해야 하는 경우나 고객들에게 자사제품의 경쟁적 차별점들을 효과적으로 설명해야 할 때는 가장 효과적인 커뮤니케이션 수단이 된다.

인적 판매는 훨씬 탄력성이 있는 유리한 점을 내포하고 있다. 판매원은 필요, 욕구, 동기 또는 각 고객의 행동에 알맞은 판매제시(sales presentation)를 할 수 있다. 또한 판매원은 특정판매방법으로 고객의 반응을 보고 그때그때 알맞은 방법을 이용할 수 있다. 광고의 경우 비용의 대부분이 고객이 아닌 사람들에게 메시지를 보내는 데 사용되지만, 인적 판매에서는 다른 촉진방법보다 훨씬 효과적으로 표적시장에 접근하는 기회를 갖는 것이다.

또한 실제적 판매로 완결 짓는 일이 가능하다. 광고는 주의를 환기시켜 욕구를 촉발시킬 수는 있어도 구매행동을 불러일으켜 소유권이전을 시키는 데는 어려움이 많다. 반면 인적 판매는 고객과 개별적인 접촉을 통해 이루어지기 때문에 촉진의 속도가 상대적으로 느리고 커뮤니케이션 비용도 대량전달성을 가진 다른 촉진수단에 비하여 비싸다. 특히 유능한 판매원을 고용하여 교육하고 유지 · 관리하는 데 드는 비용 또한 매우 크다. 이러한 장단점을 고려할 때 서비스기업에 있어 서비스가 가지는 무형성으로 인해 구매자가 구전에 많이 의존한다는 점에서 더욱 효율적인 커뮤니케이션 수단이 된다.

2. 인적 판매과정

마케팅 관리자가 판매원의 기본적 역할(구매자와 판매자의 상호관계에 관한 이론)을 이해한다면 아마 그는 판매원이 수행해야 할 효과적인 판매절차를 보다 더 합리적으로 설정할 수 있을 것이다. 인적 판매과정은 크게 준비단계, 설득단계 및 사후관리단계로 구성된다.

1) 판매직 준비

인적 판매를 위한 첫 단계는 판매원이 준비되었는가를 확인하는 것이다. 이것은 판매원이 제품 · 시장, 그리고 판매기법을 철저히 통달하고 있느냐를

뜻하는 것이다. 판매원은 고객을 처음으로 방문하기 전에 그들의 시장표적의 동기유발과 구매행동에 관하여 잘 알고 있어야 하며 경쟁의 성격과 그 지역의 기업환경 등을 이해하고 있어야 한다.

2) 잠재고객의 예측 및 파악

잠재고객을 예측하고 파악해야 할 두 번째 단계는 이상적인 고객의 인적 사항을 파악하는 것으로, 우선 고객을 예측하기 위하여 과거와 현재의 고객기록을 검토하는 일이 수행된다. 이러한 인적 사항을 검토해서 적당한 고객의 명단이나 회사명을 작성한다.

다른 방법으로 고객의 명단을 얻는 데는 판매관리자의 도움이 필요하다. 현재의 고객이 다른 잠재고객을 소개할 때도 있고, 현재의 사용자가 새로운 모델이나 다른 제품을 구매할 뜻을 밝힐 수도 있다. 판매원은 경쟁기업의 고객명단을 작성하여 그중에서 표적을 선정할 수도 있다. 보험회사, 가구상, 전화설비상 등은 건축허가공고를 보고 고객의 후보를 포함하는 예도 있다.

3) 접근 이전단계

잠재고객을 방문하기 전에 판매하고 싶은 대상자나 회사들에 관하여 알아낼 수 있는 모든 것을 익히도록 해야 한다. 이를 테면 그들이 현재 사용하고 있는 상표는 무엇이며, 그 상표에 대한 반응은 어떠한가를 탐지하는 것도 필요하다. 잠재고객의 습관, 개성, 기호 등에 관한 모든 정보를 입수하여 그의 판매제시를 개별적 고객에 알맞도록 준비할 수 있는 것이다.

4) 접근(Approaching)

접근은 자사제품이나 서비스에 대한 소개를 위해 잠재고객을 만나 주의와 흥미를 이끌어내는 과정이다. 접근은 그 시점에서의 구매성사는 물론 미래의 고객관계에도 결정적인 영향을 미치기 때문에 판매원은 고객에게 접근할 때 신중을 기하여야 한다. 예를 들면 접근이 인맥을 통한 제품이나 서비스 전달의 접근이 아니라면, 초기에는 즉각적인 구매를 유도하여 이끌기 위한 시도보다는 인간적인 신뢰관계의 형성을 통한 장기적인 구매유도가 더욱 효과적일 수 있다.

5) 제품소개(Presentation)

제품소개는 고객에게 제품이나 서비스와 관련된 정보를 전달하는 과정이다. 이 과정에서 판매원은 잠재고객이 자사제품을 구매하고자 하는 욕구가 생기도록 흥미를 유발하고 자사제품의 특성과 장점을 효과적으로 전달하여야 한다. 이때 시연(demonstration) 등은 제품의 기능이나 편익을 설명하는 바람직한 방법 중의 하나가 될 수 있다. 그러나 무엇보다 중요한 것은 제품소개과정을 통하여 판매원은 고객의 명시적 또는 은연중에 드러나는 잠재고객의 의문점이나 의견 등을 정확히 파악할 수 있어야 하며, 반대의사에 직면할 때 잠재고객을 설득할 대안이나 마음의 준비를 하고 있어야 한다.

6) 의견조정(Handling Questions & Objection)

의견조정은 제품이나 서비스를 소개하고 구매를 설득하는 과정에서 잠재고객이 갖는 의문이나 부정적인 의견을 청취하고 그 원인을 알아내어 해소시키는 과정을 말한다. 이때 판매원은 고객을 논쟁을 통하여 설득하려 해서는 안되며, 명확하고 객관적인 정보와 근거를 바탕으로 성실한 답변을 통해 구매에서 가지는 의문점이나 부정적 견해를 해소해 주어야 한다.

7) 구매권유(Closing)

잠재고객에게 구매의도를 물어보는 단계로서, 구매권유는 적시적소에서 적절한 방법으로 이루어져야 한다. 예를 들어 주저하는 고객에 대한 성급한 구매권유는 의사결정에 부정적 영향을 미칠 수 있으며, 또한 너무 늦게 이루어지면 기회를 놓칠 수 있다.

8) 사후관리(Follow-up)

판매계약의 끝은 인적 판매과정의 끝이 아니라 사후관리이다. 즉 제품이나 서비스의 전달, 제품 및 서비스의 사용, 사용 후 발생되는 모든 문제점의 해결 등 고객에 대한 철저한 사후관리를 해야 한다. 이러한 철저한 사후관리는 고객만족의 극대화와 불만을 최소화할 수 있으며, 나아가 다른 잠재고객들에 대한 호의적인 구전을 유발한다. 또한 사후관리과정에서 나타나는 정보를 통해 고객욕구의 변화를 파악할 수 있으며, 다른 잠재고객을 위한 신제품 및 서비스 개발을 위한 기초자료로 활용할 수 있다.

참고문헌

권익현 · 임병호 · 안광호, 마케팅, 경문사, 1999.
김성혁, 최신서비스산업론, 형설출판사, 1994.
김원수 · 한정희 공저, 마아케팅 관리, 한국방송통신대학, 1988.
송용섭 · 김형순 공저, 마케팅, 문영사, 1998.
안광호 · 임병훈, 마케팅 조사원론, 법문사, 1998.
안대희 외, 호텔경영의 이해, 대왕사, 2011.
안대희, "레스토랑 시장의 추구편익에 관한 연구", 미발표연구논문, 2000.
안대희, "여행사 서비스품질 평가에 관한 연구", 세종대학교 대학원 박사학위논문, 1999.
안대희, 서비스마케팅, 두남출판사, 2000.
원석희, 서비스운영관리, 형설출판사, 1997.
유동근 옮김, 서비스품질관리, 세종서적, 1994.
유동근, 통합마케팅, 미래원, 1994.
이유재, 서비스마케팅, 학현사, 1994.
전인수 옮김, 서비스마케팅, 석정, 1998.
채서일, 마케팅, 학현사, 1998.

Albrecht, Karl, & Ron Zemke, *Service America*, Homewood, Ⅲ : Dow-Hone Irwin, 1985.
Albrecht, Karl, *The Only Thing That Matters*, Harper-Collins Publishers, 1992.
AMA, *Marketing News*, March I, 1985.

Assel, *Consumer Behavior and Marketing Action*, 5th ed., Kent Publishing Company, 1995.

Baker, Julie, Leonard L. Berry., & A. Parasuraman, "The Marketing Impact of Branch Facility Design", *Journal of Retail Banking*, Summer 1988.

Belch, George E., & Michael A. Belch, *Introduction to Advertising and Promotion*, 3rd ed., Irwin, 1995.

Berry, L. L., "Services Marketing Is Different", *Business*, May-June 1980.

Berry, Leonald L., & A. Parasuraman, *Marketing Service : Competing Through Quality*, The Free Press, 1991.

Berry, Leonard L., & Larry G. Gresham, "Relationship Retailing : Transforming Customers into Clients", *Business Horizons*, November-December 1986.

Berry, Leonard L., & Thomas W. Thompson, "Relationship Banking Keeps Clients Returning", *Trusts & Estates*, November 1985.

Berry, Leonard L., Edwin F. Lefkowith, & Terry Clark, "In Services, What's in a Name?" *Harvard Business Review*, September-October 1988.

Bertrand, Kate, "In Service, Perception Counts", *Business Marketing*, April 1989.

Bessom, R. M., "Unique Aspects of Marketing of Services", *Arizona Business Bulletin*, November 1973.

Bettman, James R., *An Information Processing Theory of Consumer Choice*, Addison-Wesley, 1979.

Bitner, Mary Jo., "Consumer Responses to The Physical Environment Claudia Marshall", *Creativity in Services Marketing : What's New, What Works, What's Developing*, American Marketing Association, eds., 1986.

Blatberg, Robert C., & Scott A. Neslin, *Sales Promotion : Concepts Methods and Strategics*, Prentice-Hall, 1990.

Blois, K. J., "The Marketing of Services : An Approach", *European Journal of Marketing*, 8(2), 1974.

Boovee, Coutlan, & John Thill, *Marketing*, McGraw-Hill, 1992.

Buzell, Robert, D., & Bradley T. Gale, *The Pims Principles : Linking Strategy to Performance*, The Free Press, 1987.

Christhoper, W., W. Hart, James L. Heskett, & W. Earl Sasser, Jr., *Service Break-broughs*, The Free Press, 1990.

Christopher, W., & L. Hart, "The Power of Unconditional Service Guarantees", *Harvard Business Review*, July-August 1988.

Christopher, M., A. Payne, & D. Ballantyne, *Relationship Marketing*, Butterworth-Heinemann Ltd., 1991.

Clemmer, Elizabeth C., & Benjamin Schneider, "Toward Understanding and Controlling Customer Dissatisfaction with Waiting During Peak Demand Times", in *Designing a Winning Service Strategy*, Mary Jo Bitner and Lawrence A. Crosby, eds., Chicago : American Marketing Association, 1989.

Cooper, Robert G., "Stage Gate Systems for New Product Sucess", *Marketing Management*, 1992.

Crosby, Lawrence A., Kenneth R. Evans, & Deborah Cowles, "Relationship Quality in Services Selling : An Interpersonal Influence Perspective", *Journal of Marketing*, July 1990.

Dolan, Robert J., "How Do You Know When The Price Is Right?" *Harvard Business Review*, September-October 1995.

Dube-Rioux, Laurette., Bernd H. Schmitt, & France Leclerc, "Consumer's Reactions to Waiting : When Delays Affect the Perception of Service Quality", in *Advances in Consumer Research*, Vol. 16, T. Srull, ed., Provo, Utah : Association for Consumer Research, 1988.

Easingwood, Chris, "Service Design and Service Company Strategy", In Susan Jackson, John Bateson, Richard Chase, and Benjamin Schneider, eds., *Marketing, Operations and Human Resources Insights into Services, Proceedings of the First International Research Seminar in Service Management*, France : Université d'Aix-Marsille, 1990.

Easingwood, Christopher J., "New Product Development for Service Companies", *Journal of Product Innovation Management*, 1986.

Engel, James F., & Roger D. Blacwell, *Consumer Behavior*, 4th ed., New York : The Dryden Press, 1978.

Engel, James., Martin Warhqw, & Thomas Kinear, *Promotional Strategy*, Irwin, 1983.

Federick, F. Reichheld, W. Sasser, & W. Ear, "Zero Defections : Quality Comes to Service", *Harvard Business Review*, September-October 1990.

Fitzgerald, Thomas J., "Understanding the Differences and Similarities Between Services and Products to Exploit Your Competitive Advantage", *The Journal of Business and Industrial Marketing*, Summer 1987.

Ford, Neil M., Gilberth A., Jr. Churchill, & Oville C. Walker, *Sales Force Management*, 5th ed., Irwin, 1997.

Fuchs, W. R., *The Service Economy*, New York : Columbia University Press, 1968.

Geory, William R., & L. L. Berry, "Guidelines for the Advertising of Services", *Business Horizons*, July-August 1981.

Gronroos, C., *Service Management and Marketing*, Lexington Books, D. C. Heath and Company, 1990.

Gummesson, E., *Marketing-A Long-Term Interactive Relationship, Contribution to a New Marketing Theory*, Stockholm, Seden : Marketing Technology Center, 1987.

Gummesson, Evert, & Jane Kingman-Brundage, "Service Design and Quality : Applying Service Blueprinting and Service Mapping to Railroad Services", in *Quality Management in Services*, Paul Kunst, and Jos Lemmink, eds., Assen/Maastricht, Netherlands : Van Gorcum, 1991.

Harrington, J. James, *Poor Quality Cost*, The ASQC Quality Press, 1987.

Harris, Thomas L., "How MPR Adds Value to Integrated Marketing Communication", *Public Relation Quarterly*, Summer 1993.

Hart, Christopher W. L., "The Power of Unconditional Service Guarantees", *Harvard Business Review*, July-August 1988.

Hogan, John J., "Turnover and What to Do about It", *Cornell Hotel and Restaurant Administration Quarterly*, 33, No. 1, February 1992.

Jesitus, Hohn, "The Regional Page : Diners Search for That Down-Home Flavor", *Hotel and Motel Management*, 207, No. 1, January 13, 1992.

Katz, Karen L., Blaire M. Larson, & Richard C. Larson, "Prescription for The Waiting-in-Line Blues : Entertain Enlighten, and Engage", *Stoan Management Review*, Winter 1991.

Kimes, Sherl E., "Yield Management : A Tool for Capacity-Constrained Service Firms", *Journal of Operations Management*, 8, October 1984.

King, Jr., & Ralph T., "U.S Service Exports Are Growing Rapidly, But Almost Unnoticed", *Wall Street Journal*, April 21, 1993.

Kingman-Brundage, Jane, "The ABC's of Service System Blueprinting", in *Designing a Winning Service Strategy*, Mary Jo Bitner, and Lawence A. Crosby eds., Chiago : American Marketing Association, 1989.

Kostecka, Andy, *Franchising in the Economy*, Washington, DC : U.S. Printing Office, January 1987.

Kotler P., *Marketing Management : Analysis, Planning, Implementation, and Control*, 7th ed., Englewood Cliffs, NJ : Prentice-Hall, 1991.

Kotler, P., & Gary Armstrong, *Marketing*, Prentice-Hall, 1987.

Kotler, P., & John Bowen, Hames Makens, *Marketing for Hospitality and Tourism*, Prentice-Hall, 1996.

Kotler, P., "Atmospherics as a Marketing Tool", *Journal of Retailing*, Winter 1973~4.

Lehtinen, U., & J. Lehtinen, "Service Quality : A Study of Quality Dimensions", Research Report, Helsinki, Finland : Service Management Institute, 1982.

Letinen, J., *Quality Oriented Services Marketing*, Finland : University of Tampere, 1983.

Lewis, Robert C., "Restaurant Advertising : Appeals and Consumers' Intentions", *Journal of Advertising Research*, 21, No. 5, October 1981.

Lovelock, Christopher H., "Classifying Services to Gain Strategic Marketing Insights", *Journal of Marketing*, 47, Summer 1983.

Lovelock, Christopher H., *Managing Services*, Englewood Cliff, New Jersey : Prentice-Hall, 1992.

Lovelock, Christopher H., *Services Marketing*, 2nd ed., Englewood Cliffs, New Jersey : Prentice-Hall, 1991.

Lueke, Edith E., & Thomas Suther, Ⅲ, "Market-Driven Quality : A Market Research and Product Requirements Methodology", *IBM Technical Report*, June 1991.

Magnent, Myron, Magnet, "Good News for the Service Economy", *Fortune*, May 3, 1993.

Maister, David H., "The Psychology of Waiting Lines", in J. A. Czepiel, M. R. Solomon, and C. F. Surperenant, eds., *The Service Encounter*, Lexington, MA : Lexington Books, 1985.

Marsh, John D., "What's in a Bank Names? Profits", *The Southern Banker*, October 1989.

Miliand, Lele, *The Customer is Key*, New York : John Wiley & Sons, 1987.

Mowen, John C., *Consumer Behavior*, Prentice-Hall, 1995.

Normann, Rechard, *Service Management, Strategy and Leadership in Service Business*, New York : John Wiley & Sons, 1984.

O'connor, Michael J., "Most Failures Come in the Second Act : Retailing Is No Exception", *International Trends in Retailing*, Fall 1989.

Parasuraman, A., "Customer-Oriented Corporate Cultures are Crucial to Services Marketing Sucess", *Journal of Services Marketing*, No. 1, Summer 1987.

Parasuraman, A., Leonard L. Berry, & Valarie A. Zeithaml, "Guidelene for Conducting Service Quality Research", *Marketing Research : A Magazine of Management and Applications*, December 1990.

Parasuraman, Valarie, A. Zeithaml, & L. L. Berry, *Delivering Quality Service Balancing Customer Perceptions and Expectations*, The Free Press, 1990.

Paula, Francese, "Breaking the Rules : Delivering Responsive Service", *Hospitality Research Journal*, 16, No. 2, 1993.

Percy, Larry, & John R. Rossiter, *Advertising Strategy*, Praeger, 1980.

Reagan, W., "The Service Evolution", *Journal of Marketing*, July 1963.

Reichheld, Frederickf, & W. Earl Sasser, Jr., "Zero Defections : Quality Comes to Services", *Harvard Business Review*, September-October 1990.

Roger A. Strang, "Sales Promotion-Fast Growth, Faulty, Management", *Harvard Business Review*, July-August 1976.

Sasser, W. E., "Match Supply and Demand in Service Industries", *Harvard Business Review*, November-December 1976.

Scheuing, Eberhard E., & Eugene M. Johnson, "New Product Management in Service Industries : An Early Assessment", in *Add Value to Your Service*, Carol Suprenant ed., Chicago : American Marketing Association, 1987.

Shostack, G. Lynn, "Breaking Free from Product Marketing", *Journal of Marketing*, April 1977.

Shostack, G. Lynn, "Understanding Services through Blueprinting", in *Advances in Services Marketing and Management*, Vol. 1, Teresa A. Swartz, David E. Bowen, and Stephen W. Brown eds., Greenwich, Conn : JaI Press, 1992.

Shostack, G. Lynn, "Designing Services That Deliver", *Harvard Business Review*, January-February 1984.

Shostack. G. Lynn, "Service Design in the Operating Environment", in *Developing New Services*, William R. George, and Claudia Marshall, eds., 1984.

Shultz, Don E., William A. Robinson, & Lisa A. Petrison, *Sales Promotion Essentials*, 2nd ed., NTC Business Books, 1994.

Solomon, Michael R., "Packaging the Service Provider", *The Service Industries Journal*, March 1985.

Solomon, Michael R., Carol F. Surprenant, John A. Czepiel, & Evelyn G. Gutman, "A Role Theory Perspective on Dyadic Interactions : The Service Encounter", *Journal of Marketing*, Winter 1985.

Stanton, William J., M. S. Somer, & J. G. Bames, *Fundamentals of Marketing*, Toronto : McGraw-Hill, 1982.

Stern, Lous, & Adel I. EI-Ansary, *Marketing Channels*, 3rd ed., Englewood Cliffs, J. J. : Prentice-Hall, 1988.

Taylor, Shirley, "Waiting for Service : The Relationship Between Delays and Evaluations of Service", *Journal of Marketing*, 58, April 1994.

Technical Assistance Research Programs(TARP) Institute, *Office of Consumer Affairs*, 1986.

Turnbull, Peter W., & David T. Wilson, "Developing and Protecting Profitable Customer Relationships", *Industrial Marketing Management*, August 1989.

Upah, G. D., "Mass Marketing in Service Retailing", *Journal of Retailing*, Fall 1981.

Upah, Gregory D., & James W. Fulton, "Situation Creation in Service Marketing", in John A. Czepiel, Michael R. Solomon, and Carol F. Surprenant, eds., *The Service Encounter*, Lexington, MA, 1985.

Weigand, Robert, "Fit Products and Channels to Your Markets", *Harvard Business Review*, January-February 1977.

Wilkie, William L., *Consumer Behavior*, Hohn Wiley & Sons, 1994.

Zeithaml, V. A., & Mary, Jo Bitner, *Services Marketing*, McGraw-Hill, 1998.

Zinn, Laura, "Want to Buy a Franchise? Look Before You Leap", *Business Week*, May 1988.

안대희

세종대학교 대학원 경영학 박사(관광경영 진공)
미국 호텔총지배인 자격증 취득(AHLA)
와인소믈리에 자격증 취득(OGMI)
와인소믈리에 자격증 취득(AHLA)
음료관리사 자격증 취득(AHLA)
조주기능사 실기 및 필기시험 출제위원
현) 대원대학 호텔경영과 교수

김 윤

원광대학교 경영학 박사
한국이벤트컨벤션학회, 한국이벤트학회 이사
컨벤션기획사 자격증시험 출제위원/감독위원
한국관광대학 산학협력처장, 관광이벤트과 학과장
현) 한국관광대학 관광이벤트과 교수

이낙귀

강원대학교 대학원 경영학 박사(관광마케팅전공)
한국관광학회 국제학술대회 조직위원
한국관광학회 산하 관광자원개발학회 부회장
현) 송호대학 호텔관광과 학과장

구경원

경기대학교 대학원 관광학 박사(관광경영 전공)
The Ritz-Carlton Hotel Seoul 근무
조니워커스쿨 칵테일과정 수료
서울벤처정보대학원 대학교 평생교육원 바리스타 과정 수료
현) 청강문화산업대학 에코라이스쿨 카페매니지먼트코스 교수

문상기

경희대학교 대학원 관광학 박사
현대백화점그룹 상품개발팀장
현대드림투어 상품기획 본부장
중국심천항공 한국법인 여객/화물 대표이사
현) 경민대학교 호텔관광학과 전임교수

유동수

경원대학교 관광경영학과 경영학 박사
미국 Friendly's Restaurant 총지배인
미국 공인 외식경영지도사(FMP)
미국 국제 호텔외식지도 경영사(CHS)
현) 동서울대학 관광정보처리학부 호텔경영학 교수

관광마케팅

2011년 7월 15일 초판 1쇄 발행
2016년 1월 15일 초판 3쇄 발행

지은이 안대희 · 김윤 · 이낙귀 · 구경원 · 문상기 · 유동수
펴낸이 진욱상 · 진성원
펴낸곳 백산출판사
교 정 편집부
본문디자인 편집부
표지디자인 오정은

등 록 1974년 1월 9일 제1-72호
주 소 경기도 파주시 회동길 370(백산빌딩 3층)
전 화 02-914-1621(代)
팩 스 031-955-9911
이메일 editbsp@naver.com
홈페이지 www.ibaeksan.kr

ISBN 978-89-6183-484-1
값 20,000원